Hydrological Processes and Ecological Restoration Technologies of
Alpine Wetlands in the Source Zone of the Yellow River

黄河源区高寒湿地水文过程
与修复保护技术

李希来　李志威　林春英　等著

化学工业出版社

·北京·

内容简介

本书共分 9 章，聚焦于黄河源区的高寒湿地，详细探讨了该地区的气候变化、植被与土壤特征、湿地退化过程与机制，以及湿地修复与保护技术等方面的内容。首先，介绍了黄河源区高寒湿地的概况，随后，深入分析了若尔盖流域的气象要素变化及其对湿地生态系统的影响。此外，书中探讨了高寒湿地植被与土壤的变化特征，揭示了湿地生态系统的内在规律。在此基础上，本书进一步探究了黄河源区高寒草甸湿地退化的过程与机制，为理解湿地退化的根本原因提供了科学依据。同时，针对若尔盖泥炭湿地的水文过程与退化机制进行了深入研究，并运用数值模拟方法对泥炭湿地的地下水运动进行了模拟分析。最后，本书还介绍了黄河源区高寒湿地的修复与保护技术，为维持健康的湿地生态系统提供了实用的技术指导。

本书适合具有草学、湿地学、土壤学和生态水文学等基础的相关行业技术人员、科技工作者、高校本科生和研究生阅读参考。

图书在版编目（CIP）数据

黄河源区高寒湿地水文过程与修复保护技术 / 李希来，李志威，林春英等著. -- 北京：化学工业出版社，2025. 2. -- ISBN 978-7-122-42835-6

Ⅰ. P339；P942.078

中国国家版本馆 CIP 数据核字第 2025CP2811 号

责任编辑：王　琰　王湘民　　　　　　文字编辑：郭丽芹
责任校对：宋　玮　　　　　　　　　　装帧设计：韩　飞

出版发行：化学工业出版社
　　　　　（北京市东城区青年湖南街 13 号　邮政编码 100011）
印　　装：北京天宇星印刷厂
787mm×1092mm　1/16　印张 12　彩插 1　字数 275 千字
2025 年 6 月北京第 1 版第 1 次印刷

购书咨询：010-64518888　　　　　售后服务：010-64518899
网　　址：http://www.cip.com.cn
凡购买本书，如有缺损质量问题，本社销售中心负责调换。

定　　价：158.00 元　　　　　　　　版权所有　违者必究

前　言

黄河源区位于我国青藏高原东北部，是黄河的发源地，是黄河上游淡水资源的重要来源区和西部地区的生态屏障。同时，黄河源区也是自然生态系统非常敏感、生态环境十分脆弱的高寒地区。黄河源区生态系统结构和功能的完整性和连通性，不仅影响当地的社会经济发展，而且关系到其下游地区的生态环境和社会经济的可持续发展。高寒湿地具有涵养水源、调节气候和碳储存等生态功能。近年来，随着气候变暖和人为因素的干扰，高寒湿地的面积呈现萎缩减少趋势，并逐渐向高寒草甸演替。高寒湿地退化导致湿地生态系统的结构破坏、功能衰退、优势种减少、土壤养分下降，以及湿地资源逐渐丧失。土壤退化特征表现为土壤干旱化和有机质减少，植被退化特征表现为系统生产力下降、生物群落及结构改变等。高寒湿地退化不但加剧了高寒湿地生态环境恶化的进程，同时削弱了湿地退化综合治理的效果。笔者在多年从事高寒湿地、水文过程等研究的基础上，编著了本书。

本书深入分析黄河源区高寒湿地类型、湿地植被和土壤变化特征及退化过程与机制等，重点评估了土壤含水量、有机碳含量、总氮含量和微生物对高寒湿地退化的响应，系统介绍了黄河源区高寒湿地修复与保护技术，较深刻揭示了若尔盖流域气象要素变化及其影响、泥炭湿地水文过程与退化机制，开展了泥炭湿地的地下水运动数值模拟，提出了泥炭湿地修复与保护策略。

全书共分为9章，由李希来、李志威、林春英统稿。各章编写分工如下：第1章由李希来、李志威、林春英、张宇鹏编写；第2章由李希来、林春英、李红梅、韩辉邦、沈延青、董得福编写；第3章由李志威编写；第4章由林春英、李希来、王启花、张博越、朱世珍、侯永慧、庞昕玮编写；第5章由李希来、林春英、刘凯、薛在坡、林永康、张莉燕、刘珍花编写；第6章由李志威、游宇驰、周冰玉编写；第7章由李志威、鲁瀚友编写；第8章由李希来、李志威、林春英、刘凯、孙华方、肖峰编写；第9章由李希来、李志威、林春英编写。

本书出版得到青海省科技厅项目（2020-ZJ-904，2025-ZJ-738）、农业部公益性行业（农业）科研专项"高原鼠兔'管理式抑鼠'技术的研究与示范"（201203041）、高等学校学科创新引智计划项目（D18013）、青海省科技创新创业团队"三江源生态演变与管理创新团队"项目和国家自然科学基金项目（51979012，U2243214）共同资助，特此致谢。

由于作者水平有限，书中难免有不妥和疏漏之处，恳请读者批评指正。

著者

2025 年 2 月

目 录

第1章

绪　论

1.1　研究背景

1.1.1　黄河源区

　　黄河源区涉及青海省东南部、四川省西北部及甘肃省西南部区域，地处青藏高原东北部。区域内有汉族、回族、藏族、蒙古族等聚居区，自然资源种类丰富，草地、林地、农田、荒漠等生态系统种类丰富。草地资源以高寒草甸、高寒草原为主，农业生产区占比较小。区域内最低海拔1944m，最高海拔6253m，气候寒冷干燥，多年平均温度-3.98℃，多年平均年降水量309.63mm，牧草生长期70～90d。黄河源区北界为布尔汗布达山，南界为巴颜喀拉山，东界为岷山阻挡，且环绕阿尼玛卿山，在若尔盖盆地形成"黄河第一弯"，再沿西北方向的峡谷河段直抵兴海县的唐乃亥。黄河源区的经纬度为95°50′E～103°30′E，32°32′N～36°10′N，流域面积为$13.2\times10^4km^2$，占黄河全流域面积$79.5\times10^4km^2$的16.6%。黄河源区河网水系众多，湖泊星罗棋布，其径流补给方式主要为降水，其次为冰川融化和地下水补给。

1.1.2　黄河源区水系

　　通过计算机影像分类、目视解译和实地查证获得黄河源区水系信息，所获得的黄河源区各级河流总长为29385.98km，湖泊水域面积为$1839.22km^2$。黄河源区水系河网数量多，密度较大。受干流流向变化影响，不同支流河流流向也有较大的区别。

　　根据中国水系分级法，本研究中黄河源区干流1条，长度2194.75km；一级支流河流219条；二级支流河流420条；三级支流河流194条；四级支流河流21条；断流河流23条，断流河流主要流入农业生产区域用于农田灌溉。

　　由于同一等级的支流河流长度差距较大，平均长度并不能体现河流特征，本研究从最短河流长度、最长河流长度及河流长度分布状况分析河流特征。一级支流河流最短7.97km，最长275.62km，长度0～30km河流最多，为108条，长度30～60km河流为64条；二级支流最短2.27km，最长162.86km，长度0～30km河流最多，为281条，长度30～60km河流为116条；三级支流河流最短5.01km，最长80.12km，长度0～30km河流最多，为160条，长度30～60km河流为31条；四级支流最短3.60km，最长36.78km，长度0～30km河流最多，为18条，长度30～60km河流为3条；断流河流最短3.53km，最长37.62km，长度0～30km河流最多，为22条，长度30～60km河流为1条（表1-1，图1-1）。

表1-1 黄河源区水系分类信息表

水系分类	数量/条	最短河流长度/km	最长河流长度/km	总长度/km
干流	1	—	—	2194.75
一级支流	219	7.97	275.62	10128.75
二级支流	420	2.27	162.86	11982.60
三级支流	194	5.01	80.12	4291.28
四级支流	21	3.60	36.78	364.35
断流河流	23	3.53	37.62	399.05
灌溉渠	1	—	—	25.20
合计	—	—	—	29385.98

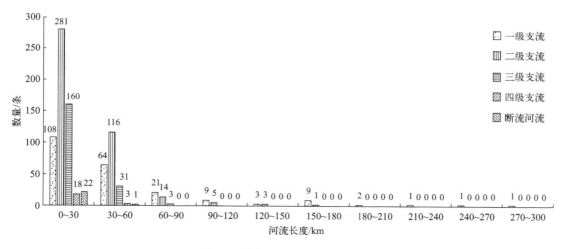

图1-1 黄河源区河流长度分布

与水系分级体系相对应，将流域单元分为干流、一级支流、二级支流、三级支流、四级支流和断流河流单元。

黄河源区干流单元面积14151.66km²，同河网特征相同，一级支流单元最小单元面积57.28km²，最大单元面积1895.10km²；二级支流单元最小单元面积199.17km²，最大单元面积869.80km²；三级支流单元最小单元面积62.02km²，最大单元面积276.01km²；四级支流单元最小单元面积68.04km²，最大单元面积192.52km²；断流河流单元最小单元面积47.80km²，最大单元面积646.36km²。干流、一级支流、二级支流、三级支流、四级支流和断流河流单元河网密度分别为0.1551km/km²、0.1896km/

km², 0.2123km/km²、0.2288km/km²、0.1963km/km²、0.1467km/km²（表1-2）。一级支流、二级支流、三级支流、断流河流单元0～200km²大小流域单元数量分别为148个、348个、182个、19个，四级支流单元流域单元面积均介于0～200km²（图1-2）。

表 1-2 黄河源区流域单元分级信息表

流域单元	数量/个	最小面积/km²	最大面积/km²	河网密度/(km/km²)	总面积/km²
干流单元	1	—	—	0.1551	14151.66
一级支流单元	219	57.28	1895.10	0.1896	53409.57
二级支流单元	420	199.17	869.80	0.2123	56440.68
三级支流单元	194	62.02	276.01	0.2288	18753.87
四级支流单元	21	68.04	192.52	0.1963	1856.54
断流河流单元	23	47.80	646.36	0.1467	2719.33
合计	—	—	—	—	147331.65

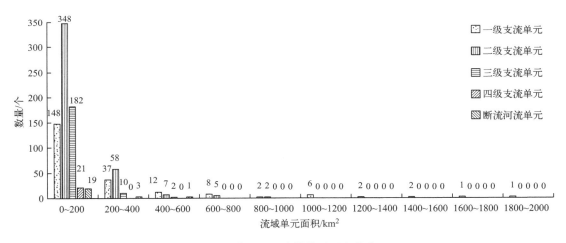

图 1-2 黄河源区流域单元面积分布

黄河源区干流单元最低海拔3265m，最高海拔4207m，平均海拔3725m；一级支流单元最低海拔2657m，最高海拔4702m，平均海拔3888.51m；二级支流单元最低海拔2693m，最高海拔4960m，平均海拔3994.69m；三级支流单元最低海拔2900m，最高海拔4749m，平均海拔4083.16m；四级支流单元最低海拔3209m，最高海拔4801m，平均海拔4009.19m；断流河流单元最低海拔3031m，最高海拔3654m，平均海拔3332.00m。可见流域单元等级越低，相对平均海拔越高。断流河流单元主要分布于农业生产区，海拔最低（图1-3）。

1.1.3 黄河源区气象和水文站

黄河源区干流有四个控制性水文站，从上游至下游依次为黄河沿（玛多县）、吉迈

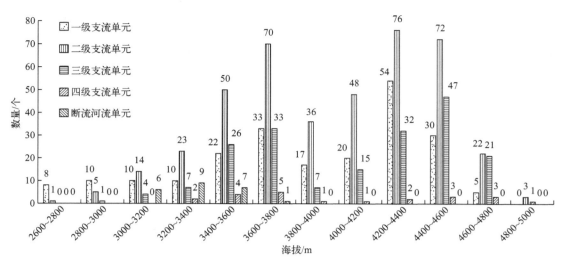

图 1-3　黄河源区流域单元海拔分布

（达日县）、玛曲（玛曲县）、唐乃亥（兴海县），主要支流白河和黑河分别设有唐克站和大水站。下面分别简述这四个水文站区间黄河干流的河道特点。黄河沿以上地区为黄河源头，流域面积 20930km²，干流长约 270km。该地区高原湖泊和沼泽湿地很多，面积达 2000km²，扎陵湖、鄂陵湖、玛多星星海和星宿海即在其中，鄂陵湖和扎陵湖对黄河径流具有一定调蓄作用，近 20 年气温上升引起冰川和冻土消融，使得鄂陵湖和扎陵湖的湖面水位略有上升。黄河沿到吉迈区间，流域面积 24089km²，干流长约 325km。区间内干流河谷宽阔，河道呈辫状分汊，水性散乱，沙洲林立，科曲汇入后受左侧阿尼玛卿山与右侧巴颜喀拉山的挟持，河谷深切，两岸陡立。吉迈至玛曲区间，流域面积 41029km²，干流长约 585km。支流贾曲入汇以上为峡谷限制段，贾曲入汇后干流进入若尔盖盆地，右侧支流白河和黑河的流域面积分别为 5488km² 和 7608km²，所控制的沼泽湿地面积约 4300km²，盆地内普遍发育含水量丰富的泥炭层，对干流径流量有一定的补给作用。玛曲到唐乃亥区间，流域面积 35924km²，干流长约 373km。本河段峡谷陡峭，河床深切，左侧发源于阿尼玛卿山的曲什安河和切木曲，融雪径流可在一定程度上增加唐乃亥夏季径流量，唐乃亥水文站附近的大河坝河和巴曲的输沙量较大。

　　黄河源区水沙资料采用黄河沿、吉迈、玛曲和唐乃亥的资料，其资料系列分别为 1955—1990 年（缺失 1968—1975 年）、1958—1990 年、1959—1990 年和 1956—2011 年。气温和降雨量采用国家气象信息中心的中国地面气候资料年值数据集，共计选取源区 10 个代表性气象站，分别为玛多（1953—2011 年）、达日（1956—2011 年）、久治（1959—2011 年）、红原（1961—2011 年）、若尔盖（1957—2011 年）、玛曲（1967—2011 年）、河南（1960—2011 年）、泽库（1959—2011 年）、同德（1955—2011 年）和兴海（1960—2011 年），其中泽库缺失 1991—2006 年数据，同德由于仪器故障和站点于 2000 年台站搬迁等因素，缺失 1958 年、1970 年和 1999—2006 年的数据。

1.1.4　若尔盖

　　若尔盖高原位于青藏高原东北部边缘，隶属四川省若尔盖县、红原县和阿坝县，以及甘肃省的玛曲县和碌曲县，面积 22716km²。气候为大陆性高原气候，寒冷湿润，长冬无夏，霜冻期长，日温差大。研究区多年平均气温 1℃左右，年日照时间约 25000h，全年降水量 600～800mm，雨季分布在 5 月份到 10 月份，约占全年降水量的 90%，霜冻期约 20d。研究区年平均相对湿度达到 64%～73%，年蒸发蒸腾量 1260～1290mm，因此，本区的气候特点有利于沼泽的发育。特别是黑河流域中下游地区，支流较少而闭流、伏流宽谷较多，地势也较白河更为平坦，多分布着高原沼泽土，且沉积物的细颗粒含量高，排水能力差，地表长时间积水。白河流域支流少，河谷比降略大，沉积物颗粒粗，其排水状况相比黑河流域要好，因此泥炭沼泽湿地分布也相对较少。

若尔盖湿地是黄河上游重要的水源地，两条支流黑河和白河每年补给黄河主干流水量约（40～60）×10⁸m³。据统计资料，自建县至 2005 年，红原县人口从 500 多人增长到 3.9 万人，若尔盖县则从几千人扩张到七万多人。本区植被类型以高山草甸和沼泽植被为主，优势种有木里薹草（*Carex muliensis*）、乌拉草（*Carex meyeriana*）和西藏嵩草等（蒲朝龙，1987）。但与此同时人类活动越发频繁，挖沟排水开辟草场，发展畜牧业，自然资源消耗量增长，林木砍伐导致若尔盖县森林占地面积在 1975—2005 年由 16.7% 减少到 12.8%（李斌 等，2008）。

若尔盖湿地还是"天然水库"，黄河上游唐乃亥站约 30% 的水量来自这片湿地。若尔盖湿地海拔介于 3400～3900m，是世界上海拔最高的泥炭湿地，约占全球泥炭地总数量的 0.1%（Li et al.，2014）。但受气候变暖与人类活动影响，若尔盖湿地自 20 世纪 50 年代开始持续萎缩，危及当地生态系统与黄河上游水资源利用。20 世纪 70 年代开始，若尔盖地区由于人工开渠排水，地下水位下降日益严重，地表景观的直接表现为 1986—2005 年间若尔盖湿地面积减少 385km²（Pang et al.，2010）。

1.1.5　日干乔大沼泽

日干乔大沼泽是若尔盖高原沼泽中的典型封闭泥炭沼泽，位于黄河源区支流白河中游流域。红原县的年降水量为 765mm，日干乔大沼泽地势较低平，周围的降水都汇流至沼泽中心区域，同时日干乔大沼泽为封闭式沼泽，缺少自然水系，地表水出流不畅，在人工排水疏干前是积水型沼泽，在降雨日，该沼泽的积水深度为 5～10cm，最低处积水可达 30～40cm。但经过人工排水后，大部分沼泽变成草原，即使在降雨期间，也只有局部低洼区有较深的短暂积水。

当地为了维持日干乔大沼泽的部分生态和景观功能，实施了填、堵沟渠的恢复工程，沼泽水位相比之前升高了约 26cm，对局部泥炭沼泽的恢复起到了一定作用。日干乔大沼泽中的泥炭有机质含量在近地表处明显减少，这是由该区沼泽因开沟排水而处于显著疏干状态，通气状况良好，有机质不断转化为矿质所致。日干乔大沼泽的地势特点是中部低、南北部边缘高，面积为 273.22km²。在日干乔大沼泽中，泥炭地为主要土地利用类型，人工沟渠分布多，且具有明显的空间分布特点。

1.1.6　高寒湿地

高寒湿地指海拔高、温度低的湿地，是湿地类型中较为特殊的一种（宋森，2015），主要分布在高海拔地区，如青藏高原。高寒湿地作为青藏高原上重要、独特及脆弱的自然生态系统（尚二萍，2012），具有调节气候、涵养水源和碳储存等生态功能（张盈武，2012）。高寒湿地由于温度较低，易形成季节性冻土，植物残体和凋落物不易分解，使得土壤有机碳（soil organic carbon，SOC）含量较其他地区变化缓慢，土壤碳储量较高，且能长时间存储于土壤中（王绍强，周成虎，1999；李克让 等，2003）。

1.2 研究内容

1.2.1 若尔盖土地覆盖变化分析

以 1990—2011 年的 Landsat TM 遥感影像为数据源，利用 ENVI 的面向对象方法和 Google Earth 提取地物信息及自然水系与人工沟渠的分布格局，结合 1967—2012 年降雨量和气温数据，分析气候变化对土地覆盖的趋势性影响，揭示了泥炭沼泽湿地的输水模式。结果表明，2011 年建设用地和荒漠的面积分别是 1990 年的 5.84 倍和 1.35 倍；林地以 $0.66km^2/a$ 速率不断减少，主要受人口增长和伐木等人类活动影响；水体面积受水文周期和降雨量影响呈现波动性变化；草地面积增加，植被覆盖度先减后增。泥炭沼泽湿地以 $78.62km^2/a$ 的速率快速萎缩，这是由气候变暖、人工开渠和自然水系溯源下切的叠加作用造成。若尔盖高原人工沟渠控制的泥炭沼泽主要有两种输水模式：一为完全由人工沟渠排水，如日干乔和哈合目乔的封闭型沼泽；二为自然水系和人工沟渠共同排水，如黑河上游半封闭型泥炭沼泽。持续的人工沟渠排水活动显著影响着泥炭沼泽的蓄水量，制约着泥炭沼泽的维持并加速泥炭沼泽脱水萎缩。

1.2.2 不同土地利用类型的蒸发蒸腾量

蒸发蒸腾是若尔盖高原湿地重要的水文过程，但目前缺乏对若尔盖地区实际蒸发蒸腾量的相关研究结果。为计算若尔盖高原实际蒸发蒸腾量，利用 1967—2011 年若尔盖高原地区红原、玛曲和若尔盖 3 个地面气象站的逐日气象资料，应用联合国粮农组织 FAO56 文件推荐的 Penman-Monteith（P-M）公式，依据单作物系数法计算若尔盖地区实际蒸发蒸腾量；利用累积距平、Mann-Kendall 趋势检验、回归分析等方法分析其变化规律。结果表明，草地蒸发蒸腾量是若尔盖高原实际蒸发蒸腾量的主要构成部分，草地蒸发蒸腾量达 362.3mm/a，占 74.28%。湿地蒸发蒸腾量为 116.6mm/a，占 23.85%。研究表明，若尔盖高原 3 个气象站的作物蒸发蒸腾量（ET_c）与年均气温显著相关，年均 ET_c 为 488.6mm/a。ET_c 的变化并不明显，呈缓慢增加趋势，绝对变率为 12.75mm，相对变率为 2.62%。若尔盖高原 ET_c 变化与植被生长周期密切相关，高强度蒸散过程集中在短暂的夏季，7 月份平均值达 3.73mm/d。4、10 月份气温低于 0℃，日均 ET_c 为 1.5～2.0mm/d。通过回归分析得出 ET_c 与气象因子间的关系式，相关系数 $r>0.9$，$p<0.05$，相对误差均低于 0.6%。年均 ET_c 与年均气温相关性达到 0.01 的显著性水平，年均 ET_c 与年降水量、相对湿度呈负相关。1968—1971 年 ET_c 增加 36.09mm，相对降水量增加 5.82%。1971—1981 年、1981—2005 年 ET_c 分别减少 12.22mm 和 16.34mm。2005—

2011 年 ET_c 增加 41.75mm，相对降水量增加 6.41%。该地区水文过程中蒸发蒸腾相对水分补给变化较小。

1.2.3 日干乔大沼泽的人工沟渠排水能力

20 世纪 50 年代以来，为了开辟牧场，在若尔盖高原封闭的泥炭沼泽中，开挖人工沟渠，建设了排水工程，直接加速了沼泽萎缩和储水能力降低。利用 1980—2012 年的水文气象和遥感影像数据，分析日干乔大沼泽现有人工沟渠的平面分布、排水模式，估算沟渠的年排水量。研究结果表明，在日干乔大沼泽中，现存有效人工沟渠 100 余条，沟渠总长度为 292.77km。沟渠以放射状、平行状、网状和零散状分布，其中，平行状人工沟渠的长度最长、水力坡度最小。利用曼宁公式，估算出 1980—2012 年日干乔大沼泽的人工沟渠排水量约 $16 \times 10^8 m^3$，年平均排水量达 $0.47 \times 10^8 m^3$，5—8 月降雨日（每日降水量 $\geqslant$ 10mm）沟渠的排水量为 $0.84 \times 10^8 \sim 1.17 \times 10^8 m^3$。

1.2.4 若尔盖泥炭沼泽地下水数值模拟

若尔盖泥炭沼泽自 20 世纪 50 年代以来发生显著的面积萎缩，导致其失水的重要机制之一是自然沟道的溯源下切与横向侵蚀，进而疏干沟道两侧沼泽的地表水和泥炭层的地下水，加速泥炭沼泽地的萎缩。基于 2016—2017 年夏季野外观测与 Visual MODFLOW 地下水模型，分别研究局部两种典型泥炭地的地下水运动和沟道对泥炭地地下水的横向水力梯度的影响。结果表明：地下水流运动偏向沟道方向，且当沟道切穿泥炭层后此趋势更加显著，垂直沟道方向水力梯度增大约 79%。该研究有助于在若尔盖湿地修复与保护中，对沟道切穿泥炭层区域采取针对性措施。

若尔盖泥炭湿地具有蓄水、固碳和维持生态的重要功能，其地下水水位变化决定泥炭湿地面积维持或萎缩，但是其泥炭湿地的地下水水文过程和水量动态变化缺少系统的野外监测和研究。结合红原站气象资料，并于 2017 年 5 月、7 月和 9 月在四川省阿坝藏族羌族自治州若尔盖县黑河上游泥炭湿地典型小流域开展野外原位监测，利用 MODFLOW 模型建立小流域三维动态地下水运动模型，模拟地下水运动过程并计算水量动态平衡变化以及沟道排水能力。结果表明：泥炭湿地的主要补水方式是降雨，占补水总量的 60%。其主要出流方式是沟道排水，排水比例最高达到 53%；其次是潜水蒸发，出流比例为 26%。切穿泥炭层的沟道排水能力是未切穿泥炭层沟道的 2.5 倍。若尔盖泥炭地的地下水位受降雨影响呈现季节性波动，在雨季其涨幅约为 0.5m。

1.2.5 荒漠化时空变化分析

近几十年若尔盖高原的荒漠化呈明显增长趋势，正在威胁当地草原生态环境。为获取并定量分析若尔盖高原荒漠化的最新动态及趋势，探讨不同区域的荒漠化变化机制，利用了 ENVI 和 ArcGIS 对多时相 Landsat 遥感数据（1990—2016 年）进行处理。通过计算植被指数（NDVI）和反照率（Albedo）建立荒漠化指数（DDI）模型，从而开展若尔盖高原荒漠化等级划分以及时空分布特征的定量评估及分析。研究表明，1990—2016 年荒漠

化面积以 $2.17km^2/a$ 速率呈增加趋势，1990—2004 年主要以轻度和重度荒漠化的面积增加为主，其增幅分别为 $1.27km^2/a$ 和 $1.36km^2/a$；2004—2011 年荒漠化整体则呈逆转趋势，7 年间荒漠化总面积减少 33.44%，其中轻度荒漠化减少速率最快，为 $2km^2/a$；2011—2016 年荒漠化又趋于严重，总面积增加幅度达 58.43%，仍以轻度和重度荒漠化为主，增长幅度为 $2.59km^2/a$ 和 $4.04km^2/a$。荒漠化的空间分布及扩张范围为：采日玛镇北部的成片泥炭沼泽的边缘处、河流附近的河漫滩与江心洲、阿西镇西南方向泥炭沼泽、若尔盖县西北方向沿泥炭沼泽边缘、阿西镇南部及西南方向相距 $12.8\sim18.0km$ 区域。荒漠化因治沙措施的作用短期发生逆转，但总体上仍呈扩张趋势，其内因是河流地貌过程及其地表以下分布疏松易破碎的堆积物和粒径细的湖相沉积物，外因是气候变化和沟渠排水引起湿地萎缩退化，以及高强度的人类活动（如过度放牧）对地表植被破坏。

1.2.6　高寒湿地分类及水文特征

湿地分类是湿地研究的基础，国际湿地学界还没有一个公认的流域湿地分类标准、体系与方案。结合国家林业标准及以地貌为中心分类原则，基于黄河源区在湿地景观的地貌特征，将黄河源区高寒湿地分为高山湿地、河谷湿地、山前湿地、阶地湿地、河漫滩湿地、湖泊湿地和河流湿地 7 个类型。选取 1961—2019 年黄河源区久治县、达日县、甘德县、玛沁县、玛多县、河南蒙古族自治县（以下简称"河南县"）、泽库县、兴海县、同德县、贵南县气象资料，1962—2016 年吉迈、玛曲水文站的逐月径流量资料，分析黄河源区高寒湿地气象水文特征。

1.2.7　高寒湿地退化过程中植被与土壤有机碳分析

研究黄河源区高寒湿地植被和土壤特征，并针对黄河源区果洛藏族自治州（以下简称"果洛州"）玛沁县大武滩高寒湿地的退化问题，分析不同退化程度冻融丘和丘间土壤有机碳、总氮、有机碳组分、腐殖质和微生物群落结构的变化，探讨高寒湿地土壤有机碳、总氮、有机碳组分、腐殖质和微生物群落结构在不同退化程度的变化规律，揭示高寒湿地土壤有机碳、总氮、腐殖质和微生物群落结构等对不同退化程度的响应，在此基础上采用人工补播技术对退化高寒湿地进行近自然恢复，为高寒湿地退化和恢复机理的研究提供科学依据。

1.2.8　高寒湿地退化过程与机制分析

基于遥感图像解译方法，通过野外调查和目视解译方法提取出玛多县 1990 年、2001 年、2013 年的湿地类型，对玛多县 1990—2013 年的各类型湿地动态变化进行分析，得出 1990—2013 年玛多县湿地的动态变化特征。根据黄河源区玛多县自然湿地的卫星影像，发现了湿地退化程度的变化趋势。通过对卫星数据分析，发现从 2000—2006 年玛多县的湿地有退化减少趋势（Feng et al.，2008）。该方法可用于湿地面积变化的观测，但在湿地退化过程中评价沼泽湿地退化方面有限制。卫星影像的分析在湿地面积的动态变化上是有用的，但在评估湿地退化中是无效的。将湿地退化的自身抵抗能力称作湿地退化抵抗力，评价黄河源区玛多县不同类型湿地的不同退化程度，重点包括以下三个方面：①研究黄河源区不同类型湿地退化的评价体系；②评估不同类型湿地退化的抵抗能力；③评测黄河源区玛多县地形地貌因素对湿地退化抵抗能力的影响。

1.3 研究成果

依据地貌和流域水文特征，黄河源区高寒湿地分为高山湿地、河谷湿地、山前湿地、阶地湿地、河漫滩湿地、湖泊湿地和河流湿地 7 个类型。山前湿地的优势种为黑褐穗薹草；湖泊湿地和河流湿地的优势种为西伯利亚蓼；河谷湿地、阶地湿地和高山湿地的优势种为西藏嵩草；河漫滩湿地的优势种为中华薹草。

气候变暖是高寒湿地退化的重要原因，微地形的间接作用加速了研究区高寒湿地的退化。高寒湿地退化是由全球变暖及人为因素的干扰造成的。高寒湿地相对高寒草甸具有更大的稳定性，一般不容易退化，而高寒湿地的退化萎缩实际上是一种逐渐的旱化过程，是由外向内发生的过程，与地势高低和土壤水的供给有直接关系。将 7 种类型湿地的退化抵抗能力分为三类：较强、中等和较弱。较强的是河谷、湖泊和河流湿地，中等的是山前湿地及河漫滩湿地，较弱的是高山和阶地湿地。

若尔盖高原的荒漠化呈明显增长趋势，主要是河流地貌过程及其地表以下分布疏松易破碎的堆积物和粒径细的湖相沉积物，外因是气候变化和沟渠排水引起湿地萎缩退化，以及高强度的人类活动对地表植被造成破坏。地下水数值模型研究证实了不仅自然沟道在降雨期对地表水具有排水作用，而且其溯源下切直至切穿泥炭层的过程促进沟道两侧地下水在非降雨期不断流失，并在河道两侧形成泥炭沼泽的疏干带。

高寒草甸湿地修复与保护可从高寒草甸湿地的管理和修复入手，泥炭湿地修复与保护可从荒漠化的修复、保护区的设立、保护宣传、湿地修复和进行国际国内学术合作等方面开展。

第 2 章

黄河源区高寒湿地概况

2.1 黄河源区高寒湿地类型

2.1.1 黄河源区的自然概况

黄河源区有很多山溪河流从西侧流入黄河，故该地区高寒湿地面积大，地貌多为高山、草甸、草原。研究区气候为高原大陆性气候，属高原亚寒带湿润气候区，平均海拔 3600m。全年四季特征不明显，仅分冷（干）季和暖（湿）季，冷季寒冷干燥而漫长，暖季温和湿润而短暂。年平均气温为 0.0℃，最冷月平均气温为 −10.6℃，最热月的平均气温为 9.4℃。年降水量 597.1～615.5mm，年平均蒸发量为 1349.7mm，年相对湿度为 65%，全年日照时间 3241.8h，日照时间长，昼夜温差较大，平均无霜期为 16.5d。主要受气候和地质地貌综合因素的作用，研究区沼泽以大气降水、地表水和地下水共同补给为主。水源主要来自高山冰雪融化水补给，夏季水量较大，冬季水量少，河流含沙量较小。研究区土壤类型多样，主要以高山草甸土、高山灌丛草甸土、山地草甸土和沼泽土为主。草场类型以山地草甸、高寒草甸和沼泽类草场为主。根据青海省生态环境厅的划分标准，黄河源区包括青海省果洛州的久治县、达日县、甘德县、玛沁县、玛多县，黄南藏族自治州的河南县、泽库县，海南藏族自治州的兴海县、同德县、贵南县共计 10 个县。

2.1.2 黄河源区高寒湿地分类

湿地类型的界定不仅影响湿地边界的确定，也影响各类湿地面积的大小、遥感湿地信息提取工作的开展和湿地变化信息获取等（Gao J and Li X L，2016）。高寒湿地享有最高的单位面积生态系统生物多样性。然而，位于高海拔地区，它们极易受到环境变化和外部干扰而收缩和退化（Li et al.，2016）。本研究结合国家林业标准及以地貌为中心分类原则，基于黄河源区在湿地景观的地貌特征和流域水文特性，绘制流域尺度上不同高寒湿地类型分布（图 2-1）。

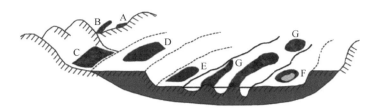

图 2-1 流域尺度上不同高寒湿地类型的分布

A—高山湿地；B—河谷湿地；C—山前湿地；D—阶地湿地；E—河漫滩湿地；F—湖泊湿地；G—河流湿地

2.1.2.1 湖泊湿地

湖泊湿地是指生长水生或耐水植被的沼泽或浅部的湖泊（图 2-2）。由于高原植物区系属于草本或低矮的灌木，积水的存在是湖泊湿地的特点，此外，湖泊湿地可以是紧邻河流通道的入湖附近，湖泊湿地的陆地部分有一个带状沿湖岸的地面饱和水位，有小水洼的水分布在这里，会受到湖泊水位波动影响。如果水量较少，湖底裸露，会变成陆地湿地。湖泊湿地水来源主要有河流流入、地下渗水、降雨等，季节性变化相对较小。

图 2-2 湖泊湿地（拍摄于 2012 年 8 月）

2.1.2.2 河漫滩湿地

河漫滩湿地位于河床主槽一侧或两侧，在洪水时被淹没，枯水期露出的滩地（图 2-3）。由于横向环流作用，"V"形河谷展宽，冲积物组成浅滩，浅滩加宽，枯水期大片露出水面成为雏形河漫滩。之后洪水携带的物质不断沉积，形成河漫滩，是一个广泛的、平坦的区

图 2-3 河漫滩湿地（拍摄于 2013 年 8 月）

域，其大多具有平坦的地形（平均坡度只有 1.5°）。如果河漫滩湿地位于一个山区旁边，河漫滩湿地与山谷湿地可能会难以区分，通常河漫滩湿地不会局限在两山或山脉之间。

2.1.2.3 河谷湿地

河谷湿地分布在两侧有山脉或部分被山包围的地区（图 2-4），河谷湿地通常与山或多个山脉有关，其平均海拔略低于山前湿地。河谷湿地谷底地势平坦或坡度平缓（坡度大约为 4.2°）。河谷湿地的水主要是由两侧地势较高山地的地表径流或渗水而来，具有一个较大的集水区，水分流动较少，相比高山湿地和山前湿地，植物种类较多，季节性变化较小。

图 2-4　河谷湿地（拍摄于 2012 年 8 月）

2.1.2.4 高山湿地

高山湿地，位于海拔相对较高区域高山的山坡下部（图 2-5），是所有类型的高原湿地中海拔最高的。最陡的坡度为 18.4°。高山湿地有不规则的形状，其具体形状是由当地的地形决定的。它们有一个"V"形的横截面和"J"形曲线。它们比周围的环境海拔低，导致水体聚集，形成湿地。同时高山湿地水主要是从更高的地方通过冰雪融化水汇集，很少有地表径流。积水不足以形成小水池是高原湿地的特点。高山湿地水源补给主要是在暖季（4 月到9 月）时的冰雪融化和冻土解冻，在冷季（10 月到次年 3 月）补给较少，季节性变化大。

图 2-5　高山湿地（拍摄于 2012 年 8 月）

2.1.2.5 河流湿地

河流湿地包括永久性河流和季节性河流（图 2-6）。由于临近河流或水系等，河流湿地具有线状形态。从周围景观汇聚到河流湿地或通过河流湿地生态系统的能量和物质在数量上远大于其他生态系统。河流湿地把上游和下游生态系统连成一体，把湖泊和河流连成一体。河流湿地具有较高的水位及独特的植被和土壤特征，形成了复杂多样的生境，因而河流生态系统通常都具有丰富的物种多样性，较高的物种密度和生产力，河流湿地季节性特征显著。

图 2-6　河流湿地（拍摄于 2012 年 8 月）

2.1.2.6　山前湿地

山前湿地坐落于山脚下一条山脉或阶地的过渡区（图 2-7）。山前湿地和高山湿地尽管具有空间邻接关系，但从海拔和坡度上还是容易区别的。山前湿地平均海拔低于高山湿地约 40m。坡度比高山湿地缓和，大约为 10.4°。山前湿地地形凹凸不平，分布着不规则的土丘和小水洼，其水分主要是由水分渗出汇集而成，季节性变化较大。

图 2-7　山前湿地（拍摄于 2012 年 8 月）

2.1.2.7　阶地湿地

阶地湿地是介于山前湿地和河流之间的一个平台区域，由河流下切或者地形抬升而形成，坡度较小（图 2-8）。阶地湿地很少能从河流或者山前湿地中补充到水分，除非发生洪水，所以它是高原湿地中最为干旱的一种湿地类型。

图 2-8　阶地湿地（拍摄于 2012 年 8 月）

2.2 黄河源区高寒湿地气候气象特征

选取久治县、达日县、甘德县、玛沁县、玛多县、河南县、泽库县、兴海县、同德县、贵南县气象站作为气候代表站提供黄河源区气象资料。逐月资料来自青海省气候中心，时间范围自 1961—2019 年（其中甘德由于仪器故障等因素，缺失 1963—1974 年的数据）。由于研究区域范围较小，各站海拔高度相差不大，区域平均气温、降水、风速、日照时间、相对湿度采用算术平均值，主要天气现象由青海省气象局 30 年资料整编。

2.2.1 降水

1961—2019 年，黄河源区年降水量呈现增加趋势，增幅为 10.8mm/10a［图 2-9（a）］。年降水量的阶段性变化明显，20 世纪 60 年代至 70 年代为少雨期，70 年代中期至 80 年代末期为多雨期，90 年代明显偏少，21 世纪之后有所增加［图 2-9（b）］。从空间分布来看，各县站年降水量分布不均匀，久治县年降水量最多，年降水量为 732.6mm，玛

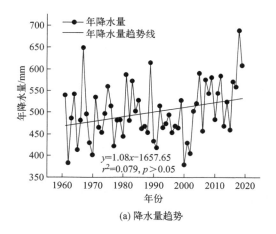

(a) 降水量趋势

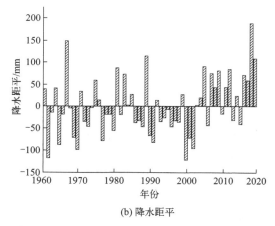

(b) 降水距平

图 2-9 1961—2019 年黄河源区年降水量变化

多县年降水量最少，仅为 332.5mm。年降水量变化率在 $-7.08\sim23.77$mm/10a，各县站年降水量变化趋势略有差异，黄河源区北部地区增加趋势明显，其中兴海县增幅最大，河南县年降水量变化率为负。从季节变化来看，黄河源区年降水量均呈增加趋势，春、夏季降水量增幅较为明显，增加率分别为 16.04mm/10a 和 13.50mm/10a，秋、冬季降水增加不明显，增加率分别为 0.22mm/10a 和 0.23mm/10a。

2.2.2　气温

1961—2019 年，黄河源区年均气温呈升高趋势，升温率为 0.3℃/10a［图 2-10（a）］。年均气温的阶段性变化明显，20 世纪 60 年代至 90 年代中期为冷期，90 年代后期至 21 世纪为暖期［图 2-10（b）］。从空间分布来看，各县站年均气温分布不均匀，贵南县年均气温最高，为 2.6℃，玛多县年均气温最低，仅为 -3.3℃。年均气温变化率在 $-0.09\sim$ 0.98℃/10a，各县站年均气温变化趋势略有差异，除河南县地区升温速率为负值外，其余地区均为正值，同德县是黄河源区年均气温升温速率最高的县。从季节变化来看，黄河源区四季平均气温呈一致的升高趋势，增温幅度最明显的季节是秋季，春、夏、秋和冬季的升温速率分别为 0.21℃/10a、0.28℃/10a、0.34℃/10a 和 0.27℃/10a。

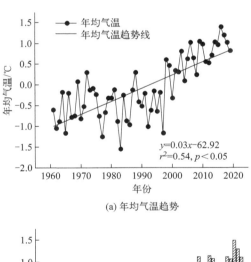

(a) 年均气温趋势

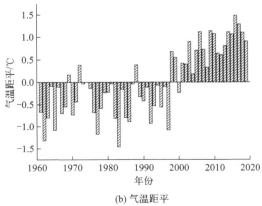

(b) 气温距平

图 2-10　1961—2019 年黄河源区年均气温变化

2.2.3 风速

1961—2019 年，黄河源区年平均风速呈减小趋势，平均每 10 年减小 0.18m/s ［图 2-11 （a）］。年平均风速的阶段性变化明显，20 世纪 60 年代和 20 世纪 90 年代以后为负距平，20 世纪 70 年代至 80 年代为正距平 ［图 2-11（b）］。从空间分布来看，各县站年平均风速分布不均匀，玛多县年平均风速最高，为 3.1m/s，贵南县年平均风速最低，仅为 1.6m/s。年平均风速变化率在 −2.67～−0.05m/s，各县站年平均风速变化趋势呈减小趋势。

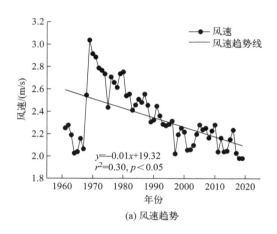

(a) 风速趋势

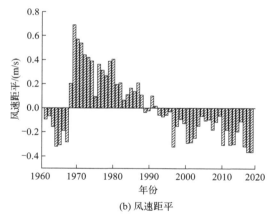

(b) 风速距平

图 2-11　1961—2019 年黄河源区年均风速变化

2.2.4 日照时间

1961—2019 年，黄河源区年日照时间呈减少趋势，减少率为 73h/10a ［图 2-12（a）、(b)]。从空间分布来看，各县站年日照时间分布不均匀，玛多县年日照时间最高，为 2849.3h，久治县年日照时间最低，为 2337.1h。年日照时间变化率在 −31.26～21.32h/ 10a，各县站年日照时间变化趋势略有差异，黄河源区南部地区增加趋势明显，其中甘德县增幅最大，黄河源区北部年日照时间变化率为负。

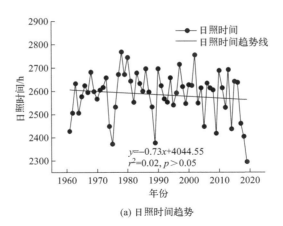

(a) 日照时间趋势

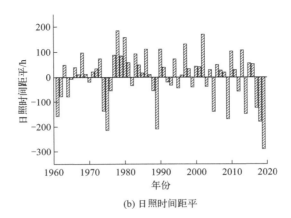

(b) 日照时间距平

图 2-12　1961—2019 年黄河源区年日照时间变化

2.2.5　相对湿度

1961—2019 年，黄河源区相对湿度呈减小趋势，减小率为 0.3%/10a［图 2-13（a）、（b）］。从空间分布来看，各县站相对湿度分布不均匀，甘德县和久治县年相对湿度最高，为 65%，兴海县相对湿度最低，为 51%。年相对湿度变化率在（−12.31% ～9.16%）/10a，各县站年相对湿度变化趋势略有差异，兴海县、贵南县和甘德县变化率为正，其余县站相对湿度变化率为负。

2.2.6　主要气象灾害

黄河源区主要的气象灾害是冰雹、大风、沙尘暴和雪灾等。统计黄河源区各县年均雷暴、冰雹、扬沙、浮尘、大风、沙尘暴、降雪和积雪时间，其年均雷暴、冰雹、扬沙、浮尘、大风、沙尘暴、降雪和积雪时间（以日计）分别为 49.53d、10.04d、5.62d、2.39d、42.51d、3.03d、80.38d 和 67.13d。黄河源区南部年均雷暴时间和冰雹时间较北部多，其中玛沁县、达日县、久治县和甘德县年均雷暴时间和冰雹时间分别为 51.3d、53d、66.7d、61.1d 和 9.1d、12.6d、15.6d、13.1d。黄河源区扬沙、浮尘、大风和沙尘暴时

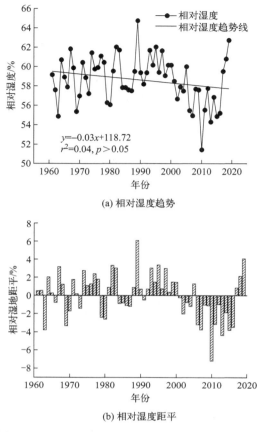

(a) 相对湿度趋势

(b) 相对湿度距平

图 2-13 1961—2019 年黄河源区年均相对湿度变化

间大值区分别位于玛多县、泽库县、达日县和兴海县。黄河源区南部年均降雪时间和积雪时间较北部多，其中玛沁县、达日县、久治县和甘德县年均降雪时间和积雪时间分别为141d、93.4d、123.1d、109.6d 和 55.9d、100.8d、83.7d、109d。

2.3 黄河源区高寒湿地水文特征

2.3.1 黄河源区径流变化

黄河源区地表水资源丰富，共有大小河流 30 余条，均系黄河外流水系，麦秀河、泽曲河及巴河为黄河一级支流。河道迂回曲折，地面常年积水或季节性积水、临时性积水。黄河径流以降水补给为主（刘晓燕，常晓辉，2005），径流与降水量之间有密切的相关性。通常同期的径流量与降水量呈正相关关系（戴升 等，2006），降水增加了流域水量的补给，径流量也随之相应增加。黄河上游的河流径流量的变化与年降水量的变化趋势大致相符（邱临静 等，2011；程俊翔 等，2016；Gao et al.，2014）。

黄河源区流域出口位于玛曲水文站，该地区上游建有吉迈水文站，因此分析产流需要扣除吉迈以上流域来水影响。径流数据采用了吉迈、玛曲水文站的逐月径流量资料（径流量资料由青海黄河上游水电开发有限责任公司整理提供），时间范围为 1962—2016 年。以吉迈和玛曲水文站分别作为研究区进出口控制站（表 2-1），研究区径流量为玛曲站径流量与吉迈站径流量的差值。

表 2-1　选用水文站点概况

水文站	流域面积/km²
玛曲、吉迈	41040

从图 2-14（a）可以看出，黄河源区 1962—2016 年径流量呈下降趋势，气候倾向率为 $-5.70 \times 10^8 \, \text{m}^3/10\text{a}$，未通过显著性水平检验。自 1989 年后降水量距平以负距平为主 [图 2-14（b）]，说明黄河源区处于径流偏少期。

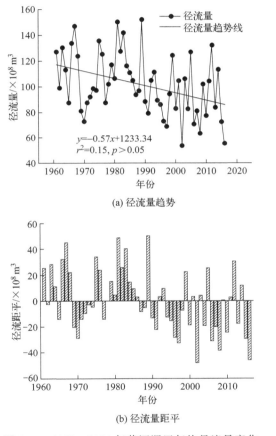

(a) 径流量趋势

(b) 径流量距平

图 2-14　1962—2016 年黄河源区年均径流量变化

2.3.2　黄河源区降水、气温和水沙过程

气象条件和水文过程为黄河源区高寒湿地植被的生长提供了有利条件，对于其河型多样性也起到一定作用。图 2-15 为黄河源区的降水、温度情况。与长江源区相比，黄河源区海拔相对较低，非冰冻期长，冰川影响小，径流相对均匀，为草丛、灌木的生长提供了有利条件。黄河源区长江平面形态差异主要是受到植被生长以及水文过程相互作用，引起植被环境控制下的河道平面形态的转换。

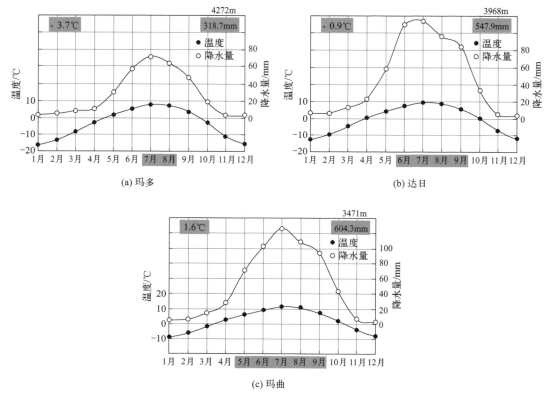

图 2-15　黄河源区的降水、温度情况

表 2-2 为黄河源区水沙过程对比情况，从表中可以看出，黄河源区水沙过程相对平稳，水文站之间虽有差异，但仅以吉迈站为例，最大月径流量占比为全年径流量的 18%，而最大的 4 个月径流量占比为 63%。显然，水沙过程平稳使黄河源区更有利于植被生长。

表 2-2　黄河源区水沙过程

水文站	年径流量 /×10⁸m³	最大 4 个月径流量占比/%	最大月径流量占比/%	年输沙量 /×10⁴t	最大 4 个月输沙量占比/%	最大月输沙量占比/%
黄河源区（1955—1998 年）	7.58	56.3	15.2	8.72	71.9	27.6
吉迈（1959—2002 年）	37.90	63	18	96.51	79	31.4
玛曲（1959—2002 年）	144.00	61.5	17.4	447.01	77.5	28.4
唐乃亥（1956—2002 年）	200.00	60.1	15.8	1270.00	82.9	30.4

2.3.3　高寒湿地地形与地表水基本特征

根据高寒湿地 7 个类型，在黄河源区野外调查取样，总结出不同类型高寒湿地地形地貌与流域水文基本特征，详见表 2-3。

表 2-3　不同类型高寒湿地地形与地表水基本特征

湿地类型	地形	海拔/m	坡度/(°)	地表水基本特征
高山湿地	坡上部	4310	18.4	地表水由冰雪融化水汇集提供
山前湿地		4269	10.4	通过重力作用,水分渗出汇集
河谷湿地	坡中部	4252	4.2	由两侧地势较高山地的地表径流或渗出水提供
阶地湿地		4248	4.9	潮湿地表由高地溢出水提供
河漫滩湿地	坡底部	4243	1.5	地势开阔的湿润地表,分布小水池和水塘,由河流洪水时提供
湖泊湿地		4230	1.0	湖岸边和湖浅滩处由湖水上涨时提供
河流湿地		4221	4.9	河道河水提供湿地水源

高寒湿地有其独特的地形、水文、植物群落和土壤结构,详见表 2-4。

表 2-4　高寒湿地的地形、水文、植物群落和土壤性质 (Zhang and Bao,2008;Gao and Li,2016)

生态因子	地形	水文	含水量/%	植被盖度/%	土壤结构	土壤有机质/(g/kg)	土壤质地
高寒湿地	凹凸不平	水池	>50	>90	致密松软草皮	>16	黏土和壤土

2.4　黄河源区高寒湿地土壤特征

黄河源区河流密布、沼泽众多,有数以千计的淡水湖泊分布,是世界上海拔高、湿地分布较集中的地区。因此高寒湿地的土壤特征分析选取黄河源区较为典型的河漫滩湿地和湖泊湿地。

2.4.1　黄河源区河漫滩湿地土壤特征

2014 年 8 月在黄河源区河南县和泽库县进行野外实地观测,在河南县和泽库县的所有 13 个河漫滩湿地样地里 (表 2-5),随机选取三个样方,样方面积为 $1m \times 1m$,保证样方与整个群落外貌的一致性。经过野外调查,湿地土壤根系分布深度范围大致在 23cm 左右,取三层,故每层为 7.5cm。每一样方用土钻取土三钻,分为 0~7.5cm 层、7.5~15cm 层、15~22.5cm 层共 3 层,将同一样地的同一层混合在一起,装入自封袋编号,带回实验室使其自然风干,在实验室测土壤养分指标。土壤质地采用甲种土壤比重计法测定,土壤有机质利用重铬酸钾容量法进行分析,全氮用凯氏定氮法分析,速效氮用硫酸钠-纳氏试剂比色法测定,全磷用铝锑抗比色法测定,全钾和速效钾采用火焰光度计法,pH 值用 IQ150 便携式 pH 计测定。

表 2-5　黄河源区河漫滩湿地样地地理位置

地点	样方号	经度	纬度	海拔/m
吉仁村	F1	101°22′19″	34°40′56″	3588
吉仁村	F2	101°23′34″	34°46′08″	3573

地点	样方号	经度	纬度	海拔/m
泽库县	F3	101°28′31″	34°52′23″	3648
泽库县	F4	101°31′10″	34°55′02″	3658
泽库县	F5	101°32′02″	34°53′06″	3612
泽库县	F6	101°32′08″	34°53′10″	3610
泽库县	F7	101°31′45″	34°50′16″	3583
泽库县到同仁市	F8	101°25′13.6″	35°00′30.1″	3633
泽库县到同德县	F9	101°27′20″	35°01′43.8″	3649
泽库县到同德县	F10	101°30′32.6″	35°03′51.7″	3697
南旗村	F11	101°27′59.8″	34°51′25″	3585
南旗村	F12	101°27′37.2″	34°51′29″	3583
吉仁村	F13	101°25′53″	34°46′14″	3558

由表 2-6 可知，黄河源区河漫滩湿地土壤的 pH 值大于 7，说明黄河源区河漫滩湿地土壤偏碱性，且随着土层的加深，土壤 pH 值增大；黄河源区河漫滩湿地草土比在 0～7.5cm 层深度比在 7.5～15cm 层和 15～22.5cm 层深度土层的草土比大，随着土层的加深，草土比减小，草土比在 0～7.5cm 层、7.5～15cm 层、15～22.5cm 层之间差异显著（$p<0.05$）。黄河源区河漫滩湿地土壤为松砂土。土壤含水量随着土层的加深而减少。

表 2-6　黄河源区河漫滩湿地土壤特征

土深/cm	pH 值	草土比	质地（<0.01mm 物理黏粒含量）/%	含水量/%
0～7.5	7.70[a]±0.39	0.0657[a]±0.0227	2.82[a]±0.40	54.65[a]±12.78
7.5～15	7.81[a]±0.40	0.0301[b]±0.0121	3.04[a]±0.53	49.50[a]±6.84
15～22.5	7.93[a]±0.38	0.0135[c]±0.0175	3.93[a]±0.23	48.65[a]±4.96

注：同列不同小写字母表示差异显著（$p<0.05$）。

黄河源区河漫滩湿地主要养分在垂直方向上基本都表现出上层高于下层（表 2-7）的规律，全氮总量（以下简称全 N）在 7.77～10.22g/kg 变化，全 N 总量在 0～7.5cm 层与 15～22.5cm 层之间差异显著（$p<0.05$）；全磷（以下简称全 P_2O_5）总量在 0～7.5cm 层与 15～22.5cm 层之间差异显著（$p<0.05$）；碱解氮总量在 0～7.5cm 层与 15～22.5cm 层之间差异显著（$p<0.05$）；速效磷总量在 0～7.5cm 层与 7.5～15cm 层、15～22.5cm 层之间差异显著（$p<0.05$）；速效钾总量在 0～7.5cm 层与 7.5～15cm 层、15～22.5cm 层之间差异显著（$p<0.05$）；有机质总量在 0～7.5cm 层与 15～22.5cm 层之间差异显著（$p<0.05$）。

表 2-7 黄河源区河漫滩湿地土壤养分状况

土深/cm	全 N/(g/kg)	全 P_2O_5/(g/kg)	全 K_2O/(g/kg)	碱解氮/(mg/kg)	速效磷/(mg/kg)	速效钾/(mg/kg)	有机质/(g/kg)
0~7.5	$10.22^a \pm 2.33$	$2.08^a \pm 0.30$	$16.49^a \pm 1.85$	$543.69^a \pm 119.10$	$18.68^a \pm 8.22$	$194.13^a \pm 59.58$	$204.83^a \pm 58.23$
7.5~15	$9.09^{ab} \pm 2.19$	$2.04^{ab} \pm 0.34$	$16.91^a \pm 2.42$	$487.69^{ab} \pm 91.72$	$13.42^{bc} \pm 4.42$	$79.26^{bc} \pm 29.03$	$176.68^{ab} \pm 47.45$
15~22.5	$7.77^{bc} \pm 3.18$	$1.81^{bc} \pm 0.27$	$16.44^a \pm 2.58$	$413.13^{bc} \pm 90.74$	$10.98^c \pm 3.05$	$60.03^c \pm 25.38$	$155.48^b \pm 68.53$

注：同列不同小写字母表示差异显著（$p < 0.05$）。

2.4.2 黄河源区湖泊湿地土壤特征

湖泊湿地在抵御洪水、控制污染、调节径流、美化环境、改善气候及维护区域生态平衡等方面，有着其他生态系统所不能替代的作用（黄蓉 等，2014；杨桂山 等，2010；王凤珍 等，2011）。湖泊湿地分布于湖泊浅水区，内有水生植物和耐湿植物。由于高原植物都由草和低矮灌木组成，湖泊湿地的显著特征是有积水。另外湖泊湿地的另一特征是紧靠湖岸，或分布在河水流入湖泊的交界口附近。湖泊湿地周边比较开阔，有较小的地形起伏，土壤水分含量相对比较高，基本上呈水渍状，故物种多样性较少。2015 年 8 月在黄河源区玛多县进行野外实地调查，选取玛多县 5 个湖泊湿地，分别为鄂陵湖处、距牛头碑5km 处、距牛头碑 10km 处、距牛头碑 15km 处和星星海处（表 2-8）。

表 2-8 黄河源区河漫滩湿地样地地理位置

地点	样方号	经度	纬度	海拔/m
鄂陵湖	1	97°36′18″	34°59′40″	4276
玛多县-牛头碑 15km	2	98°07′24″	34°57′03″	4225
玛多县-牛头碑 10km	3	97°36′32″	34°54′32″	4226
玛多县-牛头碑 5km	4	98°07′27″	34°57′02″	4231
星星海	5	98°07′55″	34°49′51″	4226

通过对黄河源区湖泊湿地土壤特征（表 2-9）和养分状况（表 2-10）分析发现，湿地土壤 pH 值大于7，说明该地区湿地土壤为碱性，土壤全 N、全 P_2O_5、全 K_2O、碱解氮、速效磷、速效钾和有机质在同一梯度下呈现上层高于下层的规律。全 N 总量在 1.05~1.60g/kg 变化，0~7.5cm 层与 15~22.5cm 层之间差异显著（$p < 0.05$）；全 P_2O_5 总量在 1.31~1.45g/kg 变化，0~7.5cm 层与 15~22.5cm 层之间差异显著（$p < 0.05$）；全 K_2O 总量在 19.34~20.30g/kg 变化，0~7.5cm 层、7.5~15cm 层、15~22.5cm 层之间差异不显著；碱解氮总量在 39.40~75.40mg/kg 变化，0~7.5cm 层与 15~22.5cm 层之间差异显著（$p < 0.05$）；速效磷总量在 4.30~7.24mg/kg 变化，0~7.5cm 层、7.5~15cm 层、15~22.5cm 层之间差异显著（$p < 0.05$）；速效钾总量在 126.40~199.00mg/kg 变化，0~7.5cm 层与 7.5~15cm 层、15~22.5cm 层之间差异显著（$p < 0.05$）；有机质总量在 13.61~23.97g/kg 变化，有机质总量在 0~7.5cm 层与 15~22.5cm 层之间差异显著（$p < 0.05$）。

表 2-9 黄河源区湖泊湿地土壤特征

土深/cm	pH 值	土壤质地	含水量/%
0~7.5	$8.42^a \pm 0.39$	$15.60^a \pm 0.40$	$35.20^a \pm 12.78$
7.5~15	$8.45^a \pm 0.40$	$15.60^a \pm 0.53$	$32.50^a \pm 6.84$
15~22.5	$8.40^a \pm 0.38$	$16.40^a \pm 0.23$	$28.60^a \pm 4.96$

注：同列不同小写字母表示差异显著（$p < 0.05$）。

表 2-10 黄河源区湖泊湿地土壤养分状况

土深/cm	全 N /(g/kg)	全 P_2O_5 /(g/kg)	全 K_2O /(g/kg)	碱解氮 /(mg/kg)	速效磷 /(mg/kg)	速效钾 /(mg/kg)	有机质 /(g/kg)
0~7.5	$1.60^a \pm 2.33$	$1.45^a \pm 0.30$	$20.30^a \pm 1.85$	$75.40^a \pm 119.10$	$7.24^a \pm 8.22$	$199.00^a \pm 59.58$	$23.97^a \pm 58.23$
7.5~15	$1.35^{ab} \pm 2.19$	$1.36^{ab} \pm 0.34$	$19.51^a \pm 2.42$	$51.60^{ab} \pm 91.72$	$4.76^{bc} \pm 4.42$	$152.26^{bc} \pm 29.03$	$18.83^{ab} \pm 47.45$
15~22.5	$1.05^{bc} \pm 3.18$	$1.31^{bc} \pm 0.27$	$19.34^a \pm 2.58$	$39.40^{bc} \pm 90.74$	$4.30^c \pm 3.05$	$126.40^c \pm 25.38$	$13.61^b \pm 68.53$

注：同列不同小写字母表示差异显著（$p < 0.05$）。

2.5 黄河源区高寒湿地植被特征

2.5.1 植物指标测定

2013 年 8 月对黄河源区所有湿地类型进行样地法野外调查，在不同的湿地类型上选取具有典型性和代表性的样地 26 个，每样地取三个样方（1m×1m）共计 78 个。在每个样方测定植被盖度、植被高度和植被地上生物量。其中，植被盖度用目测法测量；植被高度以植被自然高度为准，每种植物测量 5 株；植被地上生物量测定时分别齐地面剪下每个样方中每种植物后现场称鲜重。计算公式如下：

$$重要值 = [(相对盖度 + 相对高度 + 相对鲜重)/3] \times 100\%$$
$$相对频度 = 某个种的频度/所有种的频度之和 \times 100\%$$
$$相对盖度 = 某个种的盖度/所有种盖度之和 \times 100\%$$
$$相对密度 = 某个种的密度/所有种的密度之和 \times 100\%$$
$$J' = H'/\ln S$$
$$D = 1 - \sum P_i^2$$

式中，P_i 为第 i 种植物的重要值；H' 为多样性指数（Shannon-Wiener 指数）；J' 为均匀度指数（Pielou 均匀度指数）；S 为群落中植物的种数；D 为生态优势度指数（Simpson 指数）。

2.5.2 黄河源区高寒湿地植物群落组成

研究湿地主要植物群落的物种组成，初步统计了研究区内的植物类型。共计 78 个样方，其中高山湿地 6 个样方、山前湿地 15 个样方、河漫滩湿地 15 个样方、河谷湿地 9 个样方、河流湿地 12 个样方、湖泊湿地 15 个样方、阶地湿地 6 个样方。结果显示研究区调查样方内共有植物 83 种，分属于 22 个科，均为被子植物，双子叶植物明显多于单子叶植物，其中双子叶植物 17 科 33 属 57 种，单子叶植物 5 科 13 属 26 种，裸子植物在调查样方中未出现（表 2-11）。

表 2-11　研究区植物统计表

类别（被子植物）	科数	属数	种数
双子叶植物	17	33	57
单子叶植物	5	13	26
合计	22	46	83

从图 2-16 中可以看出研究区样方内共有 22 科 83 个种，大多数科仅有 1 个或 2 个种，其中莎草科最多，共有 12 个种，是典型的湿地植物；禾本科和菊科植物次之，分别有 10 个种。

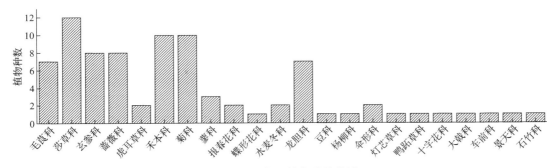

图 2-16　研究区植物种的统计

2.5.3　不同类型湿地植物群落组成与多样性

从表 2-12 中可以看出，西藏嵩草、黑褐穗薹草、西伯利亚蓼等莎草型湿地植被为不同类型湿地的优势物种，主要分布于高海拔地区（马虎生 等，2014），不同湿地类型的优势种和次优势种是不一样的，这是由于水分不是影响湿地植物分布的唯一因素（孙海群 等，2013）。地形因子对物种分布有着较大的影响，如西藏嵩草是普遍存在于高原湿地的植物，但在海拔较低的山前湿地和河漫滩湿地中成为了次优势种，而在高海拔的阶地湿地、河谷湿地和高山湿地是以优势种的形式存在。

表 2-12　不同类型湿地的植物优势种

湿地类型	物种数	优势种（重要值）	次优势种（重要值）
山前湿地（P）	44	黑褐穗薹草（23.7%）	西伯利亚蓼（19.7%），西藏嵩草（18.9%）
湖泊湿地（L）	15	西伯利亚蓼（38.1%）	薹草（23.7%），早熟禾（19.3%）
河谷湿地（V）	42	西藏嵩草（17.0%）	薹草（15.1%），早熟禾（13.6%）
阶地湿地（T）	24	西藏嵩草（23.0%）	细叶薹草（14.1%），小薹草（10.5%）
河流湿地（R）	43	西伯利亚蓼（29.8%）	海韭菜（13.6%），毛茛（9.8%）
河漫滩湿地（F）	45	薹草（40.1%）	西藏嵩草（21.5%），小叶薹草（10.3%）
高山湿地（A）	25	西藏嵩草（29.7%）	小叶薹草（10.2%），黑褐穗薹草（10.1%）

在高寒环境中，由于不同物种之间的强烈竞争，没有一个物种对其他物种有绝对的优势。山前湿地中的 44 个物种中，只有一个物种重要值在 20%（表 2-13）以上，占主导地位，余下的 43 个物种分布在其他四个层次的优势度下，其中 31 个物种分布在 3%～10%。其余大部分类型湿地植物都是这种分布状态，只有 1～2 种的物种占主导地位，大部分的物种重要值都在 10% 以下，这说明了高寒湿地的物种分布的多样性。

表 2-13　五个植物重要值水平下物种的数量

湿地类型	>20%	10%～20%	5%～10%	1%～5%	<1%	总物种数
山前湿地(P)	1	4	15	19	5	44
湖泊湿地(L)	2	6	5	2	1	16
河谷湿地(V)	0	5	12	22	3	42
阶地湿地(T)	1	7	5	6	5	24
河流湿地(R)	1	4	17	15	6	43
河漫滩湿地(F)	2	4	15	19	5	45
高山湿地(A)	1	4	10	8	2	25
合计	8	34	79	91	27	239

高山湿地、山前湿地、河漫滩湿地、河谷湿地、河流湿地、湖泊湿地、阶地湿地 7 种不同类型湿地植物特征值测定结果表明，植被盖度都在 71%～98% 之间，而湖泊湿地与河流湿地的植被盖度最小、标准误差最大，这是由近水体的缘故导致植被盖度低，容易受到环境的影响，波动比较大，详见表 2-14。并且湖泊湿地的植被丰富度也最小。Shannon多样性指数的大小顺序为 T>V>A>P>R>F>L，因此植被在阶地湿地、河谷湿地和高山湿地比在湖泊湿地、河漫滩湿地和河流湿地更加多样和稳定，进而说明多样性指数越高越有利于环境的稳定。

表 2-14　不同类型湿地植物群落多样性

湿地植被群落特征	山前湿地(P)	湖泊湿地(L)	河谷湿地(V)	阶地湿地(T)	河流湿地(R)	河漫滩湿地(F)	高山湿地(A)
植被丰富度	8.07±2.33	3.13±0.45	9.72±2.10	12.50±3.83	8.25±2.50	5.67±1.56	9.17±0.17
多样性指数	1.58±0.23	0.76±0.11	1.93±0.14	2.05±0.24	1.52±0.30	1.19±0.23	1.76±0.11
均匀性指数	0.82±0.02	0.70±0.08	0.88±0.06	0.83±0.09	0.76±0.06	0.73±0.05	0.79±0.05
植被盖度/%	79.2±9.74	71.00±12.13	97.06±1.46	98.08±1.08	71.63±15.25	89.77±4.98	96.83±0.83

高寒湿地植被具有一定的区域分布特征，不同湿地类型有自己独特的海拔梯度。从图 2-17 中可以看出，植被多样性指数与海拔有一定的关系，例如高山湿地分布在海拔较高的地方，其植被多样性指数也较高，说明植被种类多，各个种之间个体分布均匀。其余湿地类型大部分分布在海拔 4100～4400m，但是湿地类型不同，它所表现的植被多样性指数也不同，明显可看出湖泊湿地多样性指数最低，而它所呈现的湿地环境是物种单一、分

布不均匀。阶地湿地和河流湿地的多样性指数高，物种丰富，表现为生态环境相对稳定的特性。

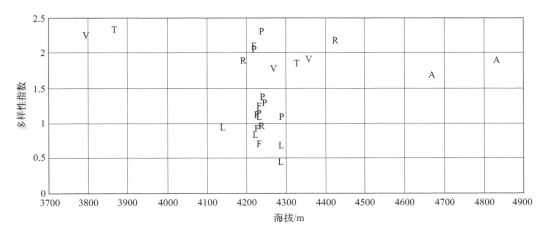

图 2-17　植被多样性指数与海拔的关系

第3章

黄河源区若尔盖高原气象要素
变化及其影响

3.1 数据来源与研究方法

3.1.1 气象资料来源

根据全国气象台站的基本资料，若尔盖站（33.35°N，102.58°E）的海拔高度为3439.6m，红原站（32.48°N，102.33°E）的海拔高度为3491.6m，玛曲站（34.00°N，102.05°E）的海拔高度为3471.4m。气象资料来源于国家气象信息中心的中国地面气候资料数据集，选取若尔盖县、红原县和玛曲县的逐日温度、日照时间、风速、气压及相对湿度数据，其中，个别缺测数据采用线性插值法补足。选用以上 3 个站点共有序列（1967—2011 年）作为研究时段，本研究区面积约为22145km^2，根据遥感影像提取土地类型及其相应面积，2011 年土地利用状况见表 3-1。

表 3-1　2011 年若尔盖高原土地利用状况

类别	草地	湿地	水体	林地	建设用地	沙化土地
面积/km^2	17917.57	3864.27	239.40	56.72	26.68	39.86
占比/%	80.91	17.45	1.08	0.26	0.12	0.18

3.1.2 遥感数据来源

遥感影像采用地理空间数据云平台提供的 Landsat TM 数据，部分数据的时间、条带号等信息见表 3-2。由于若尔盖高原大部分区域位于序列（131，37）的影像中，表 3-2 中遥感影像时间则以该幅影像时间为主。由于研究区域较大，为保证数据质量，所下载数据对应的云量均保持在 20% 以下，若尔盖高原主要范围选择的数据基本为无云状态下数据，部分数据选取同一季节或者相邻年份相同时段的影像镶嵌而成。除此以外 Google Earth 遥感影像的空间分辨率（0.6m）高于 Landsat TM/ETM＋影像分辨率（30m），可清晰地分辨出人工沟渠。因此，可利用 Google Earth 遥感影像，提取人工沟渠的平面分布、数量和几何信息。

表 3-2　部分遥感影像的基本信息

序列	遥感影像来源	遥感影像时间	空间分辨率/m
(131,36)(131,37)(131,38)(130,37)	Landsat 5	1990 年 7 月 8 日	30
(131,36)(131,37)(131,38)(130,37)	Landsat 5	1995 年 8 月 4 日	30
(131,36)(131,37)(131,38)(130,37)	Landsat 7	2000 年 10 月 31 日	30
(131,36)(131,37)(131,38)(130,37)	Landsat 5	2004 年 9 月 16 日	30
(131,36)(131,37)(131,38)(130,37)	Landsat 5	2010 年 10 月 6 日	30
(131,36)(131,37)(131,38)(130,37)	Landsat 5	2011 年 10 月 6 日	30

　　遥感数据处理过程中主要利用 ENVI 5.3 软件中的面向对象特征提取方法得到土地覆盖动态结果，主要有图像分割与合并以及规则建立两部分结果。图像分割与合并过程是基于边缘分割算法，图像分割过程中同时考虑了影像的光谱特性、空间特性和形状特性（于欢 等，2010）。通过试错法定性地对影像进行不同尺度的分割，分割快速直接，获得对地物更具代表性的图像对象，以提取出更多的分类辅助信息，从而实现对地物的精确分类。通过预览窗口查看分割效果，调整后得到合理的分割尺度参数。本研究经过多次试验，设置分割尺度参数为 30～40，融合尺度参数为 80～90。

　　研究区土地覆盖类型主要是草地和泥炭沼泽，光谱特征明显，表面纹理差异大，地势分布不同。考虑地区特点及研究内容，本书的规则建立过程主要综合遥感图像的光谱特征和形状特征，辅助数字地形高程（DEM）数据，设定规则中的阈值范围，将土地覆盖类型分为泥炭沼泽湿地、植被、水体、荒漠、建设用地进行提取。同时运用 Google Earth 遥感影像和假彩色波段融合进行对比，对规则集的阈值不断修正，结合人工目视解译以满足研究的分类精度要求。其中草地分为高覆盖度草地、中覆盖度草地和低覆盖度草地。植被覆盖度是地表植被的空间分布特征参数及反映生态环境状况的要素。本研究基于 NDVI 值，并利用像元二分模型估算植被覆盖度（VFC）（李苗苗 等，2004），$NDVI_{min}$ 和 $NDVI_{max}$ 分别为研究区 NDVI 的最小值和最大值。为了验证遥感解译的精度，在研究区范围内生成随机点（99 个），利用 Google Earth 获取验证点的实际地物类型，对比分类结果进行分类精度评估，1990—2011 年总体精度在 83.7%～86.5%。

3.1.3　蒸发蒸腾量计算方法

　　本书推荐采用 FAO56《排水灌溉手册》推荐的 P-M 公式计算若尔盖高原地区实际蒸发蒸腾量。FAO56《排水灌溉手册》将"参考作物"重新定义为"一种假想的作物，假设其高度 0.12m，有固定的表面阻力 70 s/m 和反射率 0.23，非常类似于一个面积很大、高度均匀、生长旺盛、完全覆盖地面且供水条件充分的绿色草地"。该方法改进了 FAO24 P-M 方法的不足，形成了计算作物需水量的国际标准。

FAO56 推荐的蒸发蒸腾量计算公式如式（3-1），各个变量的计算方法参考 FAO56《排水灌溉手册》。

$$ET_{0,d}=\frac{0.408\delta(R_n-G)+\gamma\dfrac{900}{T+273}u_2(e_s-e_a)}{\delta+\gamma(1+0.34u_2)} \tag{3-1}$$

式中，$ET_{0,d}$ 为参考作物日均蒸发蒸腾量，mm/d；R_n 为作物表面净辐射，MJ/$(m^2 \cdot d)$；G 为土壤热通量，MJ/$(m^2 \cdot d)$，以天为时间间隔计算 $ET_{0,d}$ 时，$G \approx 0$；T 为 2m 处日均气温，℃，特指日最高温度（T_{max}）与最低温度（T_{min}）的平均值，$T=\dfrac{T_{max}+T_{min}}{2}$；$u_2$ 为 2m 处平均风速，m/s；e_s 为饱和水汽压，kPa；e_a 为实际水汽压，kPa；δ 为饱和水汽压-温度曲线的斜率，kPa/℃；γ 为干湿表常数，kPa/℃。

作物系数（K_c）反映的是实际作物表面与参考作物表面蒸散之间的差异，一般由作物高度、表面反射率、冠层阻力和土壤蒸发共同决定。选定 K_c 时，需将植物的生长阶段划分为生长初期、快速生长期、生长中期和生长末期。对于多年生植物，生长初期是从返青期至地面覆盖率达到 10%；快速生长期是从生长初期结束到全部有效覆盖地面为止；生长中期是从快速生长期结束到植物成熟；生长末期从开始成熟至植物枯萎（Allen et al.，1998）。

单系数作物法把作物蒸腾和土壤蒸发的影响综合到 K_c 中，在 FAO56《排水灌溉手册》中选定初始作物系数［初始生长的作物系数（$K_{c,ini}$）、生长中期的作物系数（$K_{c,mid}$）、生长后期的作物系数（$K_{c,end}$）］，再根据校正公式和图表加以校正。$K_{c,ini}$ 主要受土壤湿润程度和大气蒸发潜力的影响，在 FAO56 中查表或利用公式均可实现校正；$K_{c,mid}$ 和 $K_{c,end}$ 分别由式（3-2）、式（3-3）校正。

$$K_{c,mid}=K_{c,mid}(T)+[0.04(u_2-2)-0.004(RH_{min})-45]\left(\frac{h}{3}\right)^{0.3} \tag{3-2}$$

$$K_{c,end}=K_{c,end}(T)+[0.04(u_2-2)-0.004(RH_{min})-45]\left(\frac{h}{3}\right)^{0.3} \tag{3-3}$$

式中，$K_{c,mid}(T)$、$K_{c,end}(T)$ 为 FAO56 作物系数表中查到的 $K_{c,mid}(T)$、$K_{c,end}(T)$ 值；u_2 为 2m 处的日平均风速，m/s，适用于 $1m/s \leqslant u_2 \leqslant 6m/s$；$RH_{min}$ 为对应生长阶段日最小相对湿度的平均值，%，适用于 $20\% \leqslant RH_{min} \leqslant 80\%$；$h$ 为对应生长阶段作物高度的平均值，m，适用于 $0.1m \leqslant h \leqslant 10m$。

采取单作物系数法，各阶段 $ET_{c,d}$ 由式（3-4）计算得到。

$$ET_{c,d}=K_c \times ET_{0,d} \tag{3-4}$$

式中，$ET_{c,d}$ 为实际作物日均蒸发蒸腾量，mm/d；K_c 为作物系数（无量纲）；$ET_{0,d}$ 为参考作物日均蒸发蒸腾量，mm/d。

3.2 气象要素年际变化

采用趋势线法分析 1967—2012 年若尔盖、玛曲和红原三个站点的降雨量变化趋势。根据气象日数据资料整理得到线性趋势，若尔盖高原年降雨量呈现不显著的下降趋势

[图 3-1(a)]，趋势线结果表明 1967—2012 年降雨量平均减少 0.4mm/a。具体表现 [图 3-1(b)] 为若尔盖县−0.33mm/a，红原县−0.53mm/a，玛曲县−0.34mm/a。南北降雨量及变化情况有一定的差异，区域降雨量则为北少南多，而降雨量减少速度呈北慢南快。根据气温数据（1967—2012 年）得到线性升高趋势（图 3-2），速率为若尔盖县为 0.75℃/10a，红原县为 0.21℃/10a，玛曲县为 0.38℃/10a。从气候要素来看，红原站纬度偏低且海拔最高，年降雨量大；若尔盖站降雨量居中，空气湿度较大；玛曲站相对较少，湿润度状况对沼泽生境的发育和作用特别重要，由此若尔盖县的沼泽分布最广（柴岫 等，1965）。

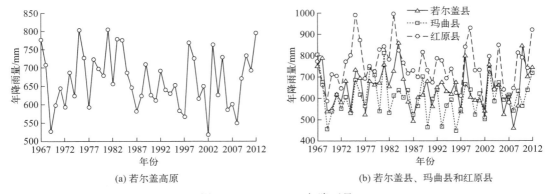

(a) 若尔盖高原　　　　　　　　　　(b) 若尔盖县、玛曲县和红原县

图 3-1　1967—2012 年降雨量

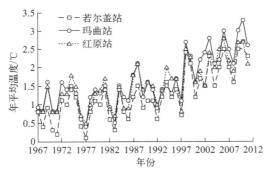

图 3-2　1967—2012 年若尔盖、玛曲和红原三站年平均气温

3.3　蒸发蒸腾量变化及其影响

3.3.1　若尔盖高原年实际作物蒸发蒸腾量变化

由于若尔盖地区建设用地（0.12%）面积小，蒸发量也难以计算，暂忽略不计，1967—2011 年若尔盖高原 4 类下垫面的实际蒸发蒸腾量见图 3-3。若尔盖高原草地面积广阔，草地蒸发蒸腾量多年平均值达 362.3mm/a，占若尔盖地区蒸发蒸腾量的 74.28%，草地蒸发蒸腾是若尔盖高原蒸散的主要构成部分。湿地面积相对草地而言较少，湿地蒸发蒸腾量占若尔盖地区蒸发蒸腾量的 23.85%。荒漠与水体的面积稀少，蒸发蒸腾量之和不足 2%。若尔盖高原是世界最大的高原泥炭湿地区，蒸散作用应区分草甸和湿地两种类

型，不能只按单一下垫面的湿地类型计算。若尔盖人口密度小，人类活动对下垫面的影响小，但近年来高覆盖草地和湿地逐步退化（李晋昌 等，2011），本研究以 2011 年土地利用与覆盖变化（LUCC）为研究基础，尚未考虑土地利用变化对若尔盖高原地区蒸发蒸腾量的影响，有待进一步研究。

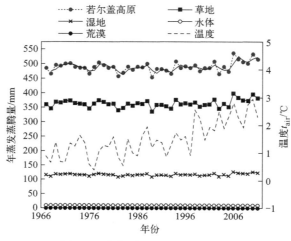

图 3-3 若尔盖四类下垫面年 ET$_c$

45 年间若尔盖高原年 ET$_c$ 变化较小，数值为 452.6～535.2mm，多年均值为 488.6mm/a。3 个站点年均 ET$_c$ 高度相关（图 3-4），若尔盖站、红原站、玛曲站分别为 493.7mm/a、487.1mm/a、485.1mm/a。年 ET$_c$ 最大值出现在若尔盖站（2006 年，540.7mm），最小值出现在玛曲站（1982 年，450.4mm）。45 年间若尔盖高原蒸发蒸腾量的变化并不明显，呈缓慢增加趋势，绝对变率 12.75mm，相对变率 2.62%，验证了刘蓉等（2016）对黄河源区进行蒸发蒸腾量变化趋势进行分析的结果。经 Mann-Kendall 趋势检验，$Z=1.24$（Z 值代表标准化的统计检验数），置信度接近 90%。1967—2011 年，若尔盖高原年 ET$_c$ 具有阶段性变化特征，总体呈现"增高—降低—增高"趋势，三个阶段分别为 1967—1980 年、1981—2005 年和 2006—2011 年（图 3-5）。1967—1981 年蒸发蒸腾量变化较为复杂，1981—2005 年累积距平曲线呈持续下降趋势，蒸发蒸腾量相对减少 3.39%，低于多年平均值；2006 年起累积距平曲线呈上升趋势，该时段年均蒸发蒸腾量相对 2006 年增加 8.07%，蒸发蒸腾量平均值为 517.30mm/a。

藏东南地区实际蒸发蒸腾量为 300～500mm（尹云鹤 等，2012；张存桂，2013），本研究若尔盖高原实际蒸发蒸腾量大部分在 400～500mm，与前人研究保持一致，出现误差的原因有以下两点：其一，应用 P-M 法计算高原或山区植物的非生长期蒸发蒸腾量时，缺乏有效性，与实际情况不符（王忠富 等，2016）。FAO56《排水灌溉手册》对非生长期被动土压力系数（K_p）的取值并未作过多说明，一般认为与生长末期值相等或稍低。其二，P-M 法假定理想化下垫面状况，应用于地势平坦、作物整齐的农场管理。若尔盖高原在地质构造运动中处于相对下降区，其四周环山，是丘陵状高原，平均海拔 3600m，必然存在地面吸收太阳辐射不均匀、因地形地貌引起的植被垂直或水平分布不均匀，因此，不能完全满足 P-M 法的假设条件。

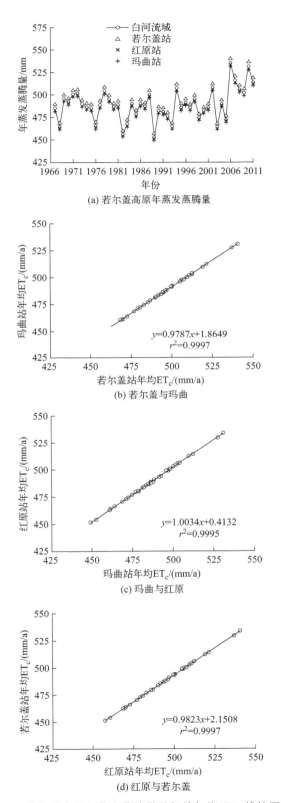

(a) 若尔盖高原年蒸发蒸腾量

(b) 若尔盖与玛曲

(c) 玛曲与红原

(d) 红原与若尔盖

图 3-4　若尔盖高原年蒸发蒸腾量及相关年均 ET_c 线性回归线

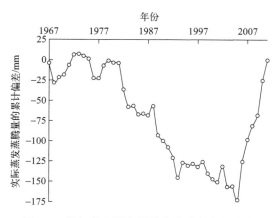

图 3-5 若尔盖高原实际蒸发蒸腾量变化趋势

若尔盖高原的每年 4 月中旬左右，气温回暖至 0℃以上，积雪融化，植被进入返青期，日均蒸发蒸腾量 1.66mm/d。5、6 月份随着温度的升高和降雨量的增加，植物的蒸腾作用开始加强，日均蒸发蒸腾量分别为 2.47mm/d，3.02mm/d。7 月份植物完全覆盖地面时，此时日均实际蒸发蒸腾量达到最大，为 3.73mm/d。随着植被的成熟，日均蒸发蒸腾量渐渐变小，8 月份为 3.49mm/d。9 月份进入枯黄期，高低温较 8 月份都有明显降低，植被呼吸作用减弱，日均蒸发蒸腾量快速下降为 2.61mm/d。10 月份温度骤降至 0℃以下，日均蒸发蒸腾量仅 1.53mm/d（图 3-6）。这说明若尔盖 ET$_c$ 变化与植被生长周期存在密切关系，即夏季植被的蒸发蒸腾量高，冬季植被的蒸发蒸腾量低。

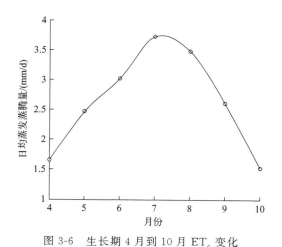

图 3-6 生长期 4 月到 10 月 ET$_c$ 变化

3.3.2 年蒸发蒸腾量与气象要素的相关分析

如图 3-7 所示，通过回归分析得出式（3-5），该方程相关系数 $r^2 = 0.921$，$F = 32.438$，置信度 95％，各气象因子对年 ET$_c$ 影响显著，可用来计算若尔盖高原年 ET$_c$。数据不足时利用式（3-6），$r^2 = 0.903$，$F = 55.971$，置信度 95％。式（3-5）、式（3-6）相对误差均低于 0.6％。

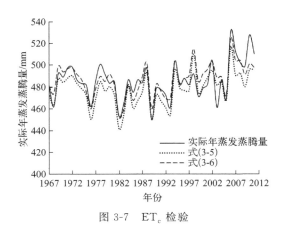

图 3-7　ET_c 检验

$$ET_c = 19.651t + 0.289R_n + 34.083u - 0.009n - 2.017H + 0.032P - 242.181 \quad (3-5)$$
$$ET_c = 20.156t + 0.169R_n + 36.314u - 172.142 \quad (3-6)$$

式中，t 为年平均气温，℃；R_n 为年净辐射量，MJ/(m² · a)；u 为 2m 处年平均风速，m/s；n 为年日照时间，h；H 为年平均相对湿度，%；P 为年降水量，mm。

蒸发蒸腾量变化与某些气象因子变化显著相关（涂安国 等，2017；董旭光 等，2016），蒸发蒸腾过程中各类气象因子相互作用，高原蒸发蒸腾量变化因素十分复杂，而如何区分主次因素仍有待研究。年 ET_c 与 6 个气象因子（年平均气温、年日照时间、年净辐射量、年降水量、年平均相对湿度、年平均风速）的相关系数见表 3-3，三个站点年 ET_c 与年平均气温的相关性均达到 0.01 的显著性水平，若尔盖站年 ET_c 与相对湿度显著相关，相关性较低的气象因子为年降水量和 2m 处年平均风速，年 ET_c 与年降水量、年平均相对湿度呈负相关性。单个气象因子变化对蒸发蒸腾量变化的影响有待深入研究。

表 3-3　年 ET_c 与气象因子相关系数

类别	若尔盖站	红原站	玛曲站	均值
年平均气温	0.480	0.450	0.548	0.503
年日照时间	0.317	0.381	0.192	0.371
年净辐射量	0.313	0.399	0.236	0.385
年降水量	−0.167	−0.440	−0.125	−0.317
年平均相对湿度	−0.715	−0.221	−0.187	−0.452
年平均风速（2m 处）	0.149	0.177	0.230	0.262

如图 3-8 所示，距平曲线中可能突变的 5 个年份为 1968 年、1971 年、1981 年、2005 年、2011 年，对应四个阶段。第一阶段（1968—1971 年）ET_c 增加 36.09mm，相对于降水量增加 5.82%；第二阶段（1971—1981 年）ET_c 减少 12.22mm，相对于降水量减少 1.77%；第三阶段（1981—2005 年）ET_c 减少 16.34mm，相对于降水量减少 2.45%；第四阶段（2005—2011 年）ET_c 增加 41.75mm，相对于降水量增加 6.41%。1967—2011 年该地区水文过程中蒸发蒸腾相对于水分补给变化较小，但 2012—2014 年出现由水分缺

失引起的植被退化现象，推测是其他原因导致若尔盖草地、湿地土壤水分减少，可能是自然河网溯源下切和人为干扰，如开沟排水等（Li et al.，2014；李志威 等，2014）。

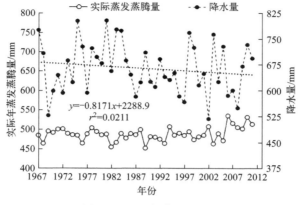

图 3-8　ET$_c$ 与降水量变化

第4章
黄河源区高寒湿地植被与土壤变化特征

4.1　黄河源区高寒湿地土壤和植被特征

高寒湿地作为黄河源区最重要和独特的自然生态系统，在涵养水源、调节气候和碳储存等方面发挥着重要的作用。冻融丘作为高寒湿地的典型特征，是一种高出积水面几十厘米的以西藏嵩草为主的草丘，沼泽地里各种薹草的根系死亡后再生长、再腐烂、再生长，周而复始，并和泥炭长年累月凝结而形成，其主要功能是固碳（图4-1）。冻融丘之间的凹槽称为丘间（林春英 等，2019），优势种为青藏薹草（*Carex moorcroftii*）。

图 4-1　高寒湿地冻融丘和丘间示意

经前期野外调查发现，黄河源区果洛州玛沁县大武滩是高寒湿地典型分布区，本研究选择其作为高寒湿地土壤化学性质和植被特征变化调查样地。在湿地中心随机布设3个1m×1m的样方作为湿地样地，进行群落学调查，主要包括植物名称、植被覆盖度、高度和地上生物量等。土壤样品分冻融丘和丘间采集0～30cm土壤样品，重复3次，共9个土样。

4.1.1 高寒湿地表层土壤特征

高寒湿地冻融丘和丘间 $0\sim30cm$ 土壤理化性质见表 4-1，土壤有机碳含量在 $0\sim10cm$ 层的冻融丘、丘间的含量分别为 (169.25 ± 18.57) g/kg、(163.04 ± 19.08) g/kg，显著高于 $10\sim20cm$ 层和 $20\sim30cm$ 层 $(p<0.05)$。冻融丘和丘间土壤含水量（soil water content，SWC）随着土层的加深呈减少趋势，且冻融丘、丘间 $0\sim10cm$ 层、$10\sim20cm$ 层与 $20\sim30cm$ 层差异显著 $(p<0.05)$。土壤容重随着土层的加深呈增加趋势，且冻融丘、丘间 pH 变化不明显。

表 4-1　黄河源区高寒湿地土壤特征

土深 /cm	冻融丘				丘间			
	pH	含水量 /%	容重 /(g/cm³)	有机碳 /(g/kg)	pH	含水量 /%	容重 /(g/cm³)	有机碳 /(g/kg)
0~10	6.71^A± 0.11	55.20^A± 1.04	0.37^A± 0.06	169.25^A± 18.57	6.67^A± 0.11	57.24^A± 2.37	0.41^A± 0.05	163.04^A± 19.08
10~20	6.95^A± 0.22	54.11^A± 1.06	0.56^{AB}± 0.02	109.29^B± 7.62	6.95^A± 0.75	54.97^A± 2.20	0.58^{AB}± 0.11	108.24^B± 9.59
20~30	6.75^A± 0.23	52.24^B± 1.18	0.63^B± 0.24	98.09^C± 15.25	6.75^A± 0.23	52.24^B± 1.18	0.63^B± 0.24	98.09^C± 15.25

注：同列不同字母表示差异显著 $(p<0.05)$。

高寒湿地冻融丘和丘间细菌的优势门为变形菌门（Proteobacteria），放线菌门（Actinobacteria）、酸杆菌门（Acidobacteria）、绿弯菌门（Chloroflexi），其中变形菌门为主导菌门（表 4-2）。

表 4-2　高寒湿地细菌主要微生物门水平相对丰度

土深 /cm	冻融丘				丘间			
	变形菌门 /%	放线菌门 /%	酸杆菌门 /%	绿弯菌门 /%	变形菌门 /%	放线菌门 /%	酸杆菌门 /%	绿弯菌门 /%
0~10	45.02^A± 0.24	22.53^A± 8.55	10.62^A± 6.23	6.02^A± 2.18	45.97^A± 5.11	16.67^{AB}± 2.37	11.25^A± 3.23	6.09^A± 1.76
10~20	45.00^A± 1.58	17.14^A± 7.16	13.08^A± 4.05	6.24^A± 1.48	41.91^A± 5.95	12.62^A± 2.89	14.97^A± 3.47	6.81^A± 0.58
20~30	38.79^B± 2.92	19.94^A± 2.95	11.84^A± 3.88	8.79^A± 2.73	38.79^A± 2.92	19.94^C± 2.95	11.84^A± 3.88	8.79^A± 2.73

注：同列不同字母表示差异显著 $(p<0.05)$。

高寒湿地真菌的优势门为子囊菌门（Ascomycota）、担子菌门（Basidiomycota）、罗兹菌门（Rozellomycota）、被孢霉门（Mortierellomycota），其中含量最多的为子囊菌门（表 4-3）。

表 4-3　高寒湿地真菌主要微生物门水平相对丰度

土深 /cm	冻融丘				丘间			
	子囊菌门 /%	罗兹菌门 /%	担子菌门 /%	被孢霉门 /%	子囊菌门 /%	罗兹菌门 /%	担子菌门 /%	被孢霉门 /%
0~10	66.65^A± 3.76	15.34^A± 4.43	10.03^A± 3.05	2.08^A± 0.77	74.94^A± 7.16	7.51^{AB}± 2.25	6.71^A± 3.66	2.36^A± 0.69
10~20	65.75^A± 2.46	8.46^A± 1.67	7.58^A± 3.30	3.57^A± 2.58	49.58^B± 9.44	14.41^A± 8.40	11.61^A± 3.22	5.27^A± 1.56
20~30	44.92^B± 9.21	0.67^A± 0.31	26.67^A± 3.07	19.28^B± 7.16	44.92^C± 9.21	0.67^B± 0.31	26.67^A± 3.07	19.28^B± 7.16

注：同列不同字母表示差异显著（$p<0.05$）。

4.1.2　高寒湿地植被特征

样区内高寒湿地冻融丘以西藏嵩草（*Carex tibetikobresia*）为优势种，其盖度可达 95% 左右，丘间以薹草为优势种。黄河源区高寒湿地群落调查的样方内共出现高等植物 23 种，分属于 11 科 21 属。莎草科植物主要有西藏嵩草、双柱头蔺藨草、华扁穗草（*Blysmus sinocompressus*）、薹草、线叶嵩草、小薹草（*Carex parva*）。禾本科植物有草地早熟禾（*Poa pratensis* L.）和垂穗披碱草（*Elymus nutans*）、紫花针茅（*Stipa purpurea*）。杂草主要有多裂委陵菜（*Potentilla multifida* L.）、蒲公英（*Taraxacum mongolicum* Hand-Mazz.）、横断山凤毛菊（*Saussurea superba*）、条叶垂头菊（*Cremanthodium lineare* Maxim.）。毒草主要有长茎毛茛（*Ranunculus nephelogenes* var. *longicaulis*）、四数獐牙菜（*Swertia tetraptera* Maxim.）、黄花棘豆（*Oxytropis ochrocephala*）、甘肃马先蒿（*Pedicularis kansuensis* Maxim.）、蓝玉簪龙胆（*Gentiana veitchiorum* Hemsl.）、花莛驴蹄草（*Caltha scaposa*）、夏河紫菀、甘青老鹳草（*Geranium pylzowianum* Maxim.）、海韭菜、弱小火绒草（*Leontopodium pusillum*）。在黄河源区高寒沼泽样方内西藏嵩草的重要值为 36.87%，莎草科（不含西藏嵩草）重要值 27.23%，禾本科重要值 10.53%，杂草重要值 17.42%，毒草的重要值最低为 7.95%（表 4-4）。

表 4-4　黄河源区高寒湿地植被组成及特征

种类	相对盖度/%	相对高度/%	相对鲜度/%	重要值/%
禾本科	1.02	28.00	2.58	10.53
莎草科(不含西藏嵩草)	31.63	21.33	28.71	27.23
杂草	19.39	9.33	23.55	17.42
毒草	1.02	17.33	5.48	7.95
西藏嵩草	46.94	24.00	39.68	36.87

4.2　黄河源区高寒湿地退化演替过程中土壤性质

随着气候变暖、过度放牧利用，高寒湿地的退化速度加快，并逐渐向高寒草甸演替（李飞 等，2018）。本研究选择黄河源区果洛州玛沁县大武滩高寒湿地，以及外围退化区作为土壤性质和植被特征变化调查样地。在湿地中心随机布设 3 个 1m×1m 的样方作为湿地剖面样地。结合湿地中西藏嵩草优势度、植被盖度等指标将试验样地划分为未退化、轻度退化、重度退化共 3 个退化程度（图 4-2），调查样方采用线样法，由湿地中心向外延伸取样，从湿地中心拉 3 条样线（即设置 3 次重复），样线长为 150m，每隔 50m 设置取样样方（图 4-3），最外围退化区属于非湿地样地，每个退化阶段各设置 1 个 1m×1m 的样方，即不同退化程度各设置 3 次重复，进行群落学调查，主要包括植被覆盖度、地上生物量等。未退化和轻度退化阶段内的样方里有冻融丘和丘间，故分别记录植物名称、高度、盖度、鲜重指标。在每个样方内用 SD-1D 单人手持式土壤取样钻机（钻杆外径 51mm，取芯 PVC 管直径 37mm）采集 0～200cm 的土壤柱。采集时尽量不破坏土壤的原状结构，保持 PVC 管中土壤的完整性，然后挖出装有土壤的 PVC 管带回实验室。每隔 10cm 对 PVC 管中的土壤柱进行采样，共生成 180 个土壤样品。经自然风干后，去除样品中植物残根和石砾等，磨碎过 0.25mm 筛，获得颗粒细小的土壤，用于测定土壤有机碳和总氮。土壤有机碳、总氮用 vario MACRO cube 元素分析仪测定，标准偏差＜0.1%；土壤微生物碳含量用 TOC 测定；可溶性有机碳用 TOC-L 测定。

图 4-2　不同退化程度高寒湿地（拍摄于 2018 年 8 月）

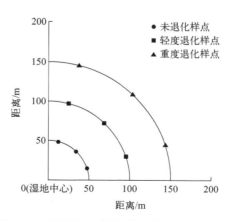

图 4-3　高寒湿地不同退化程度样点选取

4.2.1　高寒湿地退化演替过程中土壤含水量变化特征

高寒湿地退化程度直接影响土壤水分的垂直分布，不同退化程度土壤水分随土壤深度表现出不同的分布特点（图 4-4）。重度退化土壤含水量在 0～30cm 土层内随土层深度增加而显著降低，变化范围在 25.56％～51.89％，30～200cm 土层水分含量基本趋于稳定；轻度退化土壤含水量在 0～30cm 土层内随土层深度增加而显著降低，变化范围在 50.96％～173.02％，30～200cm 土层水分含量基本趋于稳定；未退化土壤含水量在 0～30cm 土层内随土层深度增加而显著降低，变化范围在 45.98％～177.03％，30～70cm 土层土壤含水量基本趋于稳定，70～80cm 层土壤含水量突增至 84.47％，大于轻度退化和重度退化的对应值，80～140cm 层深度水分增量范围在 44.90％～63.22％，140～150cm 层土壤含水量突增至 82.73％，远大于轻度退化和重度退化的对应值，150～180cm 层深度水分增量范围在 29.70％～49.51％，180～190cm 层土壤含水量突增至 76.51％，190～200cm 层土壤含水量为 53.65％。0～200cm 层土壤含水量与退化程度的关系为：未退化＞轻度退化＞重度退化。未退化、轻度退化、重度退化表层（0～30cm）减少明显，深层（30～200cm）重度退化变化不明显，未退化、轻度退化中间有明显的波动。剖面表层（0～30cm）未退化、轻度退化与重度退化差异显著（$p<0.05$），轻度退化和重度退化含水量与未退化相比分别下降了 2.85％和 67.93％；深层（30～200cm）未退化、轻度退化、重度退化之间的含水量差异显著（$p<0.05$），轻度退化和重度退化含水量与未退化相比分别下降了 17.0％和 44.64％。总体来说，湿地表层（0～30cm）土壤疏松多孔，持水能力好，而深层（30～200cm）土壤比较紧实，蓄水能力较差，且水分来源较少。

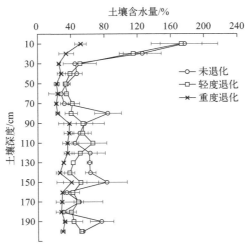

图 4-4　高寒湿地不同退化程度剖面土壤含水量的变化

由图 4-5 可知，土壤含水量在 0～30cm 土层内随土层深度增加而显著降低，故选取 0～30cm 层的高寒湿地土壤分层分别对冻融丘和丘间进行分析研究。随着退化加剧，冻融丘和丘间土壤含水量随着退化加剧呈减少趋势，未退化与重度退化之间差异显著（$p<0.05$）。相对于未退化，轻度退化和重度退化 0～10cm 层冻融丘和丘间分别下降了

27.46％、32.15％和23.11％、29.55％；10～20cm层分别下降了29.20％、35.26％和11.25％、24.16％；20～30cm层分别下降了23.45％、34.30％和19.61％、25.69％。随着退化程度的加剧冻融丘的含水量下降的速度较丘间快，这是因为冻融丘植被以偏向耐干旱性西藏嵩草植物为主，随着退化程度的加剧西藏嵩草种群盖度、植株高度、地上生物量持续降低，容易引起地面蒸发加大，容易干旱。随土壤水分降低，丘间植物生境适合度增加，小尺度的种间竞争增大，迫使丘间以矮生嵩草为主的植物个体分散，聚集分布的规模不断扩大，获得一定生长空间，光照及温度条件有所改善，其资源利用策略由共享转为争夺（党晶晶 等，2014），湿地植物群落也在发生演替，植物由湿地植物转为非湿地植物，重度退化区实际上是高寒草甸。

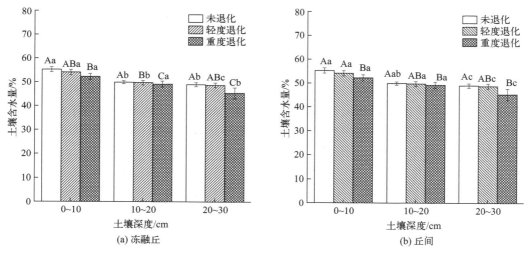

图4-5　高寒湿地不同土层土壤含水量变化［不同大写字母表示相同土层不同退化程度间均值差异显著（$p < 0.05$），不同的小写字母表示同一退化程度下不同土层间均值差异显著（$p < 0.05$）］

4.2.2　高寒湿地退化演替过程中土壤有机碳及其组分含量分布特征

4.2.2.1　不同退化程度高寒湿地退化土壤有机碳含量分布特征

由图4-6可知，研究区不同退化程度各剖面有机碳含量随土层深度增加大致呈降低趋势，土壤有机碳含量在表层（0～30cm）内随土层深度增加而显著降低，而在深层（30～200cm）土壤中，下降趋势较表层平缓。因为土壤的孔隙度小，较紧实，导致植物根系难以深入，分布较少。此外土壤有机碳的分布与退化等级有关。未退化、轻度退化、重度退化表层（0～30cm）有机碳占0～200cm剖面土壤有机碳分别为34.86％、38.24％、29.83％，因此不同退化程度土壤有机碳均在剖面上部富集。表层（0～30cm）有机碳含量显著高于剖面深层（30～200cm），这与若尔盖高山湿地土壤有机碳剖面的结果一致（蔡倩倩，2012）。未退化样地有机碳含量变化范围为13.9～195.1g/kg，总含量为1109.15g/kg，在80cm、130cm、200cm处有机碳含量比较高，这可能与地下水分含量波动有关；轻度退化样地有机碳含量变化范围为17.1～197.3g/kg，总含量为963.02g/kg；重度退化样地有机碳含量变化范围为11.2～78.3g/kg，总含量为446.13g/kg，即有机碳总含量为未退化＞轻度退化＞重度退化。未退化、轻度退化变化范围接近，但重度退化的变化范围较小，还不到前者的一半。轻度退化和重度退化有机碳总量与未退化相比分别下降了 13.17％和 59.78％。随着土层深度增加，土壤温度、湿度和透气性等条件都会变差，根系减少、有机质来源减少，这些变化导致土壤有机碳含量随土层深度增加而呈现出逐渐降低的趋势（和丽萍 等，2016）。深层土壤内水分是保障植物根系垂直延展的重要因素，与植物根系在土壤中的延展长度密切相关，故高寒湿地深层（30～200cm）土壤有机碳动态变化的主导因素为土壤水分。

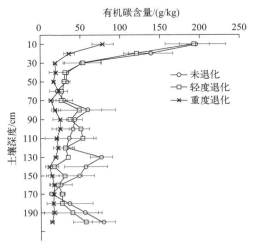

图 4-6　高寒湿地不同退化程度剖面土壤有机碳含量的变化

　　土壤有机碳含量在表层（0～30cm）内随土层深度增加而显著降低，故选取 0～30cm 层的高寒湿地土壤分层分别对冻融丘和丘间进行分析研究（图 4-7）。有机碳在冻融丘各层未退化与轻度退化、重度退化之间差异显著，冻融丘和丘间相同退化程度不同土层之间

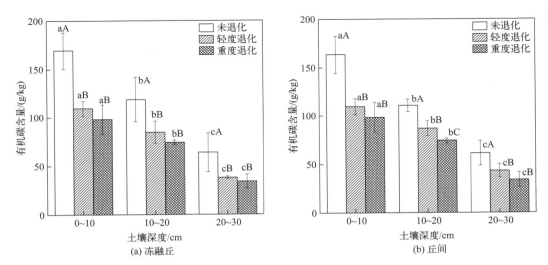

图 4-7　不同退化程度高寒湿地不同土层土壤有机碳变化［不同大写字母表示相同土层不同退化程度间均值差异显著（$p<0.05$），不同的小写字母表示同一退化程度下不同土层间均值差异显著（$p<0.05$）]

差异显著（$p<0.05$）。与未退化相比，轻度退化和重度退化 0～10cm 层冻融丘和丘间，土壤有机碳含量降低了 35.42%、42.14% 和 32.91%、39.82%，总氮下降了 27.46%、32.15% 和 23.12%、29.55%；10～20cm 层有机碳下降了 21.61%、34.20% 和 19.50%、32.92%，总氮下降了 29.20%、35.26% 和 11.25%、24.16%；20～30cm 层土壤有机碳下降了 40.60%、47.12% 和 29.63%、44.87%，总氮降低了 31.08%、34.30% 和 19.61%、25.68%。随着退化程度的加剧冻融丘有机碳下降的速度较丘间快，这是因为冻融丘植物以莎草科植物西藏嵩草为主，在沼泽湿地样地具有较好的适应性和资源优势，其高度、盖度及地上生物量均达到最高值（党晶晶 等，2014），随退化程度的加剧，西藏嵩草种内竞争加剧，群落优势种更替，物种增多，种间资源争夺上升，被分割为多个小聚块，盖度、高度和地上生物量持续降低，有机物的来源减少。

4.2.2.2　不同退化程度高寒湿地土壤有机碳组分含量垂直分布特征

随着退化加剧，冻融丘和丘间土壤轻组分有机碳（light fraction organic carbon，LFOC）含量随着退化加剧呈减少趋势（图 4-8），且 0～10cm 层冻融丘未退化与轻度退化、重度退化之间差异显著（$p<0.05$）。相对于未退化，轻度退化和重度退化 0～10cm 层冻融丘和丘间分别下降了 67.30%、68.30% 和 36.43%、48.55%；10～20cm 层分别下降了 35.22%、29.22% 和 26.50%、26.92%；20～30cm 层分别下降了 5.14%、31.95% 和 1.63%、40.74%。随着退化程度的加剧，0～10cm 层冻融丘的轻组分有机碳含量下降的速度较丘间快，这是由于轻组分有机碳主要来源是植物凋落物，冻融丘以西藏嵩草（*Carex tibetikobresia*）为优势种，地上生物量高，凋落物也多，随着退化程度的加剧冻融丘大小变小，达到重度退化程度冻融丘消失，演替为以矮生嵩草（*Carex alatauensis*）为优势种的高寒草甸（林春英 等，2019），退化演替过程中地上生物量变化小，凋落物减少的速度快。

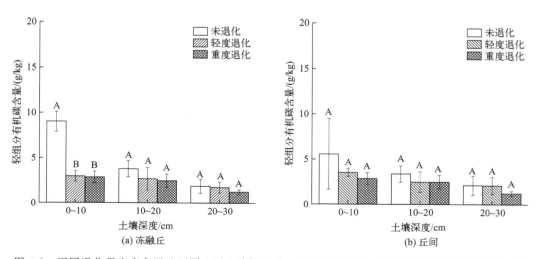

图 4-8　不同退化程度高寒湿地不同土层土壤轻组分有机碳含量变化［不同大写字母表示相同土层不同退化程度间均值差异显著（$p<0.05$）］

由图 4-9 可知，随着退化加剧，各层冻融丘和丘间土壤重组分有机碳含量随着退化加剧减少，且 0~10cm 未退化与轻度退化、重度退化之间差异显著（$p<0.05$）。同一退化程度不同土层间土壤重组分有机碳含量均呈 0~10cm 层＞10~20cm 层＞20~30cm 层的变化趋势。相对于未退化，轻度退化和重度退化在 0~10cm 层冻融丘和丘间分别下降了 33.62％、40.57％和 32.08％、39.53％；在 10~20cm 层分别下降了 22.25％、29.81％和 21.45％、33.08％；在 20~30cm 层分别下降了 41.66％、47.59％和 30.58％、64.92％。随着退化程度的加剧，0~10cm 层冻融丘的重组分有机碳含量下降的速度较丘间快，这是因为随着退化程度的加剧冻融丘的有机碳下降的速度较丘间快（林春英 等，2019），而土壤有机碳主要是重组分有机碳（heavy fraction organic carbon，HFOC），土壤有机碳减少直接导致了土壤重组分有机碳的减少。

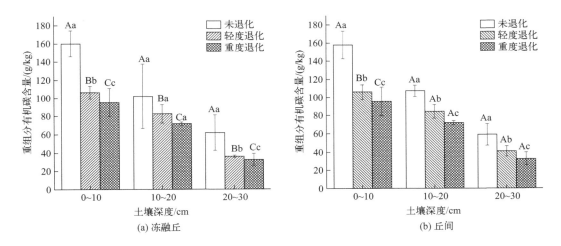

图 4-9　不同退化程度高寒湿地不同土层土壤重组分有机碳含量变化［不同大写字母表示相同土层不同退化程度间均值差异显著（$p<0.05$），不同的小写字母表示同一退化程度下不同土层间均值差异显著（$p<0.05$）］

如图 4-10 所示，土壤可溶性有机碳含量在冻融丘和丘间重度退化显著低于未退化、轻度退化（$p<0.05$）。相对于未退化，轻度退化和重度退化在 0~10cm 层冻融丘和丘间分别下降 14.48％、30.03％和 18.80％、31.71％；在 10~20cm 层下降了 2.88％、23.26％和 12.90％、28.25％；在 20~30cm 层下降了 26.14％、25.31％和 8.21％、10.65％。随着退化加剧，0~10cm 层可溶性有机碳冻融丘下降的速度较丘间慢，可能是因为高寒湿地冻融丘在季节性冻融交替影响下，导致一部分微生物死亡并分解，从而释放出一些小分子糖、氨基酸等（左平 等，2014），增加了土壤有机质的含量，从而也增加了土壤中水溶性有机碳的含量。此外 0~10cm 层的可溶性有机碳下降速度较其他土层快，这是因为研究区季节性冻融影响表层（0~10cm）土壤的理化性质（秦胜金 等，2009；王恩姮 等，2010；Kreyling et al.，2010；汪太明 等，2012），土壤理化性质不仅影响有机质的分解速率，而且对分解产生的可溶性有机碳有吸附作用（徐秋芳，2003），故土壤中水溶性有机碳的含量下降快。

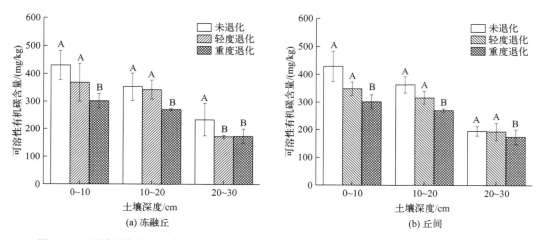

图 4-10　不同退化程度高寒湿地不同土层土壤可溶性碳含量变化［不同大写字母表示相同
土层不同退化程度间均值差异显著（$p < 0.05$）］

随着高寒湿地退化程度的加剧，冻融丘和丘间土壤微生物碳含量逐渐下降（图 4-11），且各层未退化与重度退化之间差异显著（$p < 0.05$）。相对于未退化，轻度退化和重度退化在 0～10cm 层冻融丘和丘间分别下降了 54.51%、94.23% 和 92.56%、94.77%；在 10～20cm 层分别下降了 91.15%、92.12% 和 80.61%、90.54%；在 20～30cm 层分别下降了 95.30%、94.61% 和 91.51%、93.58%。随着退化程度的加剧，表层 0～10cm 冻融丘的微生物碳下降的速度较丘间慢，这是因为研究区冻融丘在冻融交替的过程会杀死湿地土壤中的微生物，死亡微生物的细胞可以作为其他微生物的基质，增加了土壤微生物活性，同时这些死亡的微生物在分解菌的作用下分解，释放出小分子的氨基酸和糖类物质（左平 等，2014），提高了土壤中有机质含量，从而导致土壤的微生物碳含量下降慢。

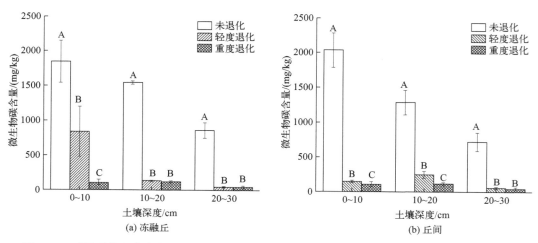

图 4-11　不同退化程度高寒湿地不同土层土壤微生物碳含量变化［不同大写字母表示相同土层
不同退化程度间均值差异显著（$p < 0.05$）］

4.2.3　高寒湿地退化演替过程中总氮含量分布特征

研究区不同退化程度各剖面氮含量随土层深度增加大致呈降低趋势（图 4-12），未退化样地氮含量变化范围为 1.04～15.3g/kg，总含量为 78.93g/kg，在 80cm、130cm、200cm 深度处氮含量相对比较高；轻度退化样地氮含量变化范围为 1.12～16.2g/kg，总含量为 68.28g/kg；重度退化样地氮含量变化范围为 1.11～6.91g/kg，总含量为 33.38g/kg，总氮含量与退化程度的关系为未退化＞轻度退化＞重度退化，轻度退化和重度退化总氮含量与未退化相比分别下降了 13.49％和 57.71％。不同退化程度土壤氮含量在表层（0～30cm）土层内随土层深度增加而显著降低，30cm 以上土层基本趋于平缓，且剖面表层（0～30cm）氮含量显著高于剖面深层（30～200cm），这是因为土壤氮的垂直分布特征主要受制于土壤有机质的分布。表层土壤有机质含量丰富，氮含量较高，而深层土壤有机质含量较低，氮含量相应较低。剖面表层（0～30cm）不同退化程度，未退化、轻度退化与重度退化氮含量差异显著（$p < 0.05$），轻度退化和重度退化氮含量与未退化相比分别下降了 4.78％和 65.58％；深层（30～200cm）不同退化程度，未退化、轻度退化、重度退化之间差异显著（$p < 0.05$），轻度退化和重度退化氮含量与未退化相比分别下降了 17.67％和 56.67％。土壤氮的剖面（0～200cm）消长趋势均与土壤有机碳比较接近，表现出较好的一致性，经分析有机碳含量和氮含量呈正相关，相关系数为 0.98。

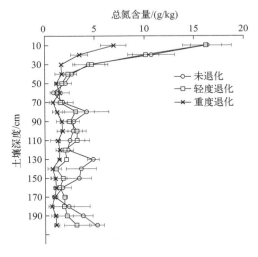

图 4-12　高寒湿地不同退化程度剖面土壤氮含量的变化

总氮在 0～10cm 冻融丘和丘间轻度退化、重度退化显著低于未退化（$p < 0.05$）。与未退化相比，轻度退化和重度退化在 0～10cm 层冻融丘和丘间土壤总氮下降了 27.46％、32.15％和 23.12％、29.55％（图 4-13）。随着退化程度的加剧冻融丘总氮下降的速度较丘间快，这是因为有机碳含量和总氮含量呈正相关，土壤有机碳减少直接导致了土壤总氮的减少。

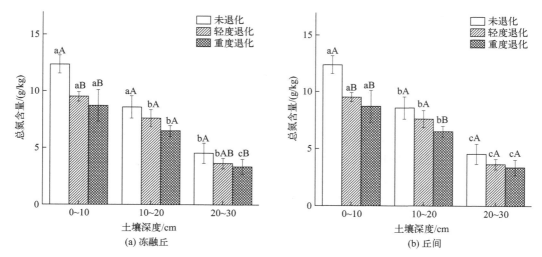

图 4-13　高寒湿地不同土层土壤总氮变化［不同大写字母表示相同土层不同退化程度间均值差异显著（$p<0.05$），不同的小写字母表示同一退化程度下不同土层间均值差异显著（$p<0.05$）］

4.2.4　高寒湿地退化演替过程中微生物分布特征

4.2.4.1　土样采集和微生物 DNA 提取及测序

2019 年 8 月，土壤样品采集于黄河源区青海省果洛州玛沁县大武滩。不同退化程度土壤样品分冻融丘和丘间采集 0～10cm 层土壤样品，未退化和轻度退化土壤样品为未退化冻融丘（UD＿A）、未退化丘间（UD＿W）、轻度退化冻融丘（LD＿A）、轻度退化丘间（LD＿W），因重度退化为高寒草甸，无冻融丘，故统一采样，土壤样品为重度退化（HD），重复 3 次，共 15 个土样。采用多点混合法采集土样，去除地表植物部分，取上层10cm 土样用无菌的铲子采集，每份土壤样品分为 3 份，一份自然风干后用于测定土壤有机碳、总氮，一份鲜样装到无菌的密封袋（在－80℃的条件下储存）用于土壤微生物的测定，一份鲜样（在 4℃的条件下储存）用于土壤微生物碳、氮测定。

使用 AxyPrepDNA 凝胶回收试剂盒（AXYGEN 公司）提取土壤样品微生物基因组DNA，基因 DNA 的质量用 1%琼脂糖凝胶电泳检测抽提。PCR 扩增指定测序区域（土壤细菌 16S V4-V5，真菌 ITS 1 区），合成带有 barcode 的特异引物，或合成带有错位碱基的融合引物。PCR 采用 TransGen AP221-02，每个样本 3 个重复，用 2%琼脂糖凝胶电泳检测 PCR 产物，PCR 产物用 AxyPrepDNA 凝胶回收试剂盒切胶回收。此过程委托北京奥维森基因科技有限公司完成。

4.2.4.2　不同退化程度高寒湿地土壤细菌和真菌 Alpha 多样性

综合样本 α 多样性指数（表 4-5）可以看出：细菌微生物的 Shannon 指数均高于真菌微生物，冻融丘和丘间细菌微生物 Shannon 未退化与轻度退化之间差异显著（$p<0.05$），就真菌微生物的 Shannon 指数而言，未退化丘间最高，为 6.83，重度退化最小，为 5.20，退化后冻融丘和丘间 Shannon 指数发生下降。不同退化程度高寒湿地微生物 Simpson 指

数变化不大，均在 1 左右，但细菌和真菌微生物的 Chao1 指数差异较大，细菌 Chao1 指数均大于真菌微生物（约 3～4 倍），且细菌和真菌 Chao1 指数在冻融丘和丘间未退化高于轻度退化和重度退化，且细菌 UD＿A 与 LD＿A、HD，UD＿W 与 HD 差异显著（$p <$ 0.05），真菌差异不显著。细菌和真菌 Coverage 指数均≥0.95，说明此次测序结果比较真实地反映了不同退化程度高寒湿地土壤样品中的细菌和真菌群落结构。

表 4-5 土壤样品的微生物多样性指数分析

指标	冻融丘			丘间		
	样品	细菌	真菌	样品	细菌	真菌
Chao1 指数	UD_A	3211.61±298.36[A]	773.62±64.31[A]	UD_W	3238.88±33.38[A]	1074.21±194.96[A]
	LD_A	3155.87±46.41[B]	763.92±157.78[A]	LD_W	3223.65±38.57[A]	882.54±95.82[A]
	HD	3132.58±12.29[B]	759.05±170.41[A]	HD	3132.58±12.29[B]	759.05±170.42[A]
Shannon 指数	UD_A	9.37±0.01[A]	6.09±0.57[A]	UD_W	9.36±0.10[A]	6.83±0.02[A]
	LD_A	9.14±0.17[B]	5.84±0.81[A]	LD_W	9.18±0.07[B]	6.04±1.08[A]
	HD	9.35±0.01[A]	5.21±1.31[A]	HD	9.35±0.01[A]	5.20±1.31[A]
Simpson 指数	UD_A	0.99±0.01[A]	0.94±0.04[A]	UD_W	0.99±0.01[A]	0.87±0.11[A]
	LD_A	0.99±0.01[A]	0.91±0.46[A]	LD_W	0.99±0.01[A]	0.94±0.03[A]
	HD	1.00±0.00[A]	0.96±0.01[A]	HD	1.00±0.00[A]	0.96±0.11[A]
Coverage 指数	UD_A	0.95±0.00[A]	1.00±0.00[A]	UD_W	0.95±0.00[A]	0.99±0.00[A]
	LD_A	0.95±0.00[A]	0.99±0.01[A]	LD_W	0.95±0.00[A]	0.99±0.00[A]
	HD	0.95±0.01[A]	0.99±0.01[A]	HD	0.95±0.00[A]	0.99±0.01[A]

注：不同大写字母表示不同退化程度间均值差异显著（$p<0.05$），UD＿A 表示未退化冻融丘，UD＿W 表示未退化丘间，LD＿A 表示轻度退化冻融丘，LD＿W 表示轻度退化丘间，HD 表示重度退化。

4.2.4.3 高寒湿地退化过程中土壤微生物群落结构

不同退化程度高寒湿地土壤微生物十分丰富，其中细菌共有 50 个门、128 个纲、167 个目、311 个科和 510 个属，真菌共有 19 个门、45 个纲、113 个目、238 个科和 452 个属。根据注释结果，分别选取门的分类单元和大多数序列可以注释最低分类单元（属）的结果进行统计分析。

4.2.4.3.1 不同退化程度高寒湿地土壤细菌群落结构

对于细菌的注释分析（16S），供试不同退化程度高寒湿地土壤共检测到细菌域微生物类群 50 个门，不同样本的物种组成基本一致，物种百分比变化趋势有所不同。将所有土壤样品的细菌群落在门水平上进行聚类分析，未退化（UD＿A、UD＿W）、轻度退化（LD＿A、LD＿W）和重度退化（HD）中划分不是十分清晰，交互在一起，无明显差异。

如图 4-14 所示，平均相对丰度超过 1% 的门有变形菌门（Proteobacteria），放线菌门（Actinobacteria）、酸杆菌门（Acidobacteria）、绿弯菌门（Chloroflexi）、芽单胞菌门（Gemmatimonadetes）、硝化螺旋菌门（Nitrospirae）、厚壁菌门（Firmicutes）和拟杆菌门（Bacteroidetes）。其中，变形菌门为主导菌门，与未退化相比，轻度退化和重度退化冻融丘和丘间变形菌门相对丰度降低了 0.42%、6.23% 和 4.05%、7.17%，且冻融丘

UD_A、LD_A 与 HD 之间差异显著（$p<0.05$）。放线菌门在冻融丘和丘间随着退化程度的加剧先减少后增加，且在丘间 UD_W、LD_W 与 HD 差异显著（$p<0.05$）；酸杆菌门、绿弯菌门和芽单胞菌门在冻融丘和丘间随着退化程度的加剧增加，其中芽单胞菌门在丘间 UD_W 与 LD_W 差异显著（$p<0.05$）。

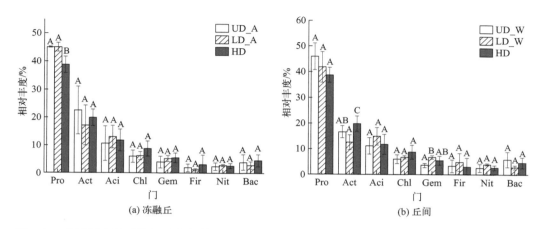

图 4-14　细菌门水平下的相对丰度［不同大写字母表示不同退化程度间均值差异显著（$p<0.05$）］
Pro—变形菌门（Proteobacteria）；Act—放线菌门（Actinobacteria）；Aci—酸杆菌门（Acidobacteria）；
Chl—绿弯菌门（Chloroflexi）；Gem—芽单胞菌门（Gemmatimonadetes）；Nit—硝化螺旋菌门（Nitrospirae）；
Fir—厚壁菌门（Firmicutes）；Bac—拟杆菌门（Bacteroidetes）

　　将 15 个土壤样品的细菌群落在属水平上进行聚类分析，未退化（UD_A、UD_W）、轻度退化（LD_A、LD_W）、重度退化（HD）中土壤的划分不在同一条分支上，且交互在一起，无明显差异。

　　对 16S 测序在属的分类单元进行分析（图 4-15），除去未识别（Unidentified）的细菌类群（相对丰度为 37.43%～67.07%），平均相对丰度超过 1% 的菌属有 *Defluviicoccus*、*RB41*、土微菌属（*Pedomicrobium*）、硝化螺旋菌属（*Nitrospira*）、假诺卡氏菌属

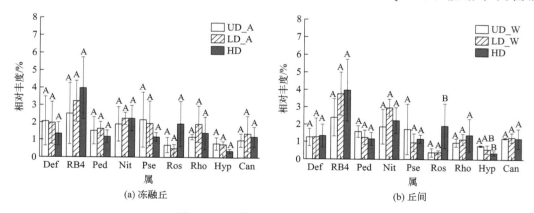

图 4-15　细菌属水平下的相对丰度
Def—*Defluviicoccus*；RB4—*RB41*；Ped—土微菌属（*Pedomicrobium*）；Nit—硝化螺旋菌属（*Nitrospira*）；
Pse—假诺卡氏菌属（*Pseudonocardia*）；Ros—*Roseiflexus*；Rho—*Rhodoplanes*；
Hyp—*Hyphomicrobium*；Can—*Candidatus_Solibacter*

（*Pseudonocardia*）、*Roseiflexus*、红游动菌属（*Rhodoplanes*）、*Hyphomicrobium*、*Candidatus_Solibacter*。随着退化程度的加剧，*Defluviicoccus* 在冻融丘减少，丘间变化不明显；*RB41*、硝化螺旋菌属、*Roseiflexus* 在冻融丘和丘间增加，且 *Roseiflexus* 在丘间 UD_W、LD_W 与 HD 差异显著（$p<0.05$）；土微菌属、假诺卡氏菌属和 *Hyphomicrobium* 在冻融丘和丘间减少，且 *Hyphomicrobium* 丘间 UD_W 与 HD 差异显著（$p<0.05$）；*Candidatus_Solibacter* 在冻融丘和丘间的变化不明显。此外未识别的细菌类群，其相对丰度高于黄媛等（2015）研究的杭州西溪湿地和韩晶等（2014）研究的新疆艾比湖湿地，说明高寒湿地相比其他类型湿地存在更多潜在的新菌种，需要进一步鉴定。

4.2.4.3.2　不同退化程度高寒湿地土壤真菌群落结构

将真菌群落在门水平下进行聚类分析，在遗传距离为 0.05 处时，重度退化土壤样品与轻度退化、未退化产生了分支，未退化和轻度退化聚为一支，重度退化聚为一支，差异明显，而未退化与轻度退化差异较小。

在对于真菌的注释分析（ITS）中，在门水平上平均相对丰度超过 1% 的门有 4 种（图 4-16），其中含量最多的为子囊菌门（Ascomycota），与未退化相比，轻度退化和重度退化冻融丘和丘间变形菌门相对丰度降低了 0.42%、27.70% 和 25.35%、30.01%，在冻融丘 UD_A、LD_A 与 HD 差异显著。接下来为担子菌门（Basidiomycota）、罗兹菌门（Rozellomycota）和被孢霉门（Mortierellomycota），其中担子菌门和被孢霉门随着退化程度的加剧在冻融丘和丘间均增加，被孢霉门 UD_A、LD_A 与 HD 差异显著，UD_W、LD_W 与 HD 差异显著（$p<0.05$）；罗兹菌门在冻融丘减少，在丘间先增加后减少且 LD_W 与 HD 差异显著（$p<0.05$）。

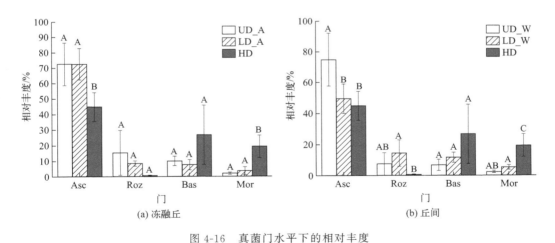

图 4-16　真菌门水平下的相对丰度

Asc—子囊菌门（Ascomycota）；Bas—担子菌门（Basidiomycota）；Roz—罗兹菌门（Rozellomycota）；
Mor—被孢霉门（Mortierellomycota）

将所有样品的真菌群落在属水平下进行聚类分析，在遗传距离为 0.1 处时，重度退化土壤样品就与轻度退化、未退化产生了分支，表明重度退化与未退化、轻度退化差异明显。同时 3 个重度退化中的土壤也各成一个支，差异明显，未退化与轻度退化差异较小。

对 ITS 测序真菌属的分类单元进行分析（图 4-17），平均相对丰度超过 1% 的菌属有：*Pseudeurotium*、*Tetracladium*、*Articulospora*、*Hygrocybe*、*Wardomyces*、*Clavaria*、*Stagonospora*、*Rachicladosporium*、*Mortierella* 和 *Dactylonectria*。随着高寒沼泽退化程度的加剧，*Pseudeurotium*、*Tetracladium*、*Dactylonectria*、*Stagonospora* 在冻融丘和丘间减少，且 *Stagonospora* 在丘间 LD ＿ W 与 HD 差异显著（$p<0.05$）；*Mortierella* 和 *Clavaria* 在冻融丘和丘间增加，且 *Mortierella* 在冻融丘 UD ＿ A 和 LD ＿ A 与 HD 差异显著，在丘间 UD ＿ W 和 LD ＿ W 与 HD 差异显著（$p<0.05$），与未退化相比，轻度退化和重度退化冻融丘和丘间相对丰度分别增加了 1.48%、16.93% 和 1.92%、16.66%；而 *Articulospora*、*Hygrocybe*、*Wardomyces* 和 *Rachicladosporium* 变化不明显。此外还存在大量（22.47%～86.09%）真菌微生物未鉴定出属，所以高寒湿地演替过程中土壤真菌微生物结构和功能还需更深入的研究。

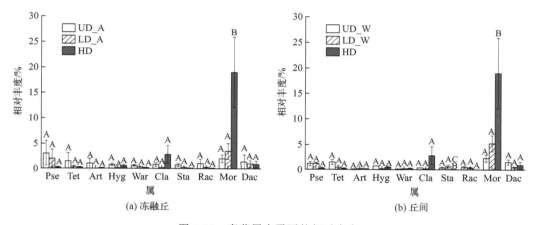

图 4-17　真菌属水平下的相对丰度

Pse—*Pseudeurotium*；Tet—*Tetracladium*；Art—*Articulospora*；Hyg—*Hygrocybe*；
War—*Wardomyces*；Cla—*Clavaria*；Sta—*Stagonospora*；Rac—*Rachicladosporium*；
Mor—*Mortierella*；Dac—*Dactylonectria*

不同退化程度的高寒湿地土壤细菌和真菌群落丰度具有差异性，多样性并无太大差异。随着退化程度的加剧，细菌、真菌微生物优势属丰度也在变化，但真菌微生物差异较细菌大，因此真菌微生物恢复至稳定结构所需要的时间可能会更长。

4.2.5　微生物群落结构与土壤理化性质的关系

为了探讨土壤环境因子对微生物群落组成的影响，本研究将土壤理化性质分别于门和属分类水平下，进行细菌和真菌的群落组成关系典型对应分析，分析结果如图 4-18所示，细菌门水平下 MBC、MBN 和 BD 的射线较长，表明其对门水平细菌群落结构影响较大。SOC、TN、MBC、MBN 和 SWC 与主导菌门变形菌门、放线菌门和拟杆菌门呈显著正相关，与绿弯菌门、芽单胞菌门和硝化螺旋菌门呈显著负相关。细菌属水平下 MBN 和 pH 的射线较长，表明其对细菌属水平群落结构影响较大。SOC、TN、MBC、MBN 和 SWC 与假诺卡氏菌属、*Defluviicoccus*、*Hyphomicrobium* 和土微菌属呈显著正相关，与硝化螺旋菌属、红游动菌属、*RB41*、*Roseiflexus* 和 *Candidatus _ Solibacter* 负显著相关。真菌门水平下，MBC、MBN 和 SOC 的射线较长，表明其对真菌门水平群落结构影响较大。SOC、TN、MBC、MBN、SWC 与主导菌门子囊菌门、罗兹菌门呈显著正相关，与担子菌门和被孢霉门呈负相关。属水平下真菌 MBN、SOC 的射线较长，表明其对真菌门水平群落结构影响较大，SOC、TN、MBC、MBN、SWC 和 BD 与 *Pseudeurotium*、*Tetracladium*、*Dactylonectria*、*Articulospora*、*Wardomyces*、*Rachicladosporium* 和 *Stagonospora* 正相关，与 *Mortierella*、*Clavaria* 和 *Hygrocybe* 负相关。可见不同退化程度的高寒湿地土壤细菌、真菌群落结构与其土壤理化性质存在一定的相互影响关系。

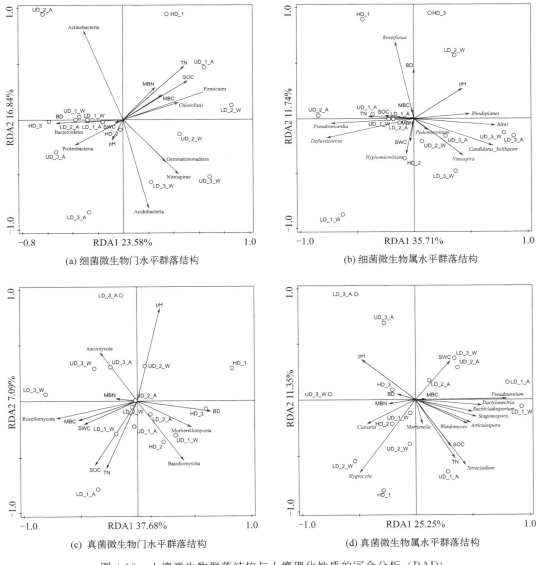

图 4-18　土壤微生物群落结构与土壤理化性质的冗余分析（RAD）

SOC—有机碳；TN—总氮；MBC—微生物碳；MBN—微生物氮；BD—容重；SWC—土壤含水量；pH—酸碱度

4.3　黄河源区高寒湿地退化演替过程中植被特征分析

高寒湿地退化演替中未退化样地以冻融丘西藏嵩草（*Carex tibetikobresia*）为优势种，其盖度可达95％左右，主要伴生的物种是丘间的矮生嵩草（*Carex alatauensis*）、薹草等植物。轻度退化样地冻融丘和丘间的盖度各为50％，冻融丘以西藏嵩草为优势种，丘间以矮生嵩草、薹草等为主；重度退化样地是以矮生嵩草为主的高寒草甸，无冻融丘。随着退化程度的加剧，冻融丘的数量增加，面积明显减少（表4-6），达到重度退化程度高寒湿地冻融丘特征消失，演替为高寒草甸。

表 4-6　不同退化阶段样地基本特征

退化类型	优势种组成	盖度/%	高度/cm	冻融丘的数量/个	冻融丘的面积/m²
未退化	西藏嵩草、薹草、矮生嵩草	98	16.21	5±1	0.10±0.02
轻度退化	西藏嵩草、矮生嵩草、薹草	88	12.42	10±1	0.02±0.01
重度退化	矮生嵩草、早熟禾、垂穗披碱草	60	7.45	—	—

高寒湿地退化演替植被调查时，每个退化阶段各设置一个1m×1m的样方，即不同退化程度各设置三次重复，进行群落学调查，主要包括植被覆盖度、地上生物量等。未退化和轻度退化阶段内的样方里有冻融丘和丘间，故分别记录植物名称、高度、盖度、鲜重指标。从表4-7中可以看出高寒湿地随着退化程度的加剧莎草科的盖度、平均株高和地上生物量呈减少趋势，其中莎草科的盖度和平均株高在未退化、轻度退化、重度退化之间差异显著（$p<0.05$），禾本科和杂草的盖度呈增加趋势，且未退化与重度退化之间差异显著（$p<0.05$）。

表 4-7　不同退化程度高寒湿地植被特征

退化类型	总盖度/%	禾本科盖度/%	莎草科盖度/%	杂草盖度/%	平均株高/cm	地上生物量/g/m²
未退化	99.33±0.57[A]	2.66±0.23[A]	85.67±2.08[A]	12.33±1.52[A]	56.87±8.48[A]	1339.03±321.65[A]
轻度退化	96.00±0.03[A]	38.00±3.61[B]	43.00±3.61[B]	27.66±6.67[AB]	38.45±7.94[B]	1114.96±118.14[A]
重度退化	95.75±0.23[A]	46.67±15.94[B]	28.33±7.63[C]	40.67±11.07[B]	31.65±5.32[C]	1009.32±159.16[A]

注：不同大写字母表示不同退化程度间均值差异显著（$p<0.05$）。

黄河源区河漫滩湿地退化演替中，不同演替阶段湿地群落调查的样方内共出现高等植物20种，分属于10科17属。其物种按经济类群分为四类，优势种植物为西藏嵩草（*Carex tibetikobresia*）；禾本科植物有草地早熟禾（*Poa pratensis* L.）和垂穗披碱草（*Elymus nutans*）。莎草科植物主要有西藏嵩草（*Carex tibetikobresia*）、双柱头蔺藨草（*Trichophum distigmaticus*）、华扁穗草（*Blysmus sinocompressus*）、薹草、线叶嵩草（*Carex capillifolia*）、小薹草（*Carex parva*）；杂草主要有多裂委陵菜（*Potentilla multifida* L.）、蒲公英（*Taraxacum mongolicum* Hand.-Mazz.）、横断山风毛菊（*Saussurea superba*）；毒草主要有长茎毛茛（*Ranunculus nephelogenes* var. *longicaulis*）、四数獐牙菜（*Swertia tetraptera* Maxim）、黄花棘豆（*Oxytropis ochrocephala*）、甘肃马先蒿（*Pedicularis kansuensis* Maxim.）、蓝玉簪龙胆（*Gentiana veitchiorum* Hemsl.）、花葶驴蹄草（*Caltha scaposa*）、夏河紫菀、甘青老鹳草（*Geranium pylzowianum* Maxim.）、

达乌里秦艽（*Gentiana dahurica* Fisch.）。在未退化样方内出现高等植物 7 种，西藏嵩草的重要值为 36.22%，禾本科的重要值为 18.36%，莎草科的重要值为 24.84%，杂草的重要值为 13.28%，毒草的重要值最低为 7.27%；在轻度退化样方内出现高等植物 11 种，西藏嵩草的重要值为 33.06%，禾本科的重要值为 14.36%，莎草科的重要值为 16.71%，杂草的重要值为 21.09%，毒草的重要值最低为 14.78%；在重度退化样方内出现高等植物 17 种，西藏嵩草的重要值为 9.73%，禾本科的重要值为 16.43%，莎草科的重要值为 21.64%，杂草的重要值为 26.25%，毒草的重要值最低为 28.95%（表 4-8）。

表 4-8　黄河源区高寒湿地退化演替植被组成及特征

演替阶段	植物功能群和种名	相对盖度/%	相对高度/%	相对鲜度/%	重要值/%
未退化	禾本科（2 种）	5.32	32.43	17.33	18.36
	莎草科（2 种）	26.60	20.27	27.73	24.87
	杂草（1 种）	18.09	9.46	12.31	13.28
	毒草（1 种）	2.13	16.22	3.47	7.27
	西藏嵩草（1 种）	47.87	21.62	39.17	36.22
轻度退化	禾本科（2 种）	3.00	30.14	9.94	14.36
	莎草科（2 种）	13.00	21.92	15.20	16.71
	杂草（3 种）	34.00	10.96	18.32	21.09
	毒草（3 种）	8.00	21.92	14.42	14.78
	西藏嵩草（1 种）	42.00	15.07	42.11	33.06
重度退化	禾本科（1 种）	5.10	25.30	15.88	16.43
	莎草科（3 种）	23.47	19.28	22.17	21.64
	杂草（3 种）	42.86	13.25	22.64	26.25
	毒草（9 种）	26.53	22.89	37.42	28.95
	西藏嵩草（1 种）	2.04	20.28	2.89	9.73

物种多样性是群落生物组成结构的重要指标，物种丰富度与物种多样性密切相关（淮虎银 等，2005）。群落内物种组成越丰富则多样性越高，随着演替的进行，植物种群数量逐渐增加，群落结构趋于复杂化。黄河源区河漫滩湿地在演替的初始阶段，样地内主要以西藏嵩草为主，只有零星的杂草和毒草。随着演替的进行，西藏嵩草植物的重要值逐渐降低，杂草和毒草的种类增多，重要值逐渐增加，并在群落中占有一定的位置，使群落的结构趋向复杂，丰富度越来越大。从表 4-9 可以看出，植物多样性与物种丰富度表现出相同的规律，较高的物种丰富度相对应植物多样性也较高。未退化样地物种丰富度为 7，多样性指数为 1.48；轻度退化样地物种丰富度为 11，多样性指数为 1.55；重度退化样地物种丰富度为 19，多样性指数则为 1.67。

表 4-9　黄河源区高寒湿地演替物种丰富度及多样性

项目	未退化	轻度退化	重度退化
丰富度	7	11	19
多样性指数	1.48	1.55	1.67

4.4 黄河源区高寒湿地退化原因

4.4.1 气象因子对高寒湿地变化影响分析

气候变化是影响高寒湿地变化最主要的自然因素，气候因素主要包括气温、太阳辐射、降水、蒸发、风力等。根据有关资料的推算，下垫面变化对黄河源区径流的影响占径流减少量的 38.7%，年均气温升高 1℃，蒸发蒸腾量增加 7%～8%（王根绪，2002）。针对黄河源区高寒湿地减少等生态环境问题，分析气候变化对该地区乃至青藏高原湿地退化的潜在影响，为保护源区的生态环境和退化湿地的恢复提供依据。

在气候变化的诸多因子当中，以气温、降水对湿地的影响最为明显（薛在坡，2015）。本研究选取玛沁县 1987—2018 年的气温资料（图 4-19，书后另见彩图），暖季与冷季的划分以月平均气温 0℃ 为基准，月平均气温大于 0℃ 为暖季，小于 0℃ 为冷季（杨瑜峰 等，2007），分别计算暖、冷季的平均温度。玛沁县年均气温变化幅度高于三江源地区的年平均气温变化幅度 0.360℃/10a。气温的上升造成了玛沁县高寒湿地的冰雪融化、冻土溶解和地面蒸发增加。气温上升，湿地大面积的冰雪融化，水的损失，使其不能在原位形成湿地；冻土融化导致地下水的补给来源和供应方式的改变，湿地萎缩退化（薛在坡，2015）。此外暖季的气温升高直接导致地面蒸发增加，湿地水土流失加剧，造成湿地退化。

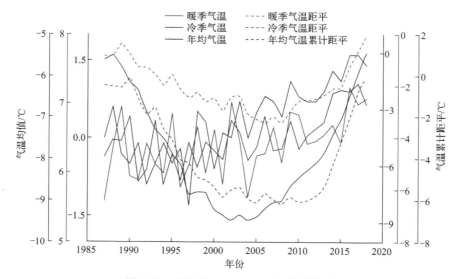

图 4-19 玛沁县 1987—2018 年气温变化

玛沁县 1987—2018 年年降水量、暖季降水量呈上升趋势，冷季降水量呈下降趋势（冷季降水量的减少，导致积雪的量减少，水的供应量下降）。从图 4-20（书后另见彩图）来看，在 1987—2004 年年降水和暖季降水分别以 19.253mm/10a 和 5.831mm/10a 呈下降趋势，2005—2018 年年降水和暖季降水分别以 26.811mm/10a 和 21.434mm/10a 呈上升趋势，这是因为启动了三江源夏秋季人工增雨工程，人工增雨使得玛沁县的降水量从

2005 年后保持增加的趋势。降水量的增加，有利于植物在生长季的生长，有利于有机碳的积累（朱猛 等，2018），对湿地的恢复有良好的作用。但冻融丘是湿地的标志性特征，是一种不可再生的天然植物"化石"，需要数百年才能形成，因此湿地的恢复是一个漫长的过程。

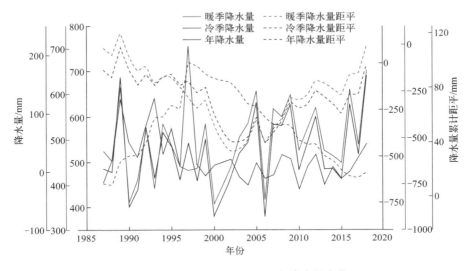

图 4-20　玛沁县 1987—2018 年降水量变化

4.4.2　微地形对高寒湿地退化变化影响分析

微地形对土壤含水量有至关重要的影响，为了阐明这种影响，本研究将 9 个样点的位置绘制在研究区中的等高线图中，如图 4-21 所示（书后另见彩图），重度退化样点海拔高度的范围为 3732.56～3732.72m，平均值为 3732.62m，轻度退化样点海拔高度的范围为

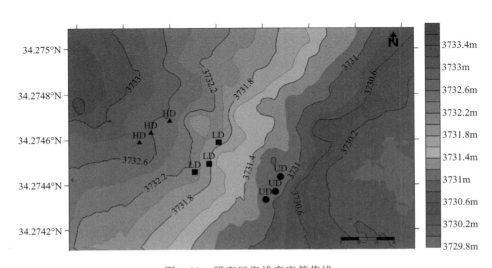

图 4-21　研究区海拔高度等值线

UD—未退化；LD—轻度退化；HD—重度退化

3731.68～3731.73m，平均值为3731.71m，未退化样点海拔高度的范围为3731.18～3731.44m，平均值为3731.33m。总而言之，在相近的海拔高度，土壤有机碳有小范围的变化。从高海拔到低海拔，土壤有机碳含量整体上呈下降趋势。相比之下，湿地退化程度与海拔高度的关系更明显和密切，海拔高度的大小为：未退化＜轻度退化＜重度退化。即海拔越高，退化程度越严重。此外海拔高差越大，退化程度越严重。如未退化与轻度退化间的海拔高差为0.38m，而轻度退化与重度退化间的海拔差异上升到了0.91m，是前者的二倍多。

图4-22是高寒湿地0～200cm土壤有机碳、总氮、含水量与海拔的相关性分析，结果表明海拔与土壤有机碳、总氮、含水量是负微弱相关。整体而言，随着海拔的增加而减少。这种相关性随着剖面的深度而呈微弱变化，深层的相关性高于表层，这种差异的原因是表层的土壤有机碳、总氮、含水量变化范围大，而深层有机碳、总氮、水分变化趋于一致。土壤有机碳、总氮与海拔的关系可能比图4-22所显示的要密切，这是因为研究区的海拔范围太小，只有1.6m。

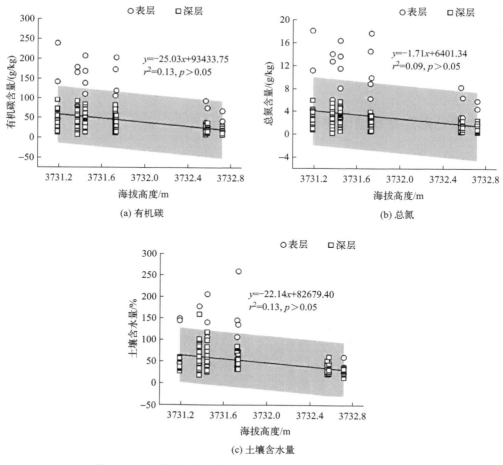

图4-22 土壤有机碳、总氮、含水量与海拔高度相关性分析

4.5 黄河源区高寒湿地退化机理

气候变暖和人为因素的干扰，使高寒湿地的退化速度加快，并逐渐向高寒草甸演替（李飞 等，2018）。高寒湿地退化表现为土壤干旱化、有机质减少和植被特征系统生产力下降、生物群落及结构改变等（刘峰 等，2020）。本节将结合本书 4.2、4.3 和 4.4 节的研究成果，综合分析不同退化程度高寒湿地土壤和植被指标的特征，从环境因子的角度探究高寒湿地退化的综合调控机制，以期为高寒湿地的退化和恢复提供科学依据。

4.5.1 材料与方法

根据本书 4.2~4.4 节的研究结果，选取高寒湿地退化土壤指标为土壤含水量、pH 值、容重、有机碳、总氮、轻组分有机碳、重组分有机碳、可溶性有机碳、微生物碳、微生物氮、腐殖质碳、胡敏素、胡敏酸、富里酸、纤维二糖水解酶（CBH）、β-1,4-木糖苷酶（BXYL）、α-1,4-葡萄糖苷酶（αG）、β-1,4-葡萄糖苷酶（BG）、亮氨酸氨基肽酶（LAP）、N-乙酰葡萄糖苷酶（NAG）和脲酶（UR）共 22 个指标。植被指标有总盖度、禾本科盖度、莎草科盖度、杂草盖度、平均株高和地上生物量等 6 个指标。自然因素指标有气温、降水和海拔等 3 个指标。采用 Microsoft Excel 2010 对土壤指标和植被数据进行处理，使用 R 语言，制作基于土壤和植被特征的 PCA 分析和网络分析图等。

4.5.2 黄河源区高寒湿地退化的植被和土壤指标主成分分析

为了说明退化高寒湿地差异，将不同退化程度高寒湿地冻融丘和丘间样本进行基于植被和土壤的主成分分析（principal component analysis，PCA）。经过主成分分析将 6 种植被指标转化为了两个主成分，PC1 贡献率为 68.12%，PC2 贡献率为 24.81%，前两个主成分的累计贡献率已达 92.93%，说明前两个主成分已经可以解释绝大部分的样本差异性。从图 4-23（a）中可以看出，轻度退化和重度退化的样本点之间距离近，说明轻度退化和重度退化的植被指标值相似度越高，植被情况越相近。将 22 种土壤指标转化为了两个主成分，PC1 贡献率为 88.64%，PC2 贡献率为 4.89%，前两个主成分的累计贡献率已超过 93.53%，说明前两个主成分已经可以解释绝大部分的样本差异性。从图 4-23（b）中可以看出，轻度退化丘间和重度退化的样本点之间距离近，说明轻度退化的丘间和重度退化的土壤指标值相似度越高，土壤情况越相近。

4.5.3 黄河源区高寒湿地退化机理分析

本书 4.2、4.3 和 4.4 节的结果显示，黄河源区高寒湿地退化是土壤干旱化、有机碳氮减少和植被生产力下降的过程。此外黄河源区高寒湿地退化过程中的自然因素中降水、气温和微地形关系密切。为探明高寒湿地退化的主要驱动力，厘清环境因子在高寒湿地退化过程中的角色，本研究通过 Cytoscape 构建土壤性质、植被特征、气温、降水和海拔等关系，结果如图 4-24 所示。网络图整体上表现了各指标高度联系组成的复杂关系，节点

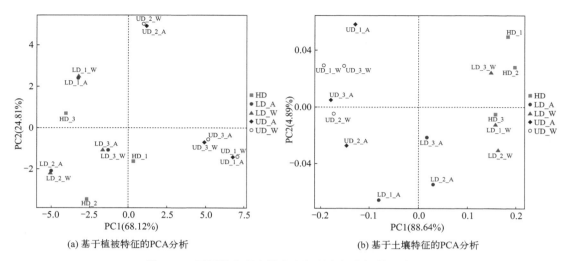

(a) 基于植被特征的PCA分析　　　　　　(b) 基于土壤特征的PCA分析

图 4-23　不同退化程度样本点间距离与指标值的分析

UD＿A—未退化冻融丘；UD＿W—未退化丘间；LD＿A—轻度退化冻融丘；

LD＿W—轻度退化丘间；HD—重度退化

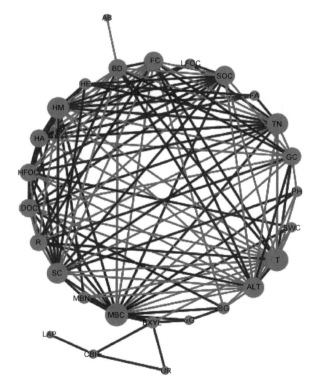

图 4-24　高寒湿地土壤和植被指标网络分析

SOC—有机碳；TN—总氮；MBC—微生物碳；MBN—微生物氮；BD—容重；SWC—土壤含水量；

LFOC—轻组分有机碳；HFOC—重组分有机碳；DOC—可溶性有机碳；HE—腐殖质碳；HM—胡敏素；

HA—胡敏酸；FA—富里酸；BG—β-1,4-葡萄糖苷酶；LAP—亮氨酸氨基肽酶；CBH—二糖水解酶；

BXYL—β-1,4-木糖苷酶；αG—α-1,4-葡萄糖苷酶；UR—脲酶；ALT—海拔高度；T—气温；

R—降水；GC—禾本科盖度；SC—莎草科盖度；FC—杂草盖度；PH—平均株高；AB—地上生物量

的大小依据与对应节点关联线条设置，代表了对应指标的重要性，线的粗细代表相关性大小，R 值越大，线条越粗。高寒湿地退化过程中土壤有机碳分别与总氮、土壤含水量、轻组分有机碳、重组分有机碳、可溶性碳、微生物碳、微生物氮、腐殖质碳、胡敏素、胡敏酸、富里酸、莎草科盖度、地上生物量呈显著正相关关系（0.97、0.50、0.66、0.96、0.87、0.57、0.77、0.67、0.86、0.80、0.59、0.78、0.50，$p<0.05$）；与土壤容重、气温、海拔高度、禾本科盖度和杂草盖度呈显著负相关关系（-0.71、-0.82、-0.75、-0.66、-0.91，$p<0.05$）；与纤维二糖水解酶（CBH）、β-1,4-木糖苷酶（BXYL）、α-1,4-葡萄糖苷酶（αG）、β-1,4-葡萄糖苷酶（BG）、亮氨酸氨基肽酶（LAP）、N-乙酰葡萄糖苷酶（NAG）和脲酶（UR）呈正相关。

　　利用随机森林法对所选土壤和植被指标的重要性进行排序，发现不同退化程度高寒湿地土壤有机碳和总氮与植被和土壤特征存在差异（图 4-25 和图 4-26）。重组分有机碳、微生物碳、土壤容重、莎草科盖度、杂草盖度、气温和海拔的平均准确率降低度相对较大，平均株高、总盖度、pH 和微生物氮不同退化程度间差异较小。

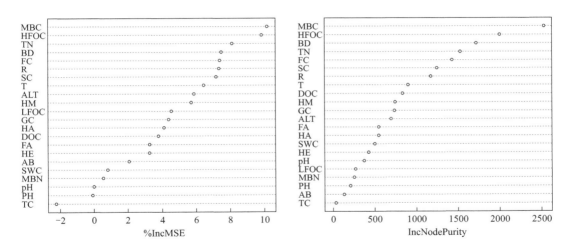

图 4-25　不同退化程度高寒湿地土壤有机碳与土壤和植被指标的差异性大小排序

TN—总氮；MBC—微生物碳；MBN—微生物氮；BD—容重；SWC—土壤含水量；pH—酸碱度；
LFOC—轻组分有机碳；HFOC—重组分有机碳；DOC—可溶性有机碳；HE—腐殖质碳；HM—胡敏素；
HA—胡敏酸；FA—富里酸；ALT—海拔高度；T—气温；R—降水；TC—总盖度；GC—禾本科盖度；
SC—莎草科盖度；FC—杂草盖度；PH—平均株高；AB—地上生物量；
%IncMSE—平均准确率减低度；IncNodePurity—节点纯度的增加

　　上述相关性分析结果发现气温、土壤含水量、微地形和莎草科盖度是土壤有机碳和总氮的关键影响因子，同时土壤酶活性、有机碳组分、腐殖质与土壤有机碳存在显著正相关关系（图 4-24～图 4-26）。因此本研究探索并推测高寒湿地退化的调控机制（图 4-27），即高寒湿地退化后，改变了土壤含水量、理化性质和地上植被，土壤容重升高，改变了土壤细菌、真菌的生存土壤微生环境和土壤酶活性，从而影响了有机碳及其组分、腐殖质和总氮的含量。总的来说，气温的升高和微地形的作用调节了土壤含水量，调控了根际微生态环境、土壤养分，改变了微生物菌群结构和土壤酶活性，其调控机制如图 4-27 所示。

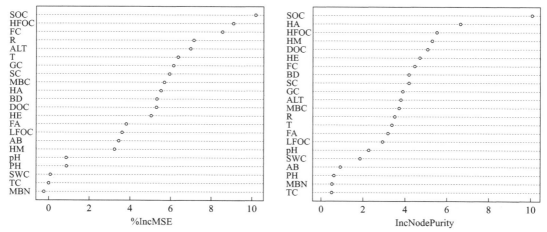

图 4-26　不同退化程度高寒湿地土壤总氮与土壤和植被指标的差异性大小排序

SOC—有机碳；MBC—微生物碳；MBN—微生物氮；BD—容重；SWC—土壤含水量；pH—酸碱度；

LFOC—轻组分有机碳；HFOC—重组分有机碳；DOC—可溶性有机碳；HE—腐殖质碳；HM—胡敏素；

HA—胡敏酸；FA—富里酸；ALT—海拔高度；T—气温；R—降水；TC—总盖度；GC—禾本科盖度；

SC—莎草科盖度；FC—杂草盖度；PH—平均株高；AB—地上生物量；

%IncMSE—平均准确率减低度；IncNodePurity—节点纯度的增加

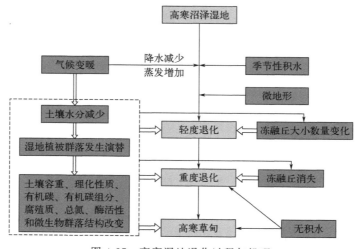

图 4-27　高寒湿地退化过程与机理

4.6　黄河源区退化高寒湿地人工补播恢复效果

在恢复退化的高寒湿地过程中，可通过人工补播适宜高寒湿地环境的草种和施肥来增加土壤营养，保证人工补播的植被生长和高寒湿地植被恢复（Sheoran，2010）。通过对人工播种后植物盖度、高度、地上生物量和土壤有机碳、总氮的变化趋势研究，为退化高寒湿地恢复提供重要的科学依据。本章节通过不同的播种量梯度、施肥、施肥＋播种及对照样区处理比较，探讨适宜黄河源区退化高寒湿地近自然人工恢复技术。

4.6.1　样地选择与设计

选取玛沁县大武滩高寒湿地的外围退化区作为试验地。原始群落高寒湿地优势种有西藏嵩草和薹草等，退化高寒湿地的优势种有委陵菜（*Potentilla chinensis* Ser.）、薹草，并伴有黄花棘豆（*Oxytropis ochrocephala* Bunge）等杂类草。在退化的高寒湿地设置 30 个 10m×10m 人工补播试验小区，缓冲带 2m，随机布置播种样区（3 个播种量梯度）、施肥样区、施肥＋播种样区和对照样区，重复 5 次（图 4-28）。2017 年 5 月中旬在播种样区内均匀播撒短芒披碱草（*Elymus breviaristatus*）、老芒麦（*Elymus sibiricus*）、青海中华羊茅（*Festuca sinensis* cv. Qinghai）、青海草地早熟禾（*Poa pratensis* L. cv. Qinghai）、青海扁茎早熟禾（*Poa pratensis* cv. Qinghai）、同德小花碱茅（*Puccinellia tenuiflora* cv. Tongde）和洽草（*Koeleria macrantha*），种子质量比例为 4∶4∶2∶1∶1∶1∶1，播种量设为 $1g/m^2$、$3g/m^2$、$5g/m^2$，施肥量为 $30g/m^2$，施肥量为 $30g/m^2$ 并与 $3g/m^2$ 播种样区交互。

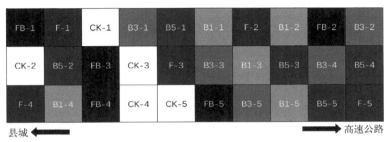

图 4-28　人工补播试验地样方设计

CK—对照；B1—播种量 $1g/m^2$；B3—播种量 $3g/m^2$；B5—播种量 $5g/m^2$；F—施肥（二铵）量 $30g/m^2$；FB—施肥量 $30g/m^2$ 并与 $3g/m^2$ 播种样区交互

4.6.2　植物和土壤指标的测定

4.6.2.1　植物指标测定

2020 年 8 月在每个处理对应的 5 个重复的样地中各布设两个 1m×1m 样方，即 6 个处理共设置 60 个 1m×1m 样方。在每个样方测定植被指标包括植被盖度、植被高度和植被地上生物量。其中，植被盖度用目测法测量；植被高度以植被自然高度为准，每种植物测量 5 株；植被地上生物量测定时分别齐地面剪下每个样方中每种植物后现场称鲜重。

（1）植物群落重要值

$$重要值=[(相对盖度＋相对高度＋相对鲜重)/3]×100\%$$

其中，相对盖度为某一种植物的盖度比群落中所有物种盖度之和；相对高度为某一种植物的平均高度比群落中所有物种平均高度之和；相对鲜重为某一种植物的鲜重比群落中所有物种鲜重和。

（2）物种多样性指数测定

① 物种丰富度指数 D（张金屯，2004；哀建国 等，2006）

$$D=S$$

式中，S 为样方面积内的植被种数。

② 多样性指数 H_i（郝文芳 等，2005）

$$H_i = -\sum_{j=1}^{S} P_i \ln P_i$$

式中，P_i 为重要值。

4.6.2.2 土壤指标测定

土壤样品装入自封袋带回实验室风干后磨碎、过 0.25mm 筛。其中，土壤含水量用便携式土壤水分测定仪 TDR350 测定；土壤有机碳采用油浴法测定；土壤全 N、全 P 和全 K 含量采用硫酸-过氧化氢混合消煮后，分别以 AA3 流动分析仪和火焰光度计法测定。

4.6.3 数据处理

用 Excel 2010 进行数据整理，运用 SPSS 19.0 进行数据分析，利用 Origin 2018 绘制土壤全氮、全磷、全钾、有机碳、含水量和地上生物量图。

4.6.4 人工播种配置样区群落物种组成

从表 4-10 可以看出，整个试验地共出现 16 种植物，隶属于 7 科 13 属，其中 CK（对照）、B1（播种量 1g/m²）、B3（播种量 3g/m²）、B5（播种量 5g/m²）、F（施肥量 30g/m²）和 FB（施肥量为 30g/m² 并与 3g/m² 播种样区交互）样地均出现 11 种植物。人工播种配置试验小区样地物种组成发生明显变化，其中 CK 样地重要值最大为委陵菜，其次为薹草，火绒草（*Leontopodium leontopodioides*）重要值最低。不同播种量和施肥量在一定程度上对近自然恢复的高寒湿地植被产生较大影响（表 4-10）。B1、B3、B5 和 FB 样地委陵菜重要值在减少，薹草、短芒披碱草、青海草地早熟禾、青海扁茎早熟禾、同德小花碱茅、青海中华羊茅的重要值在变大，火绒草重要值最低，在 F 样地中零星出现。

表 4-10　人工补播下植物群落物种组成及其重要值

科	属	种	重要值/%					
			人工补播					
			CK	B1	B3	B5	F	FB
禾本科	披碱草属	短芒披碱草	7.12	11.68	13.05	13.34	7.69	14.01
		老芒麦	0	3.23	5.32	7.14	0	7.16
	早熟禾属	青海草地早熟禾	4.46	5.14	6.97	7.89	3.49	7.92
		青海扁茎早熟禾	0	4.68	7.05	7.34	0	7.54
	碱茅属	同德小花碱茅	0	5.64	7.33	8.23	0	8.35
	羊茅属	青海中华羊茅	4.12	6.68	7.05	7.34	4.69	7.38
	溚属	溚草	0	4.6	6.05	7.34	0	7.46
莎草科	薹草属	薹草	20.41	22.45	26.12	23.89	21.4	26.06

续表

科	属	种	重要值/%					
			人工补播					
			CK	B1	B3	B5	F	FB
豆科	棘豆属	黄花棘豆	4.56	0	3.31	0	4.41	0
菊科	火绒草属	火绒草	0	0	0	0	0	0
	凤毛菊属	凤毛菊	1.01	0	0	0	0	0
蔷薇科	委陵菜属	委陵菜	43.35	32.14	30.56	17.49	45.21	14.13
毛茛科	乌头属	铁棒锤	4.13	1.2	4.22	0	3.22	0
	毛茛属	高原毛茛	5.34	1.46	3.54	0	4.34	0
龙胆科	龙胆属	鳞叶龙胆	2.36	1.1	2.1	0	2.1	0
		秦艽	3.14	0	3.45	0	3.45	0

注：CK 为对照；B1 为播种量 $1g/m^2$；B3 为播种量为 $3g/m^2$；B5 为播种量为 $5g/m^2$；F 为施肥量 $30g/m^2$；FB 为施肥量 $30g/m^2$ 并与 $3g/m^2$ 播种样区交互。

研究表明，植被物种多样性与物种丰富度关系密切（淮虎银 等，2005）。本章节研究中，随着人工补播的进行，除 F 外，B1、B3、B5 和 FB 物种数量逐渐增加。在高寒湿地重度退化阶段，样地内主要以委陵菜为主，其次为薹草，并伴有大量的杂草和毒草。随着不同播种量梯度和施肥的进行，委陵菜的重要值减少，薹草和禾本科植物的重要值增加，植被群落的结构趋向复杂。由表 4-11 可知，CK、B1、B3、B5、F 和 FB 样地物种丰富度（种）分别为 12、14、14、14、12 和 14。CK、B1、B3、B5、F 和 FB 样地多样性指数分别为 1.81、2.00、2.26、2.08、1.73 和 2.08。由此可知，人工补播后，植物多样性与物种丰富度变化规律基本一致，植被物种丰富度高，植物多样性相应就高。

表 4-11　人工补播下物种丰富度及多样性

项目	CK	B1	B3	B5	F	FB
丰富度	12	14	14	14	12	14
多样性指数	1.81	2.00	2.26	2.08	1.73	2.08

4.6.5　人工补播配置下植被生长特征比较

4.6.5.1　盖度变化

从表 4-12 可以看出，人工补播对植物总盖度的影响较大。与对照相比，不同播种量和施肥水平均增加了地上植被的盖度，其中播种量为 $1g/m^2$ 增加程度不明显（$p > 0.05$），而播种量为 $3g/m^2$、播种量为 $5g/m^2$ 和施肥量为 $30g/m^2$ 并与 $3g/m^2$ 播种样区交互增加程度显著（$p < 0.05$）。人工补播总植被盖度大小为 FB＞B5＞B3＞F＞B1＞CK。人工补播后不同植物的盖度也发生了变化，随着播种量的增加，短芒披碱草、老芒麦、青海中华羊茅、青海草地早熟禾、青海扁茎早熟禾、同德小花碱茅和洽草盖度增加，委陵菜盖度减少，黄花棘豆盖度变化不大。施肥后薹草的盖度增加，委陵菜的盖度较对照减少。

表4-12 人工补播下植被盖度变化

盖度/%

组别	总盖度/%	短芒披碱草	老芒麦	青海草地早熟禾	青海扁茎早熟禾	同德小花碱茅	青海中华羊茅	洽草	薹草	黄花棘豆	火绒草	风毛菊	委陵菜	铁棒锤	高原毛茛	鳞叶龙胆	秦艽
CK	76.50± 13.95^A	4.00± 2.91^A	0.00± 0.00	1.80± 0.20^A	0.00± 0.00	0.00± 0.00	1.00± 0.05^A	0.00± 0.00	13.50± 3.88^A	6.00± 0.00	0.00± 0.00	3.00± 0.00	30.80± 7.16^A	1.00± 0.00	6.80± 1.61	2.80± 1.73	1.30± 0.76
B1	80.20± 10.53^A	8.00± 2.32^{AB}	1.20± 0.45^A	3.10± 0.7 4^A	1.80± 0.83^A	1.80± 0.44^B	2.00± 1.45^A	2.20± 0.83^A	18.70± 5.80^A	0.20± 0.00	0.00± 0.00	0.00± 0.00	27.50± 4.26^A	1.50± 0.11	1.20± 0.10	8.80± 2.00	2.20± 0.23
B3	87.10± 11.48^A	8.80± 1.30^{BC}	1.40± 0.54^A	3.40± 0.89^A	2.70± 0.21^A	4.10± 0.21^B	3.80± 065^A	2.60± 0.89^A	25.50± 4.47^A	0.60± 0.07	0.00± 0.00	0.00± 0.00	25.80± 13.51^A	0.60± 0.07	6.60± 1.34	0.40± 0.00	0.80± 0.57
B5	92.00± 90.33^A	10.90± 2.41^C	1.60± 0.49^A	4.20± 1.25^{AB}	3.30± 0.67^A	4.60± 0.89^{BC}	10.10± 4.61^A	3.30± 0.07^A	19.00± 8.02^A	0.20± 0.00	0.00± 0.00	0.20± 0.00	26.60± 5.27^A	0.00± 0.00	1.20± 0.40	1.70± 0.06	1.00± 0.00
F	80.25± 15.74^A	4.00± 0.81^A	0.00± 0.00	7.00± 3.93^B	0.00± 0.00	0.00± 0.00	2.50± 1.89^A	0.00± 0.00	32.00± 11.54^B	0.40± 0.00	0.20± 0.00	1.90± 0.35	25.25± 5.18^A	2.00± 0.91	2.10± 1.15	1.00± 0.00	1.00± 0.00
FB	95.10± 23.04^A	13.40± 1.35^D	1.60± 0.49^A	10.10± 1.51^C	7.60± 2.07^B	8.40± 2.30^D	3.30± 1.64^A	9.00± 2.23^A	11.80± 3.06^C	1.00± 0.00	0.00± 0.00	0.00± 0.00	20.10± 9.30^B	0.20± 0.00	0.70± 0.20	6.50± 1.44	1.40± 0.50

注：不同大写字母表示人工补播间均值差异显著（$p < 0.05$）。

表 4-13　人工补播下植被高度变化

高度/cm

组别	平均高度/cm	短芒披碱草	老芒麦	青海草地早熟禾	青海扁茎早熟禾	同德小花碱茅	青海中华羊茅	洽草	薹草	黄花棘豆	火绒草	风毛菊	委陵菜	铁棒锤	高原毛茛	鳞叶龙胆	秦艽
CK	13.97±1.89^A	32.40±3.35^A	—	24.20±1.73^A	—		25.33±3.30^A		12.30±1.76^A	10.50±4.94	—	5.33±1.51	5.98±0.96^A	14.20±0.00	11.46±6.24	6.58±1.81	5.17±0.64
B1	16.78±4.57^A	31.90±13.61^A	16.72±0.89^B	19.40±10.21^A	21.04±6.45^A	25.00±6.45^A	24.79±11.46^{AB}	19.00±3.81^A	13.61±4.39^A	10.20±0.00	—	—	7.20±1.12^A	22.69±11.79	10.37±3.49	8.06±0.87	4.93±2.44
B3	19.06±3.47^A	42.50±7.56^A	19.08±1.81^B	19.36±4.33^A	25.10±6.55^A	21.10±6.44^A	23.66±5.03^{AB}	18.88±3.76^A	16.08±2.95^A	4.55±0.78	—	—	6.26±0.89^A	38.00±12.72	17.05±0.07	8.90±0.00	6.34±3.70
B5	16.39±4.74^A	36.58±8.52^A	16.52±089^A	18.12±4.29^A	21.04±6.44^A	24.80±6.44^A	24.60±5.20^A	19.10±3.23^A	16.67±5.92^A	2.20±0.00	—	2.40±0.00	5.88±1.62^A	35.10±18.27	10.40±1.69	7.83±1.25	4.60±0.00
F	15.50±4.08^A	35.40±11.25^A	—	25.78±12.07^A	—		33.33±0.97^A		14.00±6.79^A	3.30±0.00	14.00±0.00	6.13±3.77	6.68±2.30^A	26.18±5.53	6.44±0.87	9.45±0.00	5.60±0.00
FB	16.91±3.41^A	32.25±10.14^A	16.76±0.69^A	23.16±5.92^A	23.16±5.92^A	35.07±6.25^A	31.90±10.13^B	19.06±3.34^A	12.40±3.27^A	1.80±0.00	—	—	6.74±1.20^A	4.60±0.00	9.60±2.62	9.67±1.92	8.78±2.26

注：不同大写字母表示人工补播间差异显著（$p<0.05$）。

4.6.5.2 高度变化

从表 4-13 可以看出，人工补播能影响植被平均高度，与对照相比，B1、B3、B5、F 和 FB 均能提高植被平均高度（$p>0.05$）。对照植被平均高度仅为 13.97cm，通过播种和施肥措施，B1、B3、B5、F 和 FB 平均高度增加到 16.78cm、19.06cm、16.39cm、15.50cm 和 16.91cm。人工补播后植被平均高度为 B3＞FB＞B1＞B5＞F＞CK，按照 CK、B1、B3、B5、F 和 FB 的顺序来看，随着播种量的增加，短芒披碱草、洽草、薹草、老芒麦和青海扁茎早熟禾高度先增加后下降，委陵菜逐步下降。对照样地短芒披碱草、青海中华羊茅高度差距不大，无老芒麦、青海扁茎早熟禾、同德小花碱茅和洽草等植物。

4.6.5.3 地上植被生物量变化

人工补播后地上生物量发生较大变化（图 4-29）。与对照相比，不同播种量和施肥措施均增加了地上生物量，其中播种量为 $1g/m^2$ 增加程度不明显（$p>0.05$），而播种量为 $3g/m^2$、播种量为 $5g/m^2$ 和施肥量为 $30g/m^2$ 并与 $3g/m^2$ 播种样区交互增加程度显著（$p<0.05$），其中播种量为 $5g/m^2$ 样区和施肥量为 $30g/m^2$ 并与 $3g/m^2$ 播种样区交互地上生物量均比较大，达 $631.35g/m^2$。播种量为 $1g/m^2$ 的地上生物量平均增加了 $17.92g/m^2$，播种量为 $3g/m^2$ 的地上生物量平均增加了 $145.67g/m^2$，播种量为 $5g/m^2$ 的地上生物量平均增加了 $181.02g/m^2$，施肥量为 $30g/m^2$ 的地上生物量平均增加了 $35.11g/m^2$，施肥量为 $30g/m^2$ 并与 $3g/m^2$ 播种样区交互的地上生物量平均增加了 $180.08g/m^2$。人工补播后地上生物量大小为：B5＞FB＞B3＞F＞B1＞CK。

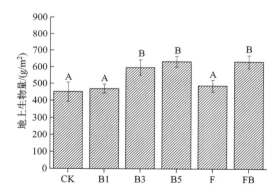

图 4-29　人工补播下地上植被生物量变化特征（不同大写字母表示差异显著，$p<0.05$）

CK—对照；B1—播种量 $1g/m^2$；B3—播种量 $3g/m^2$；B5—播种量 $5g/m^2$；

F—施肥量 $30g/m^2$；FB—施肥量 $30g/m^2$ 并与 $3g/m^2$ 播种样区交互

4.6.6　人工补播配置下土壤性质变化特征

4.6.6.1　土壤全氮含量变化

从图 4-30 可以看出，人工补播在一定程度上对退化高寒湿地 0～10cm 土壤全氮含量造成了影响。与对照相比，人工补播增加了土壤全氮含量，其中播种量为 $1g/m^2$、播种量为 5g/m² 和施肥量为 30g/m² 增加不显著（$p > 0.05$），而播种量为 3g/m² 和施肥量为 30g/m² 并与 3g/m² 播种样区交互增加明显（$p < 0.05$）。播种量为 1g/m² 的土壤全氮平均增加了 0.43g/kg，播种量为 3g/m² 的土壤全氮平均增加了 0.91g/kg，播种量为 5g/m² 的土壤全氮平均增加了 0.18g/kg，施肥量为 30g/m² 的土壤全氮平均增加了 0.05g/kg，施肥量为 30g/m² 并与 3g/m² 播种样区交互的土壤全氮平均增加了 1.12g/kg。通过比较可以看出，播种量为 1g/m²、3g/m²、5g/m²、施肥量为 30g/m² 和施肥量为 30g/m² 并与 3g/m² 播种样区交互的土壤全氮含量与对照区相比，分别提高了 17.80%、37.63%、7.58%、1.96% 和 46.23%。

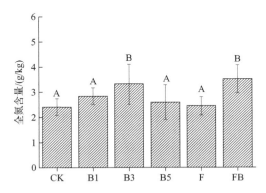

图 4-30　人工补播下土壤全氮含量变化特征（不同大写字母表示差异显著，$p < 0.05$）

CK—对照；B1—播种量 1g/m²；B3—播种量 3g/m²；B5—播种量 5g/m²；

F—施肥量 30g/m²；FB—施肥量 30g/m² 并与 3g/m² 播种样区交互

4.6.6.2　土壤全磷含量变化

从图 4-31 可以看出，人工补播在一定程度上对退化高寒湿地 0～10cm 土壤全磷含量影响不一。与对照相比，播种量为 1g/m²、播种量为 3g/m²、播种量为 5g/m² 变化程度不明显（$p > 0.05$），而施肥量为 30g/m² 和施肥量为 30g/m² 并与 3g/m² 播种样区交互减少程度显著（$p < 0.05$）。播种量为 1g/m² 的土壤全磷含量平均增加了 0.25g/kg，播种量

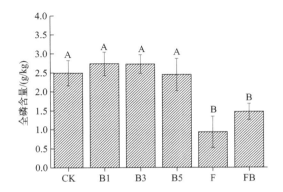

图 4-31　人工补播下土壤全磷含量变化特征（不同大写字母表示差异显著，$p < 0.05$）

CK—对照；B1—播种量 1g/m²；B3—播种量 3g/m²；B5—播种量 5g/m²；

F—施肥量 30g/m²；FB—施肥量 30g/m² 并与 3g/m² 播种样区交互

为 $3g/m^2$ 的土壤全磷含量平均增加了 0.24g/kg，播种量为 $5g/m^2$ 的土壤全磷含量平均减少了 0.04g/kg，施肥量为 $30g/m^2$ 的土壤全磷含量平均减少了 1.5g/kg，施肥量为 $30g/m^2$ 并与 $3g/m^2$ 播种样区交互的土壤全磷含量平均减少了 1.02g/kg。

4.6.6.3 土壤全钾含量变化

从图 4-32 可以看出，人工补播在一定程度上对退化高寒湿地 0～10cm 土壤全钾含量造成了影响。与对照相比，人工补播增加土壤全钾含量，其中播种量为 $3g/m^2$ 增加不显著（$p>0.05$），而播种量为 $1g/m^2$、$5g/m^2$、施肥量为 $30g/m^2$ 和施肥量为 $30g/m^2$ 并与 $3g/m^2$ 播种样区交互增加显著（$p<0.05$）。播种量为 $1g/m^2$ 的土壤全钾含量平均增加了 2.02g/kg，播种量为 $3g/m^2$ 的土壤全钾含量平均增加了 0.03g/kg，播种量为 $5g/m^2$ 的土壤全钾含量平均增加了 1.10g/kg，施肥量为 $30g/m^2$ 的土壤全钾含量平均增加了 2.73g/kg，施肥量为 $30g/m^2$ 并与 $3g/m^2$ 播种样区交互的土壤全钾含量平均增加了 2.65g/kg。

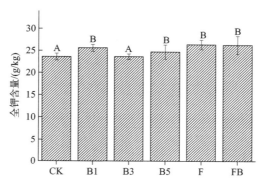

图 4-32　人工补播下土壤全钾含量变化特征（不同大写字母表示差异显著，$p<0.05$）

CK—对照；B1—播种量 $1g/m^2$；B3—播种量 $3g/m^2$；B5—播种量 $5g/m^2$；

F—施肥量 $30g/m^2$；FB—施肥量 $30g/m^2$ 并与 $3g/m^2$ 播种样区交互

4.6.6.4 土壤有机碳含量变化

从图 4-33 可以看出，人工补播在一定程度上对退化高寒湿地 0～10cm 土壤有机碳含量造成了影响。与对照相比，人工补播后土壤有机碳含量增加，其中播种量为 $1g/m^2$ 增加不明显（$p>0.05$），而播种量为 $3g/m^2$、$5g/m^2$、施肥量为 $30g/m^2$ 和施肥量为 $30g/m^2$ 并与 $3g/m^2$ 播种样区交互增加显著（$p<0.05$）。播种量为 $1g/m^2$ 的土壤有机碳含量平均增加了 2.35g/kg，播种量为 $3g/m^2$ 的土壤有机碳含量平均增加了 18.25g/kg，播种量为 $5g/m^2$ 的土壤有机碳含量平均增加了 35.01g/kg，施肥量为 $30g/m^2$ 的土壤有机碳含量平均增加了 14.93g/kg，施肥量为 $30g/m^2$ 并与 $3g/m^2$ 播种样区交互的土壤有机碳含量平均增加了 37.82g/kg。

4.6.6.5 土壤含水量变化

从图 4-34 可以看出，人工补播在一定程度上对退化高寒湿地 0～10cm 土壤含水量造成了影响。CK、B1、B3、B5、F 和 FB 土壤含水量分别为 47.03%、49.29%、47.34%、

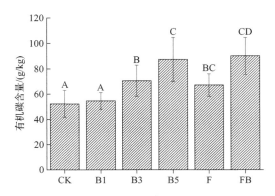

图 4-33　人工补播下土壤有机碳含量变化特征（不同大写字母表示差异显著，$p < 0.05$）

CK—对照；B1—播种量 $1g/m^2$；B3—播种量 $3g/m^2$；B5—播种量 $5g/m^2$；

F—施肥量 $30g/m^2$；FB—施肥量 $30g/m^2$ 并与 $3g/m^2$ 播种样区交互

48.89％、50.13％和 49.42％，与对照相比，人工补播使土壤含水量增加，但差异不显著（$p > 0.05$），播种量为 $1g/m^2$ 的土壤含水量平均增加了 2.26％，播种量为 $3g/m^2$ 的土壤含水量平均增加了 0.31％，播种量为 $5g/m^2$ 的土壤含水量平均增加了 1.86％，施肥量为 $30g/m^2$ 的土壤含水量平均增加了 3.10％，施肥量为 $30g/m^2$ 并与 $3g/m^2$ 播种样区交互的土壤含水量平均增加了 2.39％。

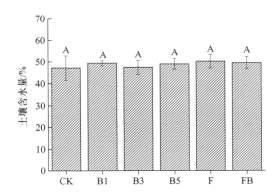

图 4-34　人工补播下土壤含水量变化特征（不同大写字母表示差异显著，$p < 0.05$）

CK—对照；B1—播种量 $1g/m^2$；B3—播种量 $3g/m^2$；B5—播种量 $5g/m^2$；

F—施肥量 $30g/m^2$；FB—施肥量 $30g/m^2$ 并与 $3g/m^2$ 播种样区交互

第 5 章

黄河源区高寒湿地
退化过程与机制

高寒湿地指海拔高、温度低的湿地，是湿地类型中较为特殊的一种（宋森，2015），主要分布在高海拔地区，如青藏高原。高寒湿地由于温度较低，易形成季节性冻土，植物残体和凋落物不易分解，使得土壤有机碳含量较其他地区变化缓慢，土壤碳储量较高，且能够长时间存储于土壤中（王绍强，周成虎，1999；李克让 等，2003）。随着气候变暖和人为因素的干扰，使高寒湿地的退化速度加快，并逐渐向高寒草甸演替（李飞 等，2018）。高寒湿地的面积呈现减少趋势（王根绪 等，2007；Wu et al.，2017），且面积和土壤水分随着时间的推移减少越来越快（徐新良 等，2008）。高寒湿地的退化将导致湿地生态功能的丧失（Wu et al.，2017），其退化由外到内逐渐萎缩。

玛多县各种各样的湿地种类众多，生境相当脆弱，且该县的高海拔使得这些湿地对外界变化非常敏感。青藏高原西藏嵩草沼泽湿地存在广泛退化现象（Miehe et al.，2011）。如果没有科学的管理，湿地将进一步退化，并最终消失。高寒湿地是冬季牧场不可或缺的资源，它的损失将对当地畜牧业产生巨大影响。因此了解玛多县不同类型湿地是如何退化的，有利于进行更好的管理和保护。

5.1 研究区概况

玛多县以高寒大陆性气候为主，年平均温度只有 1.2℃。玛多县大部分位于海拔 4500～5000m，冷暖季节明显。低温导致生长季节被限制在 6～8 月。高原上广泛分布有冰缘地貌的特征，自然植被为高寒草原和高寒草甸，天然草地占县区面积的 87.5%。玛多县降雨量达到 303.9mm，远小于年蒸发量 1260mm。尽管缺水，但通过 13 条河流，最重要的是黄河的补充水，使玛多县拥有了丰富的水资源，此外数以千计的淡水湖泊分布在全县 1674km² 的土地上，这些河流和湖泊形成了大小不同、类型不同的高原湿地，尽管它们已经表现出了恢复的迹象，但这些湿地依然处于退化阶段。

5.2　玛多县高寒湿地的分类

5.2.1　分类依据

① 湿地类型要全面且能包含玛多县所有湿地类型，反映湿地本质特征，适合玛多县实地情况。

② 要与湿地管理部门和国际湿地组织建议的湿地分类系统相吻合，湿地类型名称要尽量与国内外已有的湿地分类系统保持一致，以免产生歧义。

③ 分类系统要有实用性，本研究的分类系统要用于遥感监测工作，湿地类型一定要在遥感图像上具有可判读性。

④ 玛多县高寒湿地分类涉及地貌分类系统（Gao，2011；Gao et al.，2013），该系统主要是基于景观湿地的地貌特征，还包含流域水文特性。基于该体系，玛多县湿地分为高山、山前、河谷、河漫滩、湖泊和河流湿地 6 类。

5.2.2　玛多县高寒湿地的类型

玛多县高寒湿地分类采用样地法进行野外调查（表 5-1）。2012 年 7 月和 2013 年 8 月在不同的湿地类型上选取具有典型性和代表性的样地 32 个，其中 3 个样地不符合要求，舍弃不用。取样样方共 87 个。分别调查每个样方植物的物种数、频度、高度、盖度，同时测定并记录各样地的海拔高度、经纬度、土壤湿度及周围鼠害情况等小环境因素。

表 5-1　样地设置

时间	地点	类型	经度	纬度	海拔/m
2013 年	玛多—玉树 50km	A-1	97°53′2.9″	34°16′49.9″	4665
2013 年	巴彦喀拉山口	A-2	97°39′23.4″	34°7′37.8″	4826
2013 年	鄂拉山	A-3	99°30′40.0″	35°30′4.7″	4500
2013 年	玛多黄河桥	F-1	98°10′7.7″	34°53′11.8″	4221
2013 年	玛多黄河桥	F-2	98°10′29.9″	34°52′58.5″	4223.3
2013 年	玛多—花石峡 15km 处	F-3	98°16′15″	34°51′53.9″	4224
2013 年	玛多—花石峡 5km 处	F-4	98°13′43.1″	34°53′2″	4221
2012 年	玛多黄河桥	F-5	98°10′17.7″	34°53′9.8″	4241
2013 年	牛头碑底	L-1	97°33′46.9″	34°54′17.8″	4281.4
2013 年	鄂陵湖畔	L-2	97°42′48.3″	35°4′19.1″	4282
2013 年	星星海	L-3	98°7′55.4″	34°49′50.6″	4225.1
2012 年	苦海滩	L-4	99°12′55″	35°35′56.2″	4138
2012 年	苦海滩	L-5	99°11′52″	35°21′18.9″	4131
2012 年	苦海滩	L-6	99°10′52″	35°21′14.9″	4134
2013 年	牛头碑—玛多	P-1	97°35′51.2″	34°59′43.2″	4281

时间	地点	类型	经度	纬度	海拔/m
2013 年	星星海北山底	P-2	98°8′57″	34°51′41.1″	4239
2013 年	星星海北山底	P-3	98°8′51.6″	34°51′36″	4241
2012 年	花石峡	P-4	98°57′12.17″	35°6′13.8″	4445
2012 年	玛沁雪山崖口	P-5	99°2′27.23″	34°24′1.6″	4569
2013 年	玛多黄河桥	R-1	98°10′25.8″	34°52′57.4″	4232
2013 年	玛多黄河桥	R-2	98°10′15.8″	34°51′57.4″	4232
2013 年	玛多—花石峡 5km 处	R-4	98°13′42.5″	34°52′59.5″	4220
2013 年	玛多—G214 68km 处	R-5	97°9′29.3″	33°46′46.8″	4424
2012 年	花石峡	T-1	98°22′2408	35°16′34.15″	4283
2012 年	花石峡	T-2	98°25′43.42″	35.11′41.7″	4237
2013 年	大野马岭	V-1	98°4′54.1″	34°41′56.4″	4271
2013 年	花石峡	V-2	98°26′54.28″	35°8′56.27″	4349
2013 年	大野马岭	V-3	98°4′54.1″	34°41′56.4″	4271
2013 年	西宁—花石峡 420km 处	V-4	98°45′43.1″	35°4′50.9″	4353

注：A 表示高山湿地；V 表示河谷湿地；P 表示山前湿地；T 表示阶地湿地；F 表示河漫滩湿地；L 表示湖泊湿地；R 表示河流湿地。

测度指标采取重要值，重要值＝（相对密度＋相对频度＋相对盖度）/3。

式中，相对频度＝某个种的频度/所有种的频度之和×100％；相对盖度＝某个种的盖度/所有种盖度之和×100％；相对密度＝某个种的密度/所有种的密度之和×100％。

Shannon-Wiener 指数：
$$H' = -\sum_{i=1}^{S} P_i \ln P_i$$

Pielou 均匀度指数：
$$J' = H'/\ln S$$

Simpson 指数：
$$D = 1 - \sum P_i^2$$

式中，P_i 为第 i 种植物的重要值；H' 为多样性指数；J' 为均匀度指数；S 为群落中植物的种数；D 为生态优势度指数。

以研究区野外调查的玛多县 32 个样地的植物多样性、海拔、坡度、含水量、土壤养分等为指标剔除不合格的 3 个样地，对剩余的 29 个样地的指标进行标准化处理然后在 Spass 中进行系统聚类分析（图 5-1）。结合研究区样方植物群落实际状况，对比聚类统计量，对聚类结果细化，在距离取 2.5 时，遵照湿地类型聚集的百分比例可以分为 7 类。

（1）湖泊湿地（L）

将第 1 类（L-2，L-3，L-1，R-2，L-4，F-5，L-5）归为湖泊湿地。优势种为早熟禾。无莎草科植物、禾本科植物，只有早熟禾一种。杂草有珠芽蓼、西伯利亚蓼、海乳草。无毒草类植物。

（2）河漫滩湿地（F）

第 2 类（F-2，F-4，F-1，F-3），由聚类分析结果图所得河漫滩湿地（F）所占比重较

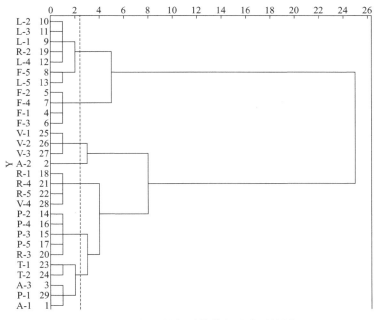

图 5-1　研究区植物群落样方聚类系统图

大，所以将其确定为河漫滩湿地。其植被盖度为 93.17%，优势种为薹草。莎草科植物只有薹草一种。毒草和杂草有西伯利亚蓼、海乳草、蕨麻、多裂委陵菜、毛茛、水麦冬、海韭菜。

（3）河谷湿地（V）

第 3 类（V-1，V-2，V-3），为河谷湿地，其植被盖度为 95.92%。优势种主要为矮生嵩草、薹草。莎草科植物有黑褐穗薹草、矮生嵩草、西藏嵩草、细叶薹草、藨草、薹草、粗脉薹草、细叶薹草。禾本科植物只有早熟禾、紫羊茅两种。毒草和杂草有蕨麻、蒲公英、毛茛、驴蹄草、马先蒿、水麦冬、紫菀等。

（4）高山湿地（A）

将第 4 类（A-2）和第 7 类（T-1，T-2，A-3，P-1，A-1）归为高山湿地，其植被盖度为 98.67%。优势种为西藏嵩草、青藏薹草、藨草和黑褐穗薹草。高山湿地中莎草科有黑褐穗薹草、矮生嵩草、西藏嵩草、细叶薹草、小薹草、小叶薹草和西藏嵩草。禾本科植物只有早熟禾一种。毒草和杂草有无尾果、珠芽蓼、小圆叶、风毛菊、毛茛、马先蒿。

（5）河流湿地（R）

第 5 类（R-1，R-4，R-5，V-4）为河流湿地。优势种为薹草。莎草科植物主要有黑褐穗薹草、矮生嵩草、西藏嵩草、细叶薹草、藨草、小叶薹草、宽叶薹草、线叶嵩草等。禾本科植物有早熟禾、溚草、异针茅、针茅。杂草主要有西伯利亚蓼、海乳草、蕨麻、星状风毛菊、火绒草、小米草、多裂委陵菜、无尾果、珠芽蓼、蒲公英、乳白香青、小大黄、金露梅、青海风毛菊。毒草主要有毛茛、驴蹄草、兰石草、棘豆、马先蒿、唐松草、棱子芹、紫菀、银莲花、鳞叶龙胆、华丽龙胆、高山唐松草、鸭跖草、泽漆、线叶龙胆、獐牙菜、黄芪等。

（6）山前湿地（P）

第6类（P-2，P-4，P-3，P-5，R-3），其植被盖度为66.11%，优势种为矮生嵩草、西伯利亚蓼、黑褐穗薹草。莎草类植物只有黑褐穗薹草一种。禾本科植物有早熟禾一种。毒草和杂草有西伯利亚蓼、海乳草、蕨麻、兔耳草、垫状点地梅、毛茛。

5.2.3　湿地植物群落组成与多样性

根据2012年8月和2013年8月对玛多县所有湿地类型调查，研究了玛多县湿地主要植物群落的物种组成，初步统计了研究区内的植物类型。共计调查85个样方，其中高山湿地6个样方、山前湿地18个样方、河漫滩湿地23个样方、河谷湿地11个样方、河流湿地9个样方、湖泊湿地18个样方。结果显示研究区调查样方内共有植物种55种，均为被子植物，双子叶植物明显多于单子叶植物，其中双子叶植物12科27属41种，裸子植物在调查样方中未出现（表5-2）。

表5-2　研究区植物统计表

类别	科数	属数	种数
双子叶植物(被子植物)	12	27	41
单子叶植物(被子植物)	3	8	14
合计	15	35	55

研究区样方内共有15科35个属，大多数科仅有1个或2个属，其中菊科最多，共有8属，占总属数的22.86%；毛茛科植物次之，共有5属；莎草科与玄参科都分别有4属（图5-2）。

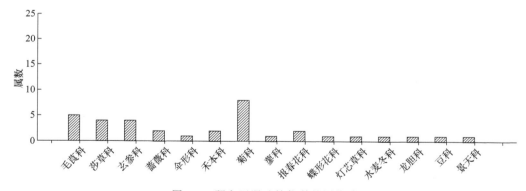

图5-2　研究区湿地植物科的属统计

对高山湿地、山前湿地、河漫滩湿地、河谷湿地、河流湿地、湖泊湿地六种不同类型湿地植物特征值测定结果表明，Shannon多样性指数的大小顺序为P＞A＞V＞F＞R＞L。山前湿地植被盖度相对较大，植被高度较高，湖泊湿地植被盖度最小，植被高度也较低，但其均匀度指数仍然最高，而河流湿地的均匀度指数却较低（表5-3）。典型湿地植物物种丰富度与均匀度之间相关性不明显，这与总体湿地植物物种丰富度与均匀度的分析基本一致。

表 5-3　不同类型湿地植物群落多样性

类型	植被盖度	植被高度	植被丰富度	多样性指数	均匀度指数
A	82±5	15.00±9.10	11.20±2.60	2.68±0.04	0.93±0.01
P	93±7	27.00±5.00	14.67±2.70	2.97±0.05	0.93±0.03
L	35±6	10.00±6.00	6.90±1.17	2.10±0.07	0.94±0.03
R	60±8	20.90±6.70	10.00±1.00	2.34±0.05	0.83±0.07
F	68±7	13.40±6.00	10.08±1.31	2.48±0.05	0.91±0.05
V	80±9	14.80±5.40	11.10±2.40	2.56±0.04	0.92±0.03

注：表中数据为平均值±标准差。

对所有类型湿地综合分析：高山湿地优势种为西藏嵩草（14.74%），次优势种为矮生嵩草（13.82%）；山前湿地优势种为西藏嵩草（17.6%），次优势种为矮生嵩草（8.3%）；河谷湿地优势种为西藏嵩草（17.4%），次优势种为青藏薹草（13.95%）；湖泊湿地植物组成最简单，优势种为早熟禾（40.3%），次优势种为西伯利亚蓼（30.85%）；河流湿地优势种为华扁穗草（17.57%），次优势种为青藏薹草（15.63%）；河漫滩湿地中优势种为西藏嵩草（23.43%），次优势种为青藏薹草（16.16%）。

5.3　玛多县不同类型湿地的动态变化

5.3.1　数据来源

本研究所需的遥感影像数据来源于中国科学院计算机网络信息中心地理空间数据云。在选择遥感数据时为了便于湿地信息的提取，将数据时相限定为 6~10 月，云量小于 10%。野外取样时间为 2012 年 7 月末和 2013 年 8 月初，获得影像数据为：1990 年 8 月 28 日、1990 年 8 月 30 日和 1990 年 8 月 30 日（Landsat 5 TM）；2001 年 7 月 3 日、2001 年 7 月 12 日和 2001 年 8 月 13 日（Landsat 7 ETM）；2013 年 7 月 21 日、2013 年 8 月 13 日和 2013 年 8 月 13 日（Landsat 8）。结合 2012 年、2013 年玛多县湿地野外调查数据，收集玛多县县界矢量图。

5.3.2　数据预处理

数据预处理包括自定义坐标系、图像几何校正、图像融合、图像镶嵌、图像剪切。

5.3.3　湿地提取

研究表明，在较为复杂的地区，采用面向对象的计算机自动分类方法不能很准确地进行分类。根据遥感影像湿地识别能力，以国家林业和草原局制定的《湿地分类》（GB／T 24708—2009）中的湿地分类方案为主体框架，参考《湿地公约》分类系统，根据其特殊的地理位置，采用 Gao 等的分类方法，将高原湿地分为山前、高山、河谷、河流、湖泊、河漫滩（沼泽）等湿地类型，进行人工目视解译。

5.3.3.1　影像波段的选择

1990 年遥感影像数据为 Landsat 5 TM 影像, 有 7 个波段, 第 6 波段分辨率为 60m, 其他波段为 30m。2001 年数据为 Landsat 7 ETM 影像, 包含 8 个波段。2013 年数据为 Landsat 8 影像。

表 5-4 为 Landsat TM 波段合成总结说明, 本研究根据需要采用 4、5、3 波段组合, 将各波段分别以不同方式组合赋予红（R）、绿（G）、蓝（B）三色进行假彩色合成对影像进行目视解译。

表 5-4　Landsat TM 波段合成总结说明

R、G、B	类型	特点
3、2、1	真假彩色图像	用于各种地类识别。图像平淡、色调灰暗、彩色不饱和、信息量相对减少
4、3、2	标准假彩色图像	它的地物图像丰富、鲜明、层次高,用于植被分类,水体识别,植被显示红色
7、4、3	模拟真彩色图像	用于居民地、水体识别
7、5、4	非标准假彩色图像	画面偏蓝色,用于特殊的地质构造调查
5、4、1	非标准假彩色图像	植物类型较丰富,用于研究植物分类
4、5、3	非标准假彩色图像	(1)利用了一个红波段、两个红外波段,因此凡是与水有关的地物在图像中都会比较清楚 (2)强调显示水体,特别是水体边界很清晰,利于区分河渠与道路 (3)由于采用的都是红波段或红外波段,对其他地物的显示不够清晰,但比较适合对海岸及其滩涂的调查 (4)具备标准假彩色图像的某些特点,但色彩不会很饱和,图像看上去不够明亮 (5)水浇地与旱地的区分容易。居民地的外围边界虽不十分清晰,但内部的街区结构特征清楚 (6)植物会有较好的显示,但是植物类型的细分会有困难
3、4、5	非标准接近于真色的假彩色图像	对水系、居民点及其市容街道和公园水体、林地的图像判读是比较有利的

5.3.3.2　建立解译标志

利用 2013 年 8 月出野外的时间, 对玛多县不同类型湿地进行实地考察, 在不同的湿地选取观察点, 利用 GPS 确定各点的地理坐标。记录样点的湿地类型、地面景观状况, 结合影像上的对应点进行判读, 分析不同湿地类型的图谱特征, 建立解译标志。进行图像解译时, 把图像中目标物的大小、形状、阴影、颜色、纹理、图案、位置及周围的系统称为解译的八要素。通过野外调查和影像对照建立的解译标志见表 5-5（书后另见彩表）。

表 5-5　不同类型湿地的解译标志

湿地类型	解译标志	影像显示
河流湿地		具有明显线条性特征,边界明显,影像结构均一,由于河流水体流动,除了对河流深浅略有影响外,水体颜色、色调变异小,为浅蓝色、蓝色,部分为紫色

湿地类型	解译标志	影像显示
湖泊湿地		湖泊在遥感图像上几何特征明显,呈自然形态,影像结构均一,为浅蓝色、蓝色或深蓝色调
河漫滩湿地		河漫滩湿地主要分布在河流沿岸及平原上的低洼地,常常呈水浸状,有时与湖泊、河流的水体和陆地无明显界线,常常渐变过渡,呈现蓝色或紫色
高山湿地		蓝色绿色相间,夹杂少许紫色,海拔相对较高
山前湿地		影像特征不明显,浅绿色为主,一般位于山脚下,有一定的坡度
河谷湿地		有明显的地形特征,位于两山之间,呈灰白色或浅蓝色

5.4　玛多县湿地的动态变化

　　高山湿地分布范围最广,分布在降水相对较为集中的山顶附近;河流主要是研究区的黄河及其支流;玛多县素有"千湖之县"的称号,湖泊主要有扎陵湖、鄂陵湖、星星海等;河谷湿地主要集中于两山之间,面积较小;山前湿地主要位于山脚下,水源主要来自山顶流水、积雪融化、降雨等;河漫滩湿地主要位于河床主槽一侧或两侧,在洪水时被淹没,枯水时出露的滩地,是河流洪水期淹没的河床以外的谷底部分,它由河流的横向迁移和洪水漫堤的沉积作用形成。

　　表 5-6 为三次目视解译结果。玛多县内面积最大湿地为高山湿地,依次为湖泊湿地、河漫滩湿地、山前湿地、河谷湿地、河流湿地。从 1990—2001 年,湿地总面积减少了 1480.8km²。所有类型的湿地在 1990—2001 年这个时期面积都减小,这一时期高山湿地面积减少最多,减少了 661.03km²;其次为山前湿地减少 419.05km²;河漫滩湿地减少了 205.02km²;湖泊湿地、河谷湿地、河流湿地分别减少了 130.4km²、39.73km²、25.61km²。

表 5-6　1990—2013 年 6 种类型湿地面积及变化统计

单位：km²

湿地类型	1990 年	2001 年	2013 年	1990—2001 年	2001—2013 年	1990—2013 年
河流湿地	201.42±2.30	175.81±6.34	190.51±6.78	−25.61±5.96	14.7±0.62	−10.91±4.04
湖泊湿地	1750.8±13.30	1620.4±12.30	1780.35±21.43	−130.4±1.00	159.95±9.13	29.55±8.13
高山湿地	2798.96±22.30	2137.93±21.78	2447.32±22.48	−661.03±0.62	309.39±0.52	−351.64±0.18
河漫滩湿地	1546.74±34.30	1341.72±30.56	1456.58±32.33	−205.02±3.74	114.86±1.77	−90.16±2.03
山前湿地	1458.69±22.21	1039.64±35.45	1238.54±31.30	−419.05±3.24	198.9±3.95	−220.15±8.99
河谷湿地	785.36±12.12	745.63±24.56	858.78±19.30	−39.73±12.22	113.15±5.26	73.42±7.08
合计	8541.97±30.30	7061.13±42.30	7972.08±32.30	−1480.8±12.45	910.95±8.52	−569.89±8.81

2001—2013 年，各类型湿地面积又开始增加。总共增加量 910.95km²。其中高山湿地增加最多，增加了 309.39km²；山前湿地增加了 198.9km²；湖泊湿地增加了 159.95km²；河漫滩湿地、河谷湿地、河流湿地依次增加了 114.86km²、113.15km²、14.7km²。

总的来说，从 1990—2013 年，玛多县湿地总面积是先减少再增加的，24 年中共减少了 569.89km²。不同类型的湿地面积变化不尽相同，高山湿地、山前湿地、河漫滩湿地、河流湿地减少的面积分别为 351.64km²、220.15km²、90.16km²、10.91km²；河谷湿地和湖泊湿地却分别增加了 73.42km²、29.55km²。

由表 5-7 和表 5-8 可看出：湿地总面积的增减是湿地与非湿地转化的结果。1990—2001 年，除了河谷湿地外，其他五个类型的湿地转化最多的就是转化为非湿地。河流湿地的 9.47% 转化为了非湿地，8.35% 转化为了河漫滩湿地，3.35% 转化为湖泊湿地，转化的高山湿地最少；湖泊湿地主要转化为了非湿地，其次为河漫滩湿地和河流湿地；河漫滩湿地的 17.12% 转化为非湿地，6.67% 转化为湖泊湿地；高山湿地的 21.87% 转化为了非湿地；山前湿地的 25.56% 转化为了非湿地。2001—2013 年，各类型湿地转化为非湿地的面积明显减少，非湿地转化为湿地，从而促进了各类型湿地面积的增加。非湿地转化为河谷湿地、山前湿地、河流湿地、河漫滩湿地、高山湿地、湖泊湿地依次为 7.008%、6.23%、3.45%、3.045%、2.78%、2.034%。各个湿地类型间都有转化，但湿地向非湿地的转化及非湿地向湿地的转化都远大于湿地间的转化。

表 5-7　1990—2001 年湿地类之间以及湿地类与非湿地类之间的转化率

单位:%

类型	河流湿地	湖泊湿地	河漫滩湿地	高山湿地	山前湿地	河谷湿地	非湿地
河流湿地	75.5±1.2	3.35±0.13	8.35±0.15	0.003±0.001	1.02±0.02	2.1±0.1	9.47±0.56
湖泊湿地	3.43±0.3	86.45±3.1	4.56±0.09	0.004±0.002	0.45±0.05	0.05±0.007	5.3±0.45
河漫滩湿地	1.35±0.1	6.67±2.3	73.65±2.47	0.009±0.001	0.32±0.009	0.87±0.01	17.12±0.98
高山湿地	0.045±0.008	1.74±0.045	0.03±0.002	73.54±1.34	2.23±0.08	0.56±0.04	21.87±0.76
山前湿地	0.78±0.02	0.45±0.07	1.35±0.32	1.58±0.32	70.45±1.23	0.537±0.042	25.56±0.32
河谷湿地	0.964±0.05	1.32±0.01	2.35±0.45	0.79±0.14	1.47±0.12	93.54±1.39	0.0506±0.002
非湿地	0.005±0.001	0.034±0.14	0.045±0.008	0.078±0.007	0.23±0.03	0.008±0.002	99.64±1.14

表 5-8　2001—2013 年湿地类之间以及湿地类与非湿地类之间的转化率

单位：%

类型	河流湿地	湖泊湿地	河漫滩湿地	高山湿地	山前湿地	河谷湿地	非湿地
河流湿地	87.5±1.45	5.35±0.34	6.35±0.14	0.03±0.009	1.02±0.14	2.1±0.8	1.47±0.23
湖泊湿地	2.43±0.25	93.45±1.23	5.56±0.21	0.04±0.0078	0.45±0.07	0.05±0.007	1.3±0.12
河漫滩湿地	5.35±0.34	3.67±0.12	89.65±2.12	0.014±0.002	0.23±0.06	0.67±0.059	0.92±0.4
高山湿地	0.067±0.01	1.56±0.098	0.003±0.001	93.54±1.85	1.23±0.14	1.56±0.68	2.17±0.39
山前湿地	1.78±0.2	0.75±0.11	0.98±0.07	1.89±0.014	91.45±2.34	0.877±0.49	1.56±0.04
河谷湿地	1.004±0.08	1.035±0.089	0.35±0.03	0.79±0.085	0.47±0.14	96.54±1.98	0.156±0.06
非湿地	3.45±0.15	2.034±0.058	3.045±0.45	2.78±0.37	6.23±0.69	7.008±0.76	76.64±1.02

5.5　湿地退化

湿地的退化，还没有精确的定义，可能是因为水文学家、生物学家、生态学家，以及相同学科不同的学者，研究湿地的意义与背景不同。水文学家认为，湿地的退化是湿地水储备的减少。地理学家认识的湿地退化是湿地面积随时间尺度的变化而减少（Feng et al.，2008）。生物学家把湿地退化作为一个植被覆盖面积的减少和年际间变化的过程（Li et al.，2010）。微生物学家认为，浮游植物是潜在的最有前途的湿地退化的预警指标（van Dam et al.，1998）。生态学家认为植物群落结构和物种多样性属于湿地退化方面内容（Hou et al.，2009a）。除了植物群落的变化，Gao 等（2011）重点研究了退化湿地的土壤性质。基于这些观点，高原湿地退化是指在其水储备减少到对其生态功能产生负面影响的水平，如降低水的调节能力，减少生物多样性，由于严重的土壤侵蚀减少的放牧能力。这是基于水文学、土壤学、生物学、生态学比较全面的考虑，对研究健康湿地和退化湿地是一种客观综合的评价体系。

5.5.1　湿地退化指标

讨论完湿地退化定义之后，下一步是确定湿地退化分级系统中的指标。指标体系的可靠性和科学性，很大程度上依赖于所选择指标的合理性。文献中揭示的几个重要指标，例如 Hou 等（2009b）确定了土地荒漠化是湿地退化最为严重的生态环境问题，其次是水涵养功能降低和植被退化。Gao 等（2011）揭示了退化的湿地植被覆盖率，地上和地下生物量比原始湿地显著降低，特殊物种和植物群落的出现，有助于评估湿地退化。西藏嵩草为优势种湿地生境由于一年生或二年生杂草的增加，在退化早期阶段并没有受到影响。湿地退化似乎是从沼泽到旱生植被的发展过程。沼泽湿地上的嵩草通过干燥、冰缘过程、小型哺乳动物活动和家畜的影响而退化（Miehe et al.，2011）。所有这些研究结果可用 4 个主要指标概括：植被、水文、土壤侵蚀和啮齿动物活动（表 5-9）。

表 5-9　高原湿地退化指标与研究区等级退化程度分级标准

退化程度	植被		水文		土壤侵蚀	啮齿动物活动
	盖度/%	群落组成	地表水	土壤含水量(0~10cm)		鼠洞数/9m²
未退化	>90	原生	多水池	>50%	未发生	<1
轻度退化	80~90	大部分原生	少水池	40%~50%	草皮层破裂	2~3
中度退化	50~80	少部分原生	表层湿润	25%~40%	出现剥蚀斑地	4~5
重度退化	<50	次生	表层干旱	<25%	土壤剥蚀>50%	≥5

　　植被被认为是湿地退化最敏感的指标,它包括盖度和群落组成两个自变量。低盖度的湿地表示高程度的退化。原始物种植被的存在表明该系统有一个良好的状态,更多耐旱物种的出现则表明更多的湿地退化。同样水文也包括地表水和土壤含水量两个自变量。地表水是最直接的指标,表面水大量存在表示湿地的一个健康状态,而表面水处于潮湿的状态表示湿地开始退化。由于地表水位于土壤浅处,地表水容易受气候变化影响而变化。因此在 10cm 深的土壤含水量也被视为一个补充指标。土壤状况是反映湿地生物生产力和抵抗力的指标。对草皮层的破坏越大,土壤侵蚀的可能性越大,剩下的植被就越容易被侵蚀。植被再生能力和再生机会的减少,表现出比湿地更严重的退化水平。啮齿动物如高原鼠兔一旦暴发,就像催化剂般加速湿地的退化(Miehe et al.,2011)。啮齿类动物的破坏加速了退化的过程,并能迅速使湿地退化到下一阶段(例如土地荒漠化,Hu et al.,2011)。由于统计啮齿动物洞口数量的便捷性,选取鼠洞密度作为评价指标。

5.5.2　湿地退化现状

　　湿地退化的指标在评估体系中确定后,下一步是考虑它们在退化过程中的分级标准。从未退化到重度退化分为 4 个层次,见表 5-9。未退化指的是原始状态的湿地,很少有外部干扰的现象 [图 5-3(a)]。健康的湿地可用于放牧,少量啮齿动物洞穴存在是无害的,因为周围的土壤仍然完好无损。轻度退化的湿地,除裸露斑地之外,还有 80%~90% 的植被,地表水有所减少 [图 5-3(b)]。出现部分原始土壤被啮齿动物的洞穴破坏的现象,每 9m² 内有 2~3 个鼠洞。中度退化阶段,湿地的地表植被减少了一半 [图 5-3(c)],另一半则是剥蚀地或外来物种入侵地。此时虽然湿地表面仍然是湿的,但 10cm 以下的土壤含水量已降至 25%~40%。在这个阶段,有更多的啮齿动物洞穴分布在地面,平均每 9m² 有 4~5 个。啮齿类动物洞穴附近的土壤有明显的破坏,草皮被松软的泥土覆盖和堆积。在严重退化阶段,湿地原始植被低于 50%,剩余的生境被旱生杂类草占据 [图 5-3(d)]。湿地表面干燥,10cm 内土壤含水量<25%。湿地表层大部分被侵蚀,并伴有部分沙子和砾石,鼠洞在 9m² 内≥5 个。

5.5.3　不同类型湿地退化抵抗能力

　　将 7 种类型湿地的退化抵抗能力分为较强、中等和较弱三类,见表 5-10,产生这种差异的原因是不同的。

(a) 未退化　　　　　　　　　　　　　　(b) 轻度退化

(c) 中度退化　　　　　　　　　　　　　(d) 重度退化

图 5-3　研究区不同程度的退化湿地

表 5-10　不同类型湿地退化样方频次与它们的退化抵抗能力

湿地类型	退化程度				合计	退化抵抗力
	原始(未退化)	轻度退化	中度退化	重度退化		
高山		2	3	2	7	较弱
阶地			2	3	5	
山前	10	8	2	7	27	中等
河漫滩	6	3	4	2	15	
河谷	7	1			8	较强
湖泊	23	5	1	1	30	
河流	12	2			14	

　　第一类包括河谷、湖泊和河流湿地，河谷和河流湿地在调查区没有发现超过中等退化程度的样方。相比较而言，湖泊湿地在 4 个不同程度的退化等级中，均有退化湿地样方出现。然而，中度和重度退化湖泊湿地的样方是罕见的，仅占总数的 6.7%，这种退化是由啮齿类动物挖洞、频繁放牧和牲畜践踏造成的。河流和湖泊湿地具有丰富的水资源储备，对外部环境变化不敏感。这样的水储备不会表现出明显的退化迹象，除非在持续干旱的情况下。此外相对平坦的湖岸、河岸由于湿润的生境不利于啮齿类动物的活动，它们的洞穴容易被积水淹没。河谷湿地的退化抵抗力因为平坦的地形和相对丰富的水储备，表现较强。分布于山谷地貌的河谷湿地，有利于地表水的保存。另外高水分含量的土壤，不利于啮齿动物的活动。

第二类包括山前湿地及河漫滩湿地（表 5-10），在调查区 4 个水平的退化样方均有分布。河漫滩湿地中原始和轻度退化的湿地占调查样方总数的 60%，有大约三分之一的湿地处于中等或更严重的退化状态。由于有限的水源补充和低水储备，使得这些湿地容易发生退化。虽然河漫滩湿地含有较高的水储备，但它们不能够经常补充。除了直接雨水补给之外，它们补水的主要来源是由不会经常发生的洪水提供的。山前湿地水源通过从高地流入（地表和地下）不断补充。然而，也有很高的流出率。山前湿地不同程度的退化源于其比较陡峭的梯度。

第三类包括高山和阶地湿地（表 5-10），阶地湿地是研究区内的一个小类型的湿地，调查样方中均表现为中度以上的退化等级。这种高的脆弱性和较弱的退化抵抗能力是它们区域水源的补充有限的缘故。尽管它们处于相对平坦的地形区，但由于其含水量低啮齿类动物的活动频繁。虽然高山湿地有更多的水分，但也容易退化，原因有三：其一，小范围和高度有限的水储备使它们容易受到气候波动的影响，甚至一次轻微的干旱就会引发它的退化。其二，相对其他类型湿地，高山湿地的地形更陡峭。任何人类放牧干扰和小型哺乳动物的活动都有一个放大的效应，并很容易触发严重的退化。其三，陡峭的地形导致了高水分交换。而水分从更高的地方注入到高山湿地，水也可以快速流失。一旦水位下降到一个临界值以下，高山湿地便会成为啮齿动物活动的理想场所。

5.5.4 不同海拔高度湿地与其不同退化抵抗能力

诸多学者强调流域中湿地的地理位置对湿地的健康起重要作用（Brinson，1988；Whigham et al.，1988）。为了揭示所观察到的湿地脆弱性（表 5-10）和海拔之间的关系，对 7 种类型湿地的退化风险进行了排名：高山湿地＞阶地湿地＞山前湿地＞河漫滩湿地＞河谷湿地＞湖泊湿地＞河流湿地。从图 5-4 可以看出，湿地的退化与海拔高度呈正相关，与退化抵抗力呈负相关。退化风险最低的是河流和湖泊湿地（＜4230m），海拔 4310m 的所有湿地类型中，高山湿地海拔最高，也是最容易退化的。然而这种关系，不适用于靠河流补充水源的阶地和河漫滩湿地。虽然阶地湿地比山前湿地海拔低（海拔 4248m），但地势高于河流，距离山体较远，土壤表层水分含量较低。这种特殊的地理位置使它易干燥，不易补充水分。河漫滩和山前湿地成为同一个退化抵抗能力级别（中等水平）的原因是，

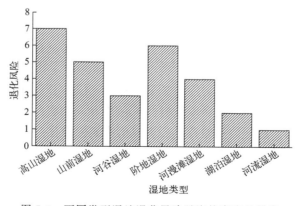

图 5-4 不同类型湿地退化风险随海拔高度的排序

它们补充水源能力相比阶地湿地容易一些。

　　海拔分布和湿地退化抵抗能力之间的关系可以追溯到水分分布和水量的预算。湿地水源直接由降雨、降雪、冰雹补充或间接从融雪和融冰获得。除了高山湿地有更多的降雨，其他所有湿地直接补水是最普遍的，此外补水可以发生在高地势的上游地区和高山坡面上（包括地下和地表径流）。湿地水分的消耗以几种形式发生，如受土地覆盖影响的蒸发作用，植物的消耗，向外径流到下游和流出到较低的土地，当输入低于输出时发生退化。如果植被覆盖在假定空间上分布均匀，则地形位置和海拔是水分流出坡面的主要控制器。它们控制水分的可用性和在流域尺度上的分布，因此它们是决定湿地退化抵抗能力的最重要控制变量。这一发现与 O'Brien（1988）的研究发现一致，流域内的地形位置和水文位置影响着湿地演替。这两个物理变量中，海拔对湿地健康和湿地的演变有着更显著的影响，因为它是决定流域内水分再分布的关键因素，此外它也通过蒸发影响斜坡水分散失。对于具有相当水储备的湿地来说，这样的变化可能不显著，但对于高原脆弱的湿地系统，海拔可能是湿地退化的决定性因素。高原湿地是敏感的，易受外部变化影响发生退化。通过比较，地形地貌在水分再分配中起着次要的作用，它决定了水和水分在斜坡上的收敛性或发散性。

第6章

黄河源区泥炭湿地水文
过程与退化机制

6.1 黄河源区若尔盖土地覆盖变化

利用 ENVI 软件提取出 1990—2011 年的土地覆盖类型的空间分布及 VFC 见表 6-1，若尔盖高原主要土地覆盖类型的面积统计见表 6-2。若尔盖高原土地覆盖的面积以植被覆盖和泥炭沼泽湿地为主，其次是水体、荒漠和建设用地。总体上看，各类型的土地覆盖年际变化方式主要为单调增减和波动变化，其中变化最大的为建设用地（$y = 1.1627x - 2315.1$，$r^2 = 0.8419$）和荒漠（$y = 0.3531x - 664.16$，$r^2 = 0.1721$）。2011 年建设用地面积是 1990 年的 5.84 倍；荒漠面积则从 1990 年的 29.51km^2 增长到 2011 年的 39.86km^2，增加速率达 0.49km^2/a，主要分布于黄河干流、白河下游和黑河下游两岸坡面，以及黑河中游的山坡，这与前人的研究结果基本一致（Bai et al.，2013；Hu et al.，2012）。

表 6-1 植被覆盖度分级统计

VFC	1990 年	1995 年	2000 年	2005 年	2010 年
≤0.45	7.35%	0.64%	3.49%	26.27%	1.10%
0.45~0.75	31.37%	13.66%	96.35%	63.50%	38.89%
>0.75	61.28%	85.69%	0.16%	10.22%	60.01%
平均 VFC	0.76	0.82	0.55	0.48	0.77

表 6-2 若尔盖高原 1990—2011 年土地覆盖面积

单位：km^2

年份	草地	泥炭沼泽	水体	林地	建设用地	荒漠
1990	16321.95	5515.35	202.35	70.65	4.57	29.51
1994	17248.03	4628.22	167.91	55.17	4.37	40.81
1995	16745.41	5127.71	160.26	60.24	5.45	45.43
1999	17268.15	4422.22	331.41	73.29	6.03	43.40

年份	草地	泥炭沼泽	水体	林地	建设用地	荒漠
2000	17502.00	4263.11	257.63	72.42	8.08	41.27
2001	17547.91	4270.46	207.61	66.88	7.68	43.95
2003	17734.10	4142.55	146.88	65.74	11.30	43.92
2004	17761.13	4055.62	204.61	66.19	12.26	44.68
2005	17668.17	4122.59	224.4	66.19	14.12	49.01
2006	17874.31	4021.84	132.15	58.12	14.20	43.87
2008	17778.98	4017.34	218.12	54.70	21.55	53.80
2009	18023.93	3871.94	130.12	56.65	22.85	39.01
2010	17985.40	3863.51	158.42	69.31	26.45	41.39
2011	17917.57	3864.27	239.40	56.72	26.68	39.86

河流湿地面积呈不明显的波动减小趋势（$y = -1.1405x + 2482.6$，$r^2 = 0.0173$），这可能与降雨情况以及当前水位变化有关，各细小弯曲河流在降雨量较大的年份提取结果较好，因为当降雨较大时，河流宽度达到遥感影像所能分辨的空间分辨率大小。草地面积呈明显的上升趋势（$y = 71.337x - 125326$，$r^2 = 0.8603$），林地主要分布在若尔盖高原西部，其占地面积缓慢减少（$y = -0.3217x + 708.02$，$r^2 = 0.0958$）。

表 6-1 为不同等级的 VFC 面积占比，在 1990 年 VFC 的空间分布差异较明显，而2000 年整个若尔盖高原 VFC 均减少，趋于均一化，2000 年之后 VFC 表现出一定程度的差异化。同时 VFC 在 1990—2010 年发生明显的变化，VFC 年平均值为 0.73，主要分为两个阶段，1990—2000 年这个时期 VFC 呈明显的减小趋势，且在 1990 年空间分布的差异化非常明显，以高植被覆盖度为主，而 2000 年的 VFC 全区域均减小，趋于一致，主要以中低植被覆盖为主，在 2005 年之后，VFC 又有一定的回升，主要以中高植被覆盖度为主。

泥炭沼泽面积呈明显减少的趋势（$r^2 = 0.8606$），1990—2011 年间减少幅度达29.9%。针对泥炭沼泽的遥感解译，众多研究结果不一，若尔盖高原近 30% 的沼泽发生萎缩（孙妍，2009），1987—2001 年间沼泽减少 31.86km^2（王石英 等，2008），2001 年沼泽湿地面积为 3462km^2，20 年内减少了 20.2%（沈松平 等，2005）。由于对若尔盖的界定、研究时段等因素的不同，监测结果不尽相同，但已有的共识是泥炭沼泽在近 60 年的不同时间段内发生着不同程度的萎缩退化。泥炭是若尔盖沼泽的最基本特征，反映着沼泽的发育过程与程度，其受水分条件影响，而萎缩退化反过来又改变着水分条件，从而影响着整个若尔盖高原的生态环境。

若尔盖高原属于气候变化的敏感区和生态脆弱带，在气温上升及短期内降雨量呈微弱上升趋势的背景下，再叠加人类活动的影响，区域演变方式为沼泽—沼泽化草甸—草甸—草原—沙漠化。从湿地的发育演变来看，气候要素发挥着关键的作用。多雨、潮湿且低温都有利于其发育，并且可影响湿地的各种生态过程，控制湿地的动态变化。过湿或者水分蓄存是沼泽形成的基本条件，若尔盖的低洼地因夏季降雨（5～9 月）出现沼泽湿地特征。

若尔盖高原的降雨量从长时间序列看有不明显的减小趋势，而不同的短时期内有上升或下降的趋势，从而说明降水量的变化不是若尔盖沼泽迅速萎缩的主要原因。此外由于全球气温普遍上升的影响，若尔盖高原的气温呈现上升趋势，有学者认为若尔盖沼泽萎缩退化的主要原因是因气温上升而增加的蒸发蒸腾量（郭洁和李国平，2007），这种长期而缓慢的影响过程不容忽视，但本地区降水量并未显著变化，气温变化速率及蒸发蒸腾的增量较为有限，还不足以导致若尔盖泥炭湿地在几十年内的快速萎缩。因此，若尔盖高原的气候变化并不是土地覆盖变化，尤其不是沼泽湿地发生变化的主要原因。

6.2 若尔盖荒漠化时空变化

6.2.1 荒漠化研究方法

遥感影像处理主要使用 ENVI5.1 图像处理软件，对表 6-1 中数据的预处理过程具体包括辐射定标、FLASSH 大气校正、影像镶嵌和裁剪等。曾永年等（2006）发现 Albedo-NDVI 构成的特征空间中，可以将各种地物类别明晰直观地反映和区分。为了得到 Albedo-NDVI 特征空间，分别利用式（6-1）和式（6-2）对归一化植被指数［NDVI］和［Albedo］进行计算，即

$$[NDVI] = \frac{[NIR] - [RED]}{[NIR] + [RED]} \tag{6-1}$$

式中，［NIR］为近红外波段；［RED］为红光波段。

$$[Albedo] = 0.356\rho_{TM1} + 0.13\rho_{TM3} + 0.373\rho_{TM4} + 0.085\rho_{TM5} + 0.072\rho_{TM7} - 0.0018 \tag{6-2}$$

式中，ρ_{TM1}、ρ_{TM3}、ρ_{TM4}、ρ_{TM5}、ρ_{TM7} 分别为 Landsat 卫星 TM 传感器 1 波段、3 波段、4 波段、5 波段、7 波段的地表反射率。

并运用式（6-3）、式（6-4）将指数进行归一化处理，即

$$N = \frac{[NDVI] - [NDVI]_{min}}{[NDVI]_{max} - [NDVI]_{min}} \tag{6-3}$$

式中，N 为归一化指数；［NDVI］为归一化植被指数；$[NDVI]_{min}$ 为计算得到 NDVI 的最小值；$[NDVI]_{max}$ 为计算得到 NDVI 的最大值。

$$A = \frac{[Albedo] - [Albedo]_{min}}{[Albedo]_{max} - [Albedo]_{min}} \tag{6-4}$$

式中，A 为归一化指数；［NDVI］和［Albedo］分别为遥感影像中每个像元中的 NDVI 值和 Albedo 值，$[NDVI]_{min}$ 和 $[NDVI]_{max}$ 为计算得到 NDVI 的最小值与最大值，$[Albedo]_{min}$ 和 $[Albedo]_{max}$ 同理。

Albedo-NDVI 之间存在着显著的负相关性，其空间分布特征可明确表现生态与物理因素驱动下的土地覆盖和物理变量的变化规律。综合植被指数与地表反照率对荒漠化程度的信息反映，结合研究区荒漠化实际情况选择合理的荒漠化指数，便可提取并区分出不同程度的荒漠化土地，从而定量分析研究荒漠化时空分布规律与动态变化机制。地表反照率越强，植被覆盖度越低则表示荒漠化程度越高，图 6-1 可很好地表示这种强弱高低关系，即 Albedo-NDVI 空间分布的不同土地覆盖程度。

因此利用 ENVI 的 AOI 工具建立 1000 个随机点数据，获取每个随机点对应的归一化

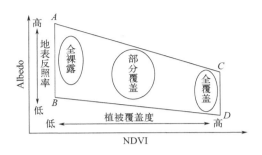

图 6-1　Albedo-NDVI 空间特征（曾永年 等，2006）

A—高反照率低植被率的裸地；B—低反照率低植被率的含水裸地；
C—较高反照率高植被率的植被区；D—低反照率高植被率的全覆盖地

后的 Albedo 和 NDVI 值，通过式（6-5）得到两者的线性回归方程，即

$$[Albedo] = a \times [NDVI] + b \tag{6-5}$$

式中，a 和 b 分别为 NDVI 数据拟合的经验系数。

进一步由式（6-6）得到荒漠化分级指数 DDI，即

$$DDI = \left(-\frac{1}{a}\right) \times [NDVI] - [Albedo] \tag{6-6}$$

自然断裂法（natural break）基于统计学 Jenk 最优化法得出分界点，能够使各分组方差之和最小，该法再结合实地调查、资料收集与谷歌遥感影像数据将 DDI 值划分为 3 个等级，即轻度荒漠化、中度荒漠化、重度荒漠化，可反映区域土地荒漠化的过程（潘竟虎 等，2010；毋兆鹏 等，2014）。其中，轻度荒漠化植被盖度为 31％～50％，中度荒漠化植被盖度为 11％～30％，重度荒漠化植被盖度≤10％（潘竟虎 等，2010），并在 Arc-Map10.1 软件中对 1990—2016 年的 DDI 值分级统计，即表 6-3 给出的 1990 年分级指标，同时对荒漠化各级的面积进行统计计算。

表 6-3　1990 年荒漠化分级指标

荒漠化程度	非荒漠化	轻度	中度	重度
DDI	＞1.97	1.45～1.97	1.3～1.45	＜1.3

6.2.2　若尔盖荒漠化时空分布特征

1990—2016 年，若尔盖高原的荒漠化总面积和不同等级的荒漠化面积均呈增加趋势，而且增长速度也保持增长。表 6-4 表明 1990—2004 年荒漠化面积大幅增加，且主要以轻度和重度荒漠化的增加为主，其年增幅分别为 1.27km² 和 1.36km²，而中度荒漠化增长速率也达到 0.99km²/a。2004—2011 年荒漠化整体则呈逆转趋势，7 年间荒漠化总面积减少了 33.44％，其中轻度荒漠化减少速率最快，为 2km²/a，而重度荒漠化减少相对较慢，只有 1.30km²/a。2011—2016 年荒漠化又趋于严重，总面积增加幅度达到 58.43％，主要以轻度和中度荒漠化为主，增长幅度为 2.59km²/a 和 4.04km²/a。

表 6-4　荒漠化程度的分级面积

单位：km^2

年份	轻度	中度	重度
1990	14.56	19.18	20.60
1994	27.31	23.62	28.31
2000	26.23	47.58	19.03
2004	32.28	33.03	39.68
2011	18.28	21.20	30.40
2016	31.24	41.41	38.06

图 6-2 为野外考察发现的不同荒漠化程度的实景。图 6-3 表明 1966—2016 年荒漠化面积的增加趋势非常明显，由 1966 年 24.14km^2 扩展到 2016 年 110.71km^2 ［1966 年和 1977 年数据来自魏振海等（2010）］，这 50 年间荒漠化面积增加了 86.57km^2，增长 358.96%，增长速度为 1.73km^2/a，相比 1966—2006 年间 1.81km^2/a 的增长速度略有减缓。

(a)轻度

(b)中度

(c)重度

图 6-2　不同程度的荒漠化（拍摄于 2012 年 5 月）

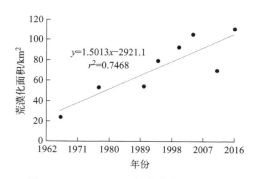

图 6-3　1966—2016 年荒漠化面积变化

从空间分布来看，荒漠化可分为四种类型：① 从采日玛镇到玛曲县并沿黄河干流的西岸，主要分布在泥炭沼泽湿地周围以及河谷地带，荒漠化多为片斑状，其中连续的最大一块荒漠化形状规模达 5.4km×3.5km；② 从瓦切镇经唐克镇到辖曼镇之间沿白河支流的东岸，这部分荒漠化有流体状、片斑状或斑点状，大部分走向为由东南向西北方向扩散，且荒漠化连续性由连续到破碎；③ 从若尔盖县到玛曲县方向在黑河与黄河之间的区域，该区域也分布着大范围的泥炭沼泽，地势较平坦，荒漠化主要为独立且小的椭圆形或长条形；④ 从若尔盖县到嫩哇乡并沿黑河东岸零散分布，与其他类型不同的是，这部分范围内在 1990 年并没有成形的荒漠化痕迹，为新增荒漠化区域，分别在若尔盖南部沿黑河东岸呈三角结构、阿西镇西南方向的长条状以及嫩哇乡东南方向零散分布的小斑块。本研究提取的若尔盖荒漠化空间分布与前人研究基本一致（魏振海 等，2010；Yu et al.，2017），即荒漠化主要分布于黄河两岸、沼泽边缘处以及河谷地带。

重度荒漠化主要分布在黄河第一弯的北岸泥炭沼泽边缘处，以及从若尔盖县到黑河黄河交汇处的泥炭沼泽区，在研究时段内这两个局部均处于重度荒漠化状态，其他部分的重度荒漠化则分布较少或没有。中轻度荒漠化在荒漠化区域均有分布，其空间结构主要在以重度荒漠化为中心向周围发散，在瓦切镇到唐克镇沿白河东岸处的荒漠化在早期以重中度荒漠化为主，而在 2000 年后以中轻度荒漠化为主。阿西镇西南方向的荒漠化在 1994 年出现并以中重度荒漠化为主，在 2000 年荒漠化程度有所减缓并主要是中轻度荒漠化，此后则又有一定程度的恶化。

6.2.3　荒漠化扩展特征

从 1990 年和 2016 年荒漠化面积变化的空间分布看，荒漠化面积和范围发生了明显的增加和扩张现象，增加率达 103.77%，主要以轻度和中度荒漠化面积增加为主，分别为 114.63% 和 115.89%，而重度荒漠化面积增加了 84.73%。图 6-4 为河流岸边已显露的大片河漫滩，布满了碎石沙砾且植被稀少。

图 6-4　露出的河漫滩（拍摄于 2017 年 5 月）

6.2.4　若尔盖荒漠化成因分析

对于若尔盖荒漠化或沙漠化的研究，尽管选取的研究时段和研究方法不同，但得到的结论均为荒漠化面积在逐年增加（徐刚 等，2007；李斌，2008；Dong et al.，2010；魏振海 等，2010）。1997 年北部沙丘东西分布最长达 30km（Lehmkuhl et al.，1997）。总体而言，若尔盖高原荒漠化正在以一定的速度和程度扩大并且恶化，对此大多学者均从气候要素与人类活动的宏观角度分析阐述荒漠化进程，本节将从地质地貌、水文、社会经济与沙漠化治理予以探讨，以期从内因和外因两个角度阐明若尔盖荒漠化的变化特征及形成机制。

　　若尔盖高原外围是高低起伏的丘陵，内部是平坦的河谷平原以及交错的河系，以沼泽湿地、河流和草地植被为特征土地覆盖类型。沼泽湿地的地质构成主要为第四系沼泽有机质松散沉积物、河相和湖相沉积物及风积物。草地下覆的地质情况主要是三叠系板岩、砂岩、粉砂岩，沉积物以黏性低、疏松易解体的砂土和粉砂土为主。河流周边存在着以河相沉积物为主的河漫滩和江心洲。

　　此外河流地貌的变化也是荒漠化扩张以及沙土源头之一。若尔盖高原黄河干流及其支流白河、黑河的大部分河段，均在发生河流溯源侵蚀，在纵向、横向及长度延伸上都有扩张。据研究黑河上游的干流与支流河道下切深度可达 0.5～3m，溯源侵蚀速率达 0.7～17.1m/a，河道细沟不断被切穿并易造成河岸崩塌，持续向两侧展宽并向前延伸，造成紧密构造的泥炭湿地破碎化、松散化，导致地表植被破碎退化，从而更加促进沟道下切及溯源侵蚀，其下覆细砂层和粉砂层极易暴露出表层，被水流冲刷形成沙源及沙化。同时由于黄河干流、白河及黑河的古河道曾发生过多次不同强度的改道或裁弯，从而形成了不同程度退化的旧河床及河道，河床沙滩出露面积由 1986 年的 184.62km^2 发展到 2000 年的 80.68km^2（徐刚 等，2007）。如黄河河道多次变迁，除了留下很多牛轭湖，也在古河道处留下深厚的沙质沉积物（孙广友，1987；魏振海 等，2010）。这些河湖相沉积物中含有的大量的风动泥沙，在风力、水力及人工植被破坏等作用下，汇聚成活动沙丘或逐渐被固定成半固定、固定沙丘，然而这些风动沙丘仍可能在外力作用下再次被扰动造成荒漠化。

　　若尔盖高原主要由各种风相、水相沉积物等组成，泥炭沼泽或草地等表层一旦被破坏或侵蚀，则极易疏松崩解，随即沙层裸露进而转化为荒漠化的沙源，并且在各种外力作用下荒漠化快速发展与扩大。因此若尔盖高原的地质地貌特点是荒漠化的内在原因，是荒漠化扩张的物质基础。

　　若尔盖高原气候寒冷潮湿，弯曲河流众多，泥炭湿地和河流湿地广布。因此水文是该区湿地生态环境最重要的因子。从水文循环过程来看，主要有降雨、蒸发、下渗以及径流等环节影响着该区的水量情况。降雨和蒸发分别是若尔盖高原的水量的输入和输出，通过分析对比对若尔盖高原气候变化的研究，结果表明若尔盖气候呈暖干化趋势，降水量变化趋势为 −17.19mm/10a，气温以 0.52℃/10a 的变化速率呈显著升高趋势，且若尔盖县和玛曲县的夏秋季节气温升高速率均大于红原县，而全球平均速率只有 0.03～0.06℃/10a，玛曲县和若尔盖县的风速每 10 年减小速率为 0.1m/s 和 0.04m/s（李晓英 等，2015）。降雨、气温以及风速的变化又影响着蒸发量，有研究表明若尔盖湿地的蒸发观测数据显示呈略微上升趋势（Li et al.，2014）。因此微小变化趋势的气候要素减少了该地区的地表水分或对该区域的地表蒸发蒸腾的增量影响并不强烈。

　　除了气候变化引起若尔盖高原的水文变化，还有河道、湖泊及人工沟渠的输水情况。若尔盖高原主要分布着黄河干流、黑河、白河等河流以及花湖、兴错湖、哈丘错干湖等湖泊。位于黄河干流的玛曲水文站流量和水位变化直接决定白河与黑河的河道水位，白河与黑河的河道水位又控制着整个湿地的地下水水位。1981—2002 年白河与黑河的径流量变化趋势为 −0.398×10^{8}m^3/a 和 −0.514×10^{8}m^3/a，因此若尔盖高原内的径流量正在下降，并降低了地下水位，引起河漫滩和江心洲出露，湖泊干涸也很严重。1975—2001 年仅 26 年区内的湖泊面积便萎缩了 34.48%，而荒漠化面积增长了 351.81%（高洁，2006）。魏振海等（2010）利用遥感解译发现若尔盖高原非牛轭湖湖泊数量从 1966 年的

36 个减少到 2006 年的 18 个，湖泊干涸后裸露的湖底受风蚀作用就地起沙。在脆弱敏感的若尔盖区域，地表水是沼泽湿地发育、维持的重要因素，除了自然河道及湖泊的水量下降之外，泥炭沼泽区域的人工沟渠排水疏干对荒漠化形成的影响更大且直接有效。早在 1955 年，当地为开辟草场和发展牧业，在泥炭湿地范围内实施了大规模的人工开沟排水工程，若尔盖县和红原县累计开挖排水沟 700 多条，总长度超过 1000km。沟渠开挖影响沼泽面积 2000km^2，排水疏干胁迫下严重退化沼泽面积达 648.3km^2，约占沼泽总面积的 27％。人工沟渠直接改变了该区的水系分布及其水文连通性，并排走了大量的地表水，导致泥炭沼泽脱水，发生侵蚀、坍塌、裂缝及斑块化。沼泽疏干后土壤逐渐裸露变干、就地起沙，引起湿地萎缩及局部沙漠化。

总之，若尔盖高原的水文条件并不乐观，气候呈暖干化趋势，河流径流量趋于减少，湖泊干涸，地下水位下降，以"水源涵养地"著称的泥炭湿地和草地处在严重脱水状况，因此该区的荒漠化逐年扩张并多分布于泥炭沼泽及河流湖泊周围。

随着若尔盖区域人口的增长及经济发展，对当地的自然资源需求量随之增大，人口增长导致过度放牧，加重了湿地排水和草地退化的压力。据统计，若尔盖高原 1978—2010 年的人口总数净增长了 80.4％，牲畜数量由 153 万上升到 215 万，增长了 40.5％。至 2005 年，该区的牛羊数量增长速度已超过草地的承载能力，红原县、阿坝县和若尔盖县均过度放牧。调查研究表明，牛羊啃食践踏草地且常磨蹭高于 30cm 的陡坎，野外观测到在高山草甸上分布着因牛羊啃食、践踏及栖息而造成的面积大小不等的裸地，其总面积占坡地面积的 5％（Lehmkuhl et al.，1997）。通过实地考察发现牲畜对草地啃食和践踏非常严重，并且荒漠化发生的区域之一是过度放牧的草场，因此超载的牲畜量使草地的利用过度并造成破坏，从而发生草地退化并难以恢复，为荒漠化提供了发生与发展的条件（Dong et al.，2010）。在阿西镇—玛曲县沿黑河区域是荒漠化密集分布区之一，这里分布着阿西牧场和黑河牧场两大牧场，可认为畜牧养殖是该区域发生荒漠化的关键因素之一，此外鼠害也是草地进一步荒漠化的重要原因。该区害鼠不喜欢潮湿的土壤和繁茂的植被而喜干旱平地，对土层具有很强的挖掘破坏能力，导致植被死亡、土壤松散破碎。2015 年的数据表明，若尔盖高原鼠虫害分布面积高达 5300km^2，占可利用草原面积的 81.9％，危害面积 3000km^2，每年因鼠虫危害损失牧草约 1.2×10^8kg，每年直接经济损失 0.24 亿元。图 6-5 为害鼠（旱獭）挖洞刨出的土堆，将地表破坏后土壤翻出而无植被覆盖，从而为风沙运移活动提供沙物质。

图 6-5　旱獭挖洞（拍摄于 2012 年 7 月）

6.3 累积降雨量与蒸发蒸腾量对湿地退化的影响

6.3.1 1990—2016 年土地利用类型的面积变化

平均而言，若尔盖盆地的 LULC（土地利用/土地覆盖）类型以草地和泥炭地为主，占总面积的 79.89％和 18.69％。水体仅占 0.87％左右，其次是林地、荒漠化土地和建设用地，分别占 0.28％、0.20％和 0.08％。从 1990 年到 2016 年，草地面积不断增加，大致呈线性趋势，平均增长率为 66.76km²/a（图 6-6）。相反 1990 年以来，泥炭地面积以每年 66.54km² 的速度减少。这种减少是由人类和自然因素造成的，包括沟渠开挖、沟道的上游侵蚀和泥炭干燥（Bai et al.，2013；Li et al.，2014；Zhang et al.，2014）。两种类型的 LULC 变化率几乎相同，这表明大部分减少的泥炭地可能变成草地。

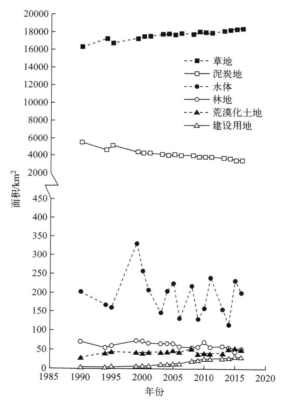

图 6-6　1990—2016 年的草地、泥炭地、水体、林地、荒漠化土地和建设用地面积

尽管林地、建设用地和荒漠化土地在总面积中占很小比例（即 0.56％），但它们仍然经历了时间变化。林地主要分布在若尔盖盆地西部的山区（即岷山）中。它在整个时期内有两个短时间段（即 1995—1998 年和 2008—2010 年）的增加（图 6-6）。当地伐木和建筑使用木材可能是其面积减少的主要原因。建设用地虽然占总面积的比例几乎可以忽略不计，但其实际面积从 1990 年到 2016 年增加了近 7 倍，表明若尔盖盆地的人口增加和城市化进程扩大，许多研究报道了这一点（Hu et al.，2012；Xiao et al.，2010；Yan et al.，

2005；Yang et al.，2017）。荒漠化土地在整个期间也从1990年的29.51km^{2}增加到2016年的50.77km^2。实地观察表明，在若尔盖盆地零星分布的荒漠化土地可能是自然演变或过度放牧造成的（Hu et al.，2012；Hu et al.，2018；Yu et al.，2017）。前者发生在当地陡峭的地面，而其他倾向于沿着道路。虽然自然演变导致荒漠化的确切程度尚不清楚，但1990—2016年荒漠化土地增长率相对较低，约为72%，表明气候变化和人类活动对若尔盖盆地的荒漠化影响有限。

　　水体面积大于林地、建设和荒漠化土地的总和，但仍不到总面积的1%。1990—2016年，水体面积在115～331km^{2}波动（图6-6）。水体时间变化的波动模式清楚地反映了年降雨量对水体范围的强烈影响，这将在后面描述。总体而言，若尔盖盆地LULC类型的时间变化主要受草地和泥炭地的控制。

6.3.2 累积降雨量对泥炭地面积计算的影响

　　红原站的累积降雨量（SCP）普遍高于其他两个站点（表6-5），体现了若尔盖盆地降水的空间趋势。将空间加权平均值与简单算术平均值进行比较，看出它们的差异可以忽略不计（几乎为零），因此后者用于本研究（表6-5）。截至7月和8月的SCP值约占相关年降雨量（AP）的43%～62%。截至9月份的比例上升至77%～82%。这些百分比表明在10月之前结束的SCP值与相应的AP值完全不同。鉴于大多数卫星图像是在10月之前或10月初获得的（表6-5），SCP比AP与泥炭沼泽的状态更相关，从而影响从图像中提取的区域。

表6-5　1990—2011年的年降雨量与累积降雨量比

时间	累积降雨量/mm			均值/mm	年降雨量/mm	累积降雨量/年降雨量/%
	玛曲	若尔盖	红原			
1990-07-08	227.0	279.4	303.9	270.1	625.4	43.2
1994-08-04	361.8	373.7	445.9	393.8	630.4	62.5
1995-08-04	329.3	362.4	509.2	400.3	650.9	61.5
1999-12-14	637.7	600.8	918.1	718.9	725.1	99.1
2000-10-31	507.3	575.5	718.0	600.3	615.3	97.6
2001-08-15	373.8	334.1	421.0	376.3	648.6	58.0
2003-09-14	623.0	615.2	638.2	625.5	763.3	81.9
2004-09-16	494.9	543.1	474.6	504.2	625.2	80.6
2005-09-16	515.2	504.5	657.5	559.1	728.2	76.8
2006-08-05	269.7	287.8	342.9	300.1	586.0	51.2
2008-10-13	512.3	420.7	600.4	511.1	550.0	92.9
2009-07-28	390.6	294.7	496.3	393.9	670.2	58.8
2010-10-06	532.2	808.9	707.6	682.9	733.4	93.1
2011-10-06	579.0	629.8	675.2	628.0	693.3	90.6

有一个例子说明这个现象，使用上述方法利用 2008 年 5 月至 10 月数据在若尔盖盆地的一小部分区域（33°35′14″N，102°05′38″E）中进行绘图，见图 6-7。此外泥炭地植被生长速率的不同也影响了对干泥炭地的识别。在这几个月中，这两个因素共同导致了已知泥炭地区的变化。虽然 2008 年只有一个 AP 值，但每个月的降雨量与不同的 SCP 值与泥炭地面积相关，因此在进一步分析之前需要校正每年的泥炭地图，因为泥炭区域提取自一年中的不同月份。

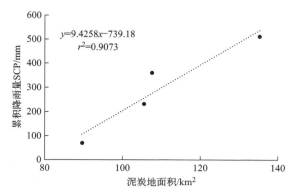

图 6-7　2008 年 5 月至 10 月的泥炭地面积与相关 SCP 的关系

6.3.3　四种土地利用和土地覆盖类型的平均蒸发蒸腾量特征

计算的 ET_a 值（年平均蒸发蒸腾量）反映了四种 LULC 类型在实际年蒸发蒸腾量方面的特征。在 1967—2011 年水体的 ET_a 为 805.80mm/a，其次是泥炭地，为 667.98mm/a（表 6-6）。草原和林地面积更小，为 447.18mm/a，荒漠化土地仅 224.40mm/a（表 6-6）。这些数值表明，如果若尔盖盆地仅由四种 LULC 类型中的一种覆盖，那么水体的年平均蒸发蒸腾量最高，其次是泥炭地、草地和林地以及荒漠化土地。尽管存在这些差异，但所有 LULC 类型的 ET_a 在 1967—2011 年期间的变异程度相似，其 CV 值相似（表 6-6）。四种 LULC 类型之间的这些差异反映了它们不同的物理特征。由于泥炭地与草地和林地相比具有更高的蓄水能力，因此在潮湿的夏季可能会储存更多的水，从而产生更高的蒸发蒸腾量。荒漠化土地在夏季几乎不能盛水，因此出现最低的年平均蒸发蒸腾量（表 6-6）。

表 6-6　1967—2011 年 4 种 LULC 类型的 ET_a 值统计汇总

项目	水体	泥炭地	草原和林地	荒漠化土地
ET_a/(mm/a)	805.80	667.98	447.18	224.40
标准差/(mm/a)	28.22	24.04	16.10	7.86
CV[①]	0.035	0.036	0.036	0.035

① 变异系数。

尽管如此，若尔盖盆地的实际蒸发蒸腾量是所有 LULC 类型在其空间范围内的累积效应，可以用每种 LULC 类型的面积加权实际蒸发蒸腾量表示。与早期结果相比，这些值的计算（图 6-8）产生四种 LULC 类型中实际蒸发蒸腾量的不同顺序。草地对全流域实际蒸发蒸腾量的贡献最大，约占 74%，而泥炭地第二，占总量的 24% 左右。水体仅占总量的 1.8%，清楚地反映了若尔盖盆地水体面积较小。荒漠化土地面积更小使其蒸发蒸腾量可以忽略不计（图 6-8）。

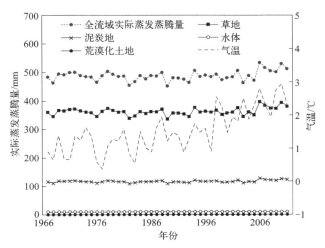

图 6-8　1967—2011 年 4 种 LULC 类型的面积加权实际蒸发蒸腾量和全流域实际蒸发蒸腾量

四种 LULC 类型的实际蒸发蒸腾量的变化程度相似，因为它们的 CV 值相似（0.035～0.036）。这种相似性表明，所有 LULC 类型的年蒸发蒸腾量的空间变异性并未改变其时间特性。此外在所有 LULC 类型的面积加权实际蒸发蒸腾量和时间（a）之间建立的线性回归模型在统计上不显著，这意味着实际蒸发蒸腾量在 1967—2011 年通常不遵循任何时间趋势，但在 2000 年后明显增加（图 6-8）。这些时间趋势明显与气温有关。尽管其变异程度较高（CV＝0.43），但气温显示出与实际蒸发蒸腾量相似的时间模式（图 6-8）。因此气温及其时间变化是控制实际蒸发蒸腾量变化的重要因素，这极大地说明用本研究方法确定的 ET_a 值是合理的。尽管如此，这些值的时间趋势（图 6-8）与泥炭地面积不断减少的趋势是不一致的。显然，实际蒸发蒸腾量的变化不能解释泥炭地减少的原因。

6.4　人工沟渠的排水量估算

6.4.1　人工沟渠排水能力估算方法

人工沟渠是顺直沟道且水深较浅，沟床是较平整的水草或泥炭，断面近似矩形。利用曼宁公式［式（6-7）］，可估算每条人工沟渠的排水流量 q_i。

$$q_i = 1/n(w_i DR_i^{2/3} S_i^{1/2}) \tag{6-7}$$

式中，q_i 为人工沟渠的排水流量；n 为糙率系数，通过查表得 $n＝0.035$；w_i 为第 i 条人工沟渠的平均宽度；D 为平均水深；R_i 为第 i 条人工沟渠的平均水力半径，$R_i＝w_i D/(2D＋w_i)$；S_i 为第 i 条人工沟渠的平均水力梯度。

利用 Google Earth 遥感影像沿程测量人工沟渠的宽度，取平均值（w_i）；由于在整个雨季，降水量的波动使得沟道中的水深不断变化，且因横向汇流或渗流，沟道中水深沿程是增大的，即水深既随时间波动，又沿程变化，因此为了简化问题，可以假设一系列水深作为输入条件来获取（D）；利用 Google Earth 遥感影像，获取沟渠头尾的高程数值，再除以沟渠长度，得到 S_i。

日干乔大沼泽中的沟渠主要以放射式、平行式和网状分布，最终都汇流进入一条弯曲小河（白河支流）。因此这些人工沟渠实际控制着日干乔大沼泽中上游大部分流域的排水，其年排水量（Q）的计算式为：

$$Q = 24 \times 3600 \times d \times \sum_{i=1}^{n} q_i \tag{6-8}$$

式中，Q 为年排水量；d 为按照式（6-7）中排水量对应的平均水深 D 的排水时间，可以假设一系列排水时间（d）作为输入条件。

因此放射状、平行状和网状的全部人工沟渠控制的流域面积的排水模数（$\bar{Q}_b$）的计算式如下：

$$\bar{Q}_b = Q / A_b \tag{6-9}$$

式中，A_b 为全部人工沟渠控制的流域面积，$A_b \approx 273 \text{km}^2$。

由于白河流域面积为 5488km^2，下垫面如地质、地形、植物等近似，故可以假设白河流域上的年降水量分布均匀且蒸发蒸腾量相同，可以得到流域单位面积产水量（$\bar{Q}_T$），其计算式如下：

$$\bar{Q}_T = Q_T / A_T \tag{6-10}$$

式中，$\bar{Q}_T$ 为流域单位面积产水量；Q_T 为唐克站的年径流量；A_T 为白河流域面积，为 5488km^2。

可认为 $\bar{Q}_T$ 是一个相对准确的数值，可以验证估算得到的人工沟渠控制的流域面积的排水模数是否可靠。若 $\bar{Q}_b$ 不等于 $\bar{Q}_T$，说明式（6-7）中假设的平均水深需要调整，直至二者相等，此时，通过式（6-8）获得的人工沟渠估算的年排水量具有一定可信度。采用该方法，调整 1981—2014 年期间的平均水深，从而获得 1981—2012 年日干乔大沼泽的人工沟渠的排水量。

在人工沟渠开挖之前，日干乔大沼泽是一个相对封闭的泥炭沼泽，夏季地表积水较深，泥炭层的含水率也是饱和或超饱和的，因此可以推断人工沟渠开挖之后，泥炭地的排水量在非降雨日远高于上游自然沟道和自然河流，即单位面积泥炭沼泽的产水量下限 $Q_{p,\min}$ 是整个白河流域的单位面积产水量 Q_b。$Q_{p,\min}$ 的计算公式为：

$$Q_{p,\min} = \bar{Q} A_p \tag{6-11}$$

式中，$\bar{Q}$ 为流域单位面积产水量；A_p 为人工沟渠控制的泥炭沼泽面积，$A_p \approx 129.7 \text{km}^2$。

可以认为在降雨日人工沟渠控制泥炭沼泽的平均水深与原先假设的平均水深和排水时间一致。在非降雨日，由于泥炭沼泽的地下水渗流，使得人工沟渠仍维持一定水深和排水时间。日干乔大沼泽的人工沟渠控制的泥炭沼泽的年排水量（Q_p）的计算公式如下：

$$Q_p = Q + Q_{p,\min} \tag{6-12}$$

对式（6-12）求和，即可以估算 1981—2012 年由于修建人工沟渠从泥炭沼泽直接排水的总量，包括降水量和泥炭层储存水量。

6.4.2　人工沟渠分布及排水模式

日干乔大沼泽的泥炭沼泽面积为 $129.70km^2$，占流域总面积的 47.5%。从研究区的数字高程图和 Google Earth 遥感影像可知，研究区地势中部低、南北高，从西向东流经一条白河的支流，泥炭沼泽主要沿东西向分布，并向南北向呈枝干状延伸，并在南部枝干状中分布着许多自然的沟渠。以白河弯曲支流为界，北部边缘地势高，降雨后形成的径流主要按地势自然流入河网中，因此在北部分布的人工沟渠较少，主要以零散方式分布，少部分零散沟渠分布在平行分布沟渠南部的边缘处。

在弯曲支流以南，地势不断升高，分布着大面积的泥炭沼泽，因此这部分区域存在纵横交织的人工沟渠，支流下游连接着放射状人工沟渠，排水方向主要由周围沟渠向放射沟渠中心汇集，流入支流中。在研究区中部，人工沟渠平行分布，大部分人工沟渠由南向北将水输入支流中，由于一些区域的地势为中间高两端低，而使得一些沟渠输送的一部分水量向北流入支流中，一部分水量向南流入细小的支沟中。泥炭沼泽西部区域中的人工沟渠则呈网状分布，此处地势有微弱的起伏。

由表 6-7 可知，平行分布的人工沟渠最长，宽度最大，这是由于这部分沟渠分布在地势相对平坦的泥炭沼泽中，因此沟渠开挖更为顺直，比降则相对偏小，即排水时的水力梯度较小，只有网状式人工沟渠的 2/5。放射式人工沟渠的平均长度为 1.41km，平均宽度为 1.86m，水力梯度为 0.0053。网状式沟渠的平均长度为 1.14km，宽度为 2.56m，其水力梯度最大，为 0.0083。处于地势起伏区域的零散人工沟渠的长度都较短，平均长度为 0.98km，宽度为 1.26m。

表 6-7　日干乔大沼泽中的人工沟渠参数

项目	总长度/km	平均长/km	沟渠数/条	平均宽/m	水力梯度
放射式沟渠	81.51	1.41	34	1.86	0.0053
平行式沟渠	68.04	3.40	17	3.70	0.0036
网状式沟渠	112.93	1.14	72	2.56	0.0083
零散式沟渠	30.28	0.98	27	1.26	0.0077

6.4.3　人工沟渠的排水能力

考虑到日干乔大沼泽的泥炭层具有一定的蓄水能力，在降雨日和非降雨日，日干乔大沼泽中的人工沟渠中的水来自不同水源。在降雨日，假定研究区的降水量是均一的，统计 1981—2012 年 5~8 月日降水量为中雨等级（每日降水量≥10mm）以上的天数，作为本研究中的降雨日天数。一部分降水量渗透至地下，且主要储蓄在泥炭沼泽中，另一部分降水量在日干乔大沼泽的地表形成一定的水深或径流，该情景下，人工沟渠排水控制面积为整个日干乔大沼泽。因此人工沟渠中水的来源主要是直接落入沟渠的大气降水和汇集的地表水。

利用式（6-8），计算得到 1981—2012 年的每年的年排水量（表 6-8）。由此可知，在中雨天数确定的情况下，日干乔大沼泽的排水模数波动减小，人工沟渠中的水的深度波动减小，年排水量总体呈减少趋势（$r^2 = 0.2406$），最大值出现在 1983 年，最小值出现在 2002 年。因为 2003—2006 年的实测径流量数据缺失，所以这些年份的年排水量需要利用其他年份的年排水量的线性拟合方程进行估算。在整个计算过程中，利用唐克水文站的年径流量时间序列数据，调试并验证计算结果，因此得到的人工沟渠年排水量具有一定可信度。

表 6-8 1981—2012 年降雨日（雨量为中雨或以上）的日干乔大沼泽中沟渠的排水量

年份	排水模数 /(m³/m²)	沟渠中水深 /m	降雨天数 /d	排水量 /(×10⁸m³)	年份	排水模数 /(m³/m²)	沟渠中水深 /m	降雨天数 /d	排水量 /(×10⁸m³)
1981	0.43	0.18	28	1.16	1997	0.30	0.19	18	0.82
1982	0.49	0.25	19	1.33	1998	0.37	0.16	29	1.00
1983	0.67	0.22	32	1.83	1999	0.50	0.19	30	1.36
1984	0.46	0.19	28	1.27	2000	0.37	0.21	19	1.01
1985	0.48	0.24	20	1.31	2001	0.32	0.17	23	0.87
1986	0.31	0.17	22	0.84	2002	0.14	0.14	14	0.39
1987	0.33	0.16	26	0.90	2003	—	—	28	0.88
1988	0.33	0.21	17	0.90	2004	—	—	16	0.87
1989	0.48	0.22	23	1.31	2005	—	—	29	0.86
1990	0.45	0.21	23	1.22	2006	—	—	19	0.84
1991	0.31	0.24	12	0.85	2007	0.25	0.19	15	0.68
1992	0.43	0.18	28	1.16	2008	0.21	0.17	15	0.57
1993	0.43	0.20	24	1.18	2009	0.38	0.17	27	1.03
1994	0.32	0.19	19	0.86	2010	0.32	0.19	19	0.86
1995	0.26	0.17	19	0.72	2011	0.32	0.17	23	0.87
1996	0.28	0.22	15	0.77	2012	0.47	0.18	31	1.29

在非降雨日，沼泽内积水很浅或无积水，人工沟渠中的水主要来自储存在泥炭层中的水。前文已经计算出日干乔大沼泽的人工沟渠控制的沼泽面积为 129.7km^2，利用式（6-12），可以得到非降雨日人工沟渠排水量（图 6-9）。

人工沟渠在降雨日和非降雨日的排水量都呈减少趋势，因此 1980—2012 年人工沟渠的年排水量呈减少趋势。这可能是早期开挖的人工沟渠完好，且未受水利工程影响的泥炭的含水量是饱和的，随着时间推移，人工沟渠排水后，泥炭层塌陷、裂缝或者滑坡，以及沟渠附近植物生长导致人工沟渠毁坏，并且采取填、堵沟渠的工程恢复沼泽，这些都降低了人工沟渠的排水效率。非降雨日人工沟渠的平均排水量为 $0.47 \times 10^8 \text{m}^3$，1983 年的排水量最大，为 $0.86 \times 10^8 \text{m}^3$；降雨日人工沟渠的平均排水量为 $0.97 \times 10^8 \text{m}^3$，也是 1983 年的排水量最大，为 $1.83 \times 10^8 \text{m}^3$；1983 年降水量≥10mm 的降雨天数为 32d，且降雨日人工沟渠中水的平均深度为 0.22m，1983 年红原站的年降水量也是自 1960 年以来最大

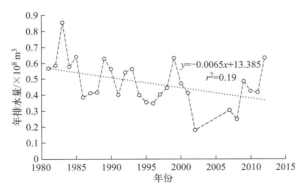

图 6-9　1981—2012 年非降雨日（雨量为中雨以下）
日干乔大沼泽中沟渠的排水量

的，达 996.3mm（李志威 等，2014），该年流域单位面积径流量为 $0.67m^3/m^2$，也是研究时间段内最大的。

据估计，若尔盖盆地每年向黄河玛曲站的补给水量为 $4.6 \times 10^9 m^3$，按面积权重估算，则日干乔大沼泽年补给水量约为 $5.5 \times 10^9 m^3$，与本研究的计算结果相差 12.7%，说明本研究所采用的计算方法可靠，存在这个误差也可能是利用 Google Earth 影像数据统计的人工沟渠的数量比以前的人工沟渠数量少。但是，若尔盖盆地向黄河干流补水 $4.6 \times 10^9 m^3$ 是早期的平均值，而有研究表明黄河源区的径流量在减少，因此本研究的计算结果偏小是合理的。

由于选取的降雨日沟渠中的水深与实际有一定的误差，为了进一步明确日干乔大沼泽中沟渠的年排水量，本研究估算了人工沟渠的年排水量变化范围。利用 1981—2012 年降雨日的沟渠中水的深度数据，借鉴流量历时曲线的思路，利用式（6-13），取发生概率在 25% 和 75% 的水深，分别作为各年降雨日人工沟渠中水深的最大值和最小值，计算降雨日排水量的一个可信范围。根据频率排序，取 0.17m 为水深下限，0.21m 为水深上限（图 6-10），计算结果表明，1980—2012 年降雨日的排水量波动减小，平均年排水量为 $0.47 \times 10^8 m^3$。

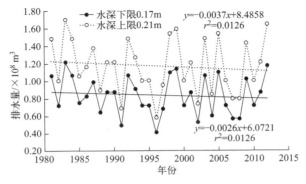

图 6-10　1981—2012 年沟渠中上限和下限水深条件下降雨日
（雨量为中雨或以上）的日干乔大沼泽中沟渠的排水量

综上所述，日干乔大沼泽人工沟渠平均年排水量为 $0.47 \times 10^8 \, m^3$。若尔盖湿地的人工沟渠降低了夏季的地表积水深度，并导致泥炭沼泽萎缩。同时人工沟渠的排水过程及强烈地表分割，导致自然水位下降，造成沼泽破碎化（Zhang et al.，2014）。若这些水量没有通过人工沟渠排走，而是全部蓄留在面积为 $273.22 \, km^2$ 的日干乔区域内，那么该地区的水位将整体升高 174mm，那是未疏干的日干乔大沼泽的原始状况。

下一步仍需要根据日干乔大沼泽和其他封闭沼泽的人工沟渠水力几何和流量连续监测数据，建立人工沟渠的一维河网排水模型，可以预测未来整个若尔盖高原泥炭沼泽在人工沟渠排水胁迫下可能的退化进程。

6.4.4　人工沟渠影响下若尔盖典型泥炭沼泽湿地变化

早期的人工沟渠排水，减少了泥炭沼泽湿地的蓄水量以及蓄水能力，植被生长情况不如以往，导致 2000 年的 VFC 明显减少且趋于均一化。此后若尔盖高原地区实施了填堵沟渠等恢复工程，同时由于排水疏干泥炭表层水分，可能发生塌陷、裂缝、滑坡等情况，继而人工沟渠排水能力也会降低，土壤透气性增大促进植被在沟道生长，因此 2000 年后植被处于恢复期。2008 年后降雨量呈短期的上升趋势，降雨量较多时水体将覆盖一定区域的草地，则削弱草地的遥感信息反馈，从而导致该年的植被覆盖度较低。蒋锦刚等（2012）研究表明若尔盖县在 1974—2007 年的草地面积呈增长趋势，且在 2000 年增长速度最快，高植被覆盖度面积在 2000 年前后先减后增。草地植被对气候要素变化反应敏感（杨元合 等，2006），因此植被的变化情况与气温缓慢上升和降雨量减少也具有一定的关联。

林地主要分布在若尔盖南部区域，其面积呈减小趋势，可能主要与当地伐木和建筑用材等人类活动有关。有记载表明若尔盖县的沼泽周边山坡上暗针叶林遭到砍伐，导致森林面积急剧下降，1975—2005 年减少 4.3%（李斌 等，2008）。建设用地和荒漠化面积呈稳定的增长趋势，前者是由于当地的人口增长及经济增长，城镇建设及旅游业发展迅速。后者则是在气候暖干化的自然条件下，人工沟渠排水、过度放牧、泥炭开采等不合理无节制的人类活动直接对生态环境造成破坏，导致沼泽退化并沙漠化。

在脆弱且敏感的若尔盖高原，湿地排水工程直接改变了该区水系分布及其水文连通性，导致土地覆盖发生变化，引起湿地生态环境的恶化。早在 1955 年，本地区便开始挖沟排水，开辟牧场。随着经济发展需求及人类的干扰，若尔盖县和红原县累计开挖排水沟 700 多条，总长度超过 1000km。沟渠开挖影响沼泽面积 $2000 \, km^2$，占沼泽总面积的 43.5%；排水疏干胁迫下严重退化沼泽面积达 $648.3 \, km^2$，约占沼泽总面积的 27%。2017 年若尔盖湿地的人工沟渠约有 920km，其在若尔盖县、红原县和玛曲县分别分布 44 条、288 条和 66 条。

基于此前对人工沟渠的判读和测量，进一步讨论人工沟渠对泥炭沼泽萎缩退化的影响，并利用 ArcGIS 软件对数据进行处理、计算、制图。若尔盖高原人工沟渠控制的泥炭沼泽湿地可分为两种排水疏干模式，即完全由人工沟渠输水和由人工沟渠与自然河网交织共同输水。

日干乔大沼泽是若尔盖高原重要湿地之一，其沼泽类型为封闭式泥炭沼泽湿地。经影像处理计算，日干乔大沼泽的人工沟渠数量有 100 余条，总长度为 292.8km，控制面积为 208.7km^2，这些人工沟渠已经将沼泽湿地排水疏干，转化为草地，而只在 5～8 月强降雨期，在低洼和河道两侧残留季节性湿地景观。

日干乔大沼泽的绝大部分地表水和地下水通过人工沟渠排向弯曲小河，再从瓦切镇汇入白河。日干乔大沼泽的人工沟渠在 6～8 月加速排走降雨汇流从而减少沼泽的储水量，而在非降雨期则继续以地下水横向补给的方式，将湿地和草地内蓄存的水量排向河道，已有研究指出人工沟渠使泥炭沼泽湿地年平均地下水位降低 50～70cm（杨福明 等，1986）。在早期无人工沟渠之前，日干乔大沼泽为常年片状积水，如今已完全变成放牧草原，表明人工沟渠是日干乔大沼泽从湿地转向草原景观的最根本的原因。

哈合目乔沼泽位于黑河流域的中东部，其人工沟渠特点是沼泽中间有一条人工沟渠贯穿南北，并以此主干沟道为中心向东西两边发散，形成鱼骨状的人工沟渠分布格局。本区现存人工沟渠 38 条，总长 113.9km，控制面积为 152.3km^2。这类沟渠排水模式为水汇流至主干沟渠，再由两侧沟渠分别向东西方向输水。本类型的排水结构加速了封闭沼泽内部脱水，引起沼泽萎缩、沙漠化凸显。日干乔大沼泽和哈合目乔沼泽均为若尔盖高原的局部封闭性沼泽湿地，这两个沼泽湿地在人工沟渠开挖后几十年内发生了显著变化，从沼泽湿地形成和发育条件可知，地表水是湿地维持的重要因素，而人工沟渠将湿地内的地表水快速而大量地排走，导致泥炭沼泽脱水，易发生侵蚀、坍塌、裂缝及斑块化，从而进一步加速泥炭沼泽的萎缩退化。

6.4.5　人工沟渠的统计特征

沟渠长度为 62～18008m，平均长度为 1294m（表 6-9）。变异系数（CV）较高（1.112）。尽管最大沟渠宽为 4.5m，但大部分沟渠在 1～2m，这说明它们的 CV 值较低（0.457）。沟渠的坡降从几乎为零到 0.224m/m 不等，CV 值较高为 1.434。统计表明，这些沟渠的形态非常多样。因此尽管人工沟渠总长达 1798.7km，平均沟渠密度为 1.094km/km^2，但个别沟渠的统计特征不足以反映其结构水文连通性，不同划分区域内的沟渠之间可能存在差异。

表 6-9　人工沟渠的几何参数统计

项目	均值	标准方差	最大值	最小值	CV[①]
长度/m	1294	1439	18008	62.4	1.112
宽度/m	1.561	0.714	4.5	0.6	0.457
坡降/(m/m)	0.019	0.028	0.224	0.0	1.434

① CV 为变异系数。

从空间上看，人工沟渠是在 160 个划分区域内成群排列的，其面积从 0.02～271.9km^2。这些斑块的平均坡度在 3.68°～15.5°，其中约 80% 在 8°～10°。显然这 3 个参数表现出不同的统计变化特征，因此很难同时用于表征这些沟渠的结构水文连通性。沟渠密度（D_d）是描述泥炭地中沟渠物理结构的参数。所有划分区域的沟渠密度变化范围为 0.045～10.17km/km^2。大多数 D_d 值集中在 0～1km/km^2 和 2～3km/km^2

（图 6-11），这导致 $2km/km^2$ 为门槛标准。如果划分区域的 D_d 值小于临界值，则可以认为其具有较低的结构水文连通性，而那些 D_d 值高于临界值的划分区域具有较高的结构水文连通性。

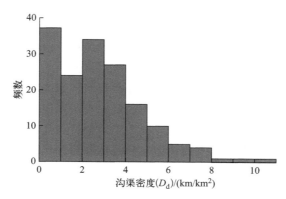

图 6-11　泥炭地区域中沟渠密度（D_d）的柱状图

不幸的是，该标准过度简化了所有区域中沟渠密度的复杂性，如两个明显不同（即 $0.55km^2$ 和 $27.89km^2$）的划分区域可能具有相似的 D_d 值（即 $3.08km/km^2$），表明沟渠密度未能完全捕获各区域对结构水文连通性的潜在影响。区域对沟渠的结构影响可以从两个方面进行论证。首先，随着区域面积的增加，单个沟渠的数量和数量的增长率都增加了［图 6-12（a）］。此外在面积较大的划分区域中，沟渠数量随区域级别的变化而变化。其次，沟渠密度随沟渠面积的增加而减小［图 6-12（b）］。虽然趋势遵循具有统计显著性的幂函数，但这种显著散布扩展到整个数据范围，这也与相对较低的 r^2 值一致。这表明仅 D_d 不足以描述划分区域对区域内沟渠结构的影响。事实上，对于 D_d 大于和小于 $2km/km^2$ 的斑块，D_d 的下降率是不同的［图 6-12（b）］。这种一致性进一步证明了前面描述 D_d 的局限性。可能缺失的部分是与每个泥炭地区域中的天然沟道或溪流直接相连的人工沟渠比例（即沟渠排水能力，P_a）。指数 I 综合了这两个因素对结构水文连通性的贡献，改进了划分区域面积的相关性（图 6-13）。该指数与划分区域面积呈较强的非线性关系，具有统计学意义。这种关系表明，当 A 小于 $1km^2$ 时，I 一般随划分

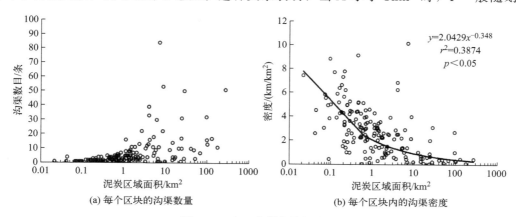

(a) 每个区块的沟渠数量　　　　　　　　　(b) 每个区块内的沟渠密度

图 6-12　人工沟渠的结构特征

区域面积的减小而减小，当 A 大于 $1km^2$ 时，减小率较高（图 6-13）。这些结果表明，在小型划分区域中，沟渠数量较少，但结构水文连通性较高，而大型划分区域中沟渠较多，结构水文连通性较低。

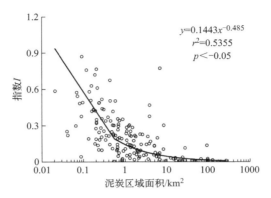

$$y=0.1443x^{-0.485}$$
$$r^2=0.5355$$
$$p<-0.05$$

图 6-13　斑块面积与 I 值的关系

图 6-13 中的散点数据仍然重要，反映了相似划分区域中沟渠结构的内部复杂性。如在面积约 $0.07km^2$ 的两个相对较小的区域中，长边沿垂直方向的区域比长边沿水平方向的区域具有更高的 I 指数，因此结构水文连通性更高。此外在面积约 $7km^2$ 的两个相对较大的区域中，平行排列的沟渠的 I 指数值更高，因此结构水文连通性比单一沟渠区域更高。

6.4.6　划分区域的排水量的时空变化

1986 年，随着每个划分区域面积（A）的增加，所有区域中排水沟的水量（V）一般都会增加，但对于相同区域，每个区域内和所有区域之间的 A 值可能会有很大差异［图 6-14(a)］。这一总体趋势表明，在面积较大的地区，沟渠可以排出更多的水，从而具有更高的功能性水文连通性。然而，随着区域面积明显降低，排水效率可以定量地描述为单位

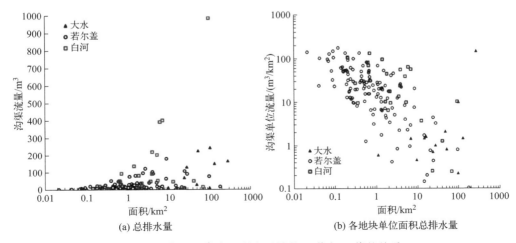

(a) 总排水量　　　　　　　　　　(b) 各地块单位面积总排水量

图 6-14　每个区域内和所有区域的 A 值与 V 值的关系

区域面积排水量［图 6-14（b）］。同样，相似区域的单位水量有相对较大的变化，表明其高度可变的沟渠内部物理结构控制了其功能性水文连通性的效率。2012 年的 V 值和各划分区域面积值与 1986 年相似，但 V 值从 3.5986m^3 略微降低到 3.5844m^3。这些相似，但总水量的不同，从本质上反映了 2 年内所有泥炭地区域之间功能性水文连通性的差异，主要是 2 年内降雨（包括降雨天数和降雨事件的量级）的差异造成的。功能性水文连通性在区域级别的累积效应可通过 3 个不同子区域的降水（即 P 值）反映出来。

1986 年，所有泥炭地地区的排水沟水模式按其面积分为三个区域。1986—2011 年，各区域（即大水、若尔盖、白河）的 P 值变化不大，平均值分别为 0.0014%、0.0046% 和 0.0013%（图 6-15）。但在同一时期，3 个区域的降雨日数分别在 13～22 天、10～30 天和 15～27 天之间变化，因此尽管各区域排水沟的排水量可能随降雨特征逐年变化，但各区域排水量占总排水量的比例仍保持不变，这表明这些集群沟渠的功能水文连通性主要受其结构水文连通性的控制，自建设以来变化很小（过去几十年被堵塞的沟渠不包括在内）。无论上边界、平均值或下边界情况如何，四川省阿坝藏族羌族自治州若尔盖县的 P 值都明显高于其他两个区（图 6-15）。这些 P 值的差异与 3 个区域的平均沟渠密度一致，分别为 0.687km/km^2、3.067km/km^2 和 2.506km/km^2，这再次反映了结构水文连通性对功能水文连通性的主导作用。

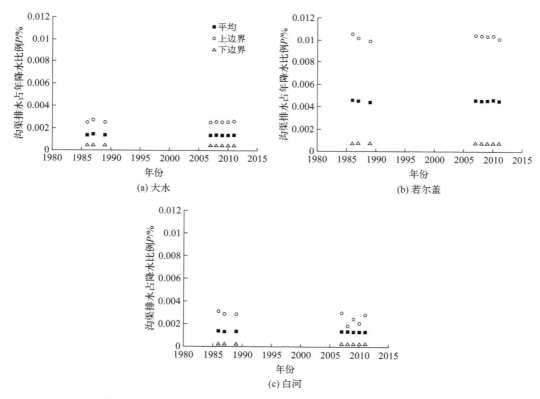

图 6-15　1986—2012 年 P 值的时间变化（上边界的标记数据表示同一年中可能的高 P 值，下边界的标记数据表示同一年中可能的低 P 值）

6.5 自然沟道对泥炭湿地的地下水水文过程的影响

6.5.1 导水率值

通常使用式（6-14）计算的 k 值比基于式（6-13）的 k 值大 5～10 倍，这与理论上一致。考虑到每个平均 k 值的标准差反映了在多天内测量的 k 值的时间变化，两种方法测定的 k 值在统计学上具有相似的时间变异程度。在空间上，两组 k 值在 2 号和 3 号站点显示出相似的模式，但使用式（6-14）计算的平均 k 值的大小在所有泥炭深度上都比基于式（6-13）计算的变化大得多。在 1 号站点，两种方法确定的 k 值的垂直分布不同，用式（6-14）计算的 k 值也存在较大的变化。这些结果表明，对于研究区域中的 k 值，式（6-14）比式（6-13）更敏感且更不稳定。

当使用两种不同的方法时，Holden 和 Burt（2003）也表明两组计算的 k 值有显著差异。因此使用现场测量数据确定的 k 值取决于选择用于计算的方法。此外无论使用何种方法，k 值在不同的泥炭深度和位置显示出明显的空间变化，表明所表述的强空间异质性（Beckwith et al.，2003）。在以下分析中，将采用式（6-13）计算的导水率值。

$$H_r = \frac{H-h}{H-H_0} = e^{-\frac{Fk}{\pi r^2}t} \tag{6-13}$$

式中，H_r 为测压管水头；H 为平衡状况的水头；H_0 为初始水头；h 为在 t 时刻测压管的水头；F 为形状系数；r 为测压管半径；k 为导水率。

$$k = 2\pi r/11T_0 \tag{6-14}$$

式中，k 为导水率，cm/s，T_0 为初始时间。

在 1 号站点，k 值的垂直分布显示，从 35cm 深度（1.135×10^{-5} cm/s）到 125cm 深度（2.444×10^{-5} cm/s）的总体增加趋势，尽管在 80cm 深度，k 值再次变小（1.442×10^{-5} cm/s）。即使在最深的地方 k 值相对变化较大，这种趋势显然仍然存在。在靠近该位置泥炭底部的 125cm 深度处，沿 JEK 的 k 值以 100cm 的间隔进行处理，没有显示任何空间特性（图 6-16～图 6-19）。实际上，J 和 K 位置的 k 值分别为 3.194×10^{-5} cm/s 和 2.518×10^{-5} cm/s，比位置 E 的 k 值高约 3 倍和 2 倍，使得在 125cm 深度处的 k 值的平均值更高。这进一步证实了 1 号站点随泥炭深度的加深 k 值呈增加趋势。鉴于泥炭地 1 号站点没有受到沟道的干扰，所有深度的 k 值和相关的垂直趋势都代表了研究区域所有泥炭中饱和水传导率的"标准"特征（图 6-20）。

在 2 号站点，k 值也随深度呈现增加趋势，但深度之间的变化更大。特别是，在 125cm 深度（2.335×10^{-5} cm/s）处 k 值较高，在 35cm 深度（0.641×10^{-5} cm/s）处 k 值较低，这一趋势更为突出。沿着与 I 型沟道垂直的 G、H、I，深度为 95cm（图 6-18），k 值为 3.079×10^{-5} cm/s、3.520×10^{-5} cm/s 和 2.872×10^{-5} cm/s [图 6-16(b)]，表明 k 值在空间和时间上都是高度可变的。它们的平均值为 3.157×10^{-5} cm/s，大于 1 号站点 95cm 和 125cm 深位置的平均值（2.109×10^{-5} cm/s 和 2.444×10^{-5} cm/s），但仍具有可比性。因此这些差异更能反映 k 值的空间变化，而不是 I 型沟道对这些深度位置的导水率值的影响。在 35cm 深度处，k 值从 0.515×10^{-5} cm/s 增加到 0.625×10^{-5} cm/s，然后下降到 0.572×10^{-5} cm/s [图 6-20(c)]。这些值没有显示出任何特定的趋势，但它们的

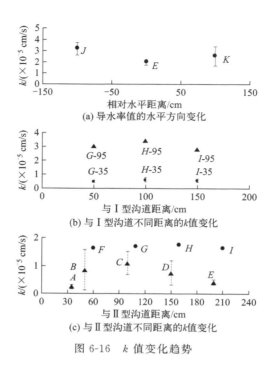

图 6-16 k 值变化趋势

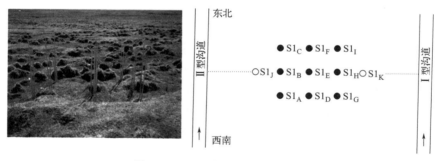

图 6-17   测压管布置（1 号站点）

图 6-18   测压管布置（2 号站点）

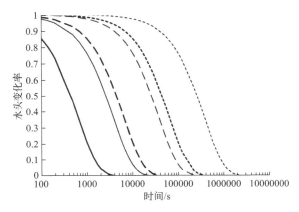

图 6-19　测压管布置（3 号站点）

图 6-20　水头变化率随时间变化的理论曲线

（图中的实线为实测值，虚线为模拟值）

平均值（$0.571×10^{-5}$ cm/s）比垂直剖面深度顶部的值（$0.641×10^{-5}$ cm/s）还要小。与 1 号站点的相同深度处相比，该站点的 k 值减少了 $44\%\sim50\%$，表示"标准"值显著降低。这种减少反映了 I 型沟道在深度上对导水率值的明显影响。

在 3 号站点，导水率值主要在 125cm 深度测量（即泥炭层的底部），在位置 C 的 95cm 深处有一个 k 值。这是因为在采样期间，该地点的地下水位变化很大，可能会在 90cm 的深度附近下降。沿着 F、G、H、I 方向，k 值从 $1.651×10^{-5}$ cm/s 略微增加到 $1.757×10^{-5}$ cm/s，并且在距离沟道边缘最远的位置 I 处降低到 $1.640×10^{-5}$ cm/s ［图 6-16(d)］。观察断面 $BCDE$ 也可以发现类似趋势，但数值较低。k 值从 $0.860×10^{-5}$ cm/s 迅速增加到 $1.104×10^{-5}$ cm/s，然后再连续减小到位置 E 处 $0.434×10^{-5}$ cm/s。这些趋势表明 II 型沟道附近泥炭层底部的导水率值变化很大。沿着 A、B、F 方向，k 值从位置 A（$0.254×10^{-5}$ cm/s）显著增加到 F（$1.651×10^{-5}$ cm/s）。然而，沟道边缘的三个距离从 A 处的 35cm 增加到 F 处的 60cm ［图 6-16(d)］。这两种不同的趋势表明 II 型沟道可能导致靠近泥炭底部的导水率值显著降低，并且这种影响随着距离的增加而逐渐下降。与 1 号站点相比，3 号站点 125cm 深度处的 k 平均值降低了 54% ［图 6-16(a)］，进一步证实了 II 型沟道对导水率值的强烈影响。在 95cm 深度处，3 号站点处的 k 值为 $1.892×$

10^{-5} cm/s，表明随着泥炭深度的减小，Ⅱ型沟道对导水性的影响减弱。

6.5.2 压力水头

利用 A、B、C、D、E、F、G、H 和 I 在不同泥炭深度处测得的数据总结了1号站点的压力水头［图6-21(a)］。压力水头的垂直剖面在50cm泥炭深度以下没有显示出明显的坡度。将多个泥炭深度的平均压力水头与1号站点的平均地下水位进行比较表明［图6-21(b)］，所有泥炭中的中部和下部（即从50cm深度到泥炭底部）属于补给区，表明可以从上部泥炭（50cm以上）向该区域供应地下水。虽然35～40cm深度的压力水头高于地下水位，可能导致地下水上涌（Siegel et al.，1987），由于地下水位变化，向上排水可能不稳定，这将在后面描述。尽管如此，图6-21(a)、(b)描述了研究区域中所有泥炭的垂直剖面的压力水头的"标准"模式。

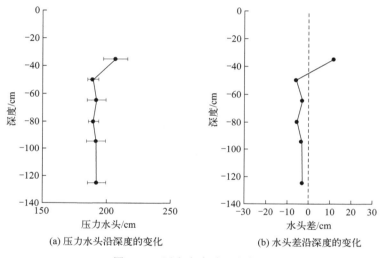

(a) 压力水头沿深度的变化　　　　(b) 水头差沿深度的变化

图 6-21　压力水头随垂向变化

在整个取样过程中，通过在2号站点的6个不同深度（图6-18）的两个压力传感器测量的压力水头（ΔH）在每个深度处进行平均。这些数据显示［图6-22(a)］尽管压力水头通常比1号站点处的压力水头小，但它们在35～80cm泥炭深度形成了一个缓坡，然后在80cm深度到泥炭底部（即125cm深度）之间保持相似。与1号站点处的垂直模式相比，2号站点处的梯度模式显然是从80cm深度到35cm深度的压力水头增加。此外这些增加的压力水头高于平均地下水位［图6-22(b)］，产生与1号站点相似的垂直模式。一方面，35～60cm深的高水头将80～125cm的深层泥炭变成了补给区；另一方面，这些深处的较高的水头产生了地下水上涌的可能性。在水平方向上，沿垂直于Ⅰ型沟道的35cm泥炭深度处的平均水头不仅没有显示出明显的坡度，而且在幅度上相互之间也只有小于3%的变化［图6-22(c)］，表明其附近泥炭中没有明显朝向Ⅰ型沟道的侧向水力坡度。

由于地下水位显著降低，3号站点处的压力水头仅在60～125cm的深度测量，这些值也小于1号站点相似深度处的值，并且减小程度大于2号站点处的值［图6-23(a)］。在垂直方向上，它们在60～95cm的深度范围内形成了比在2号站点处更大的梯度。从泥炭的

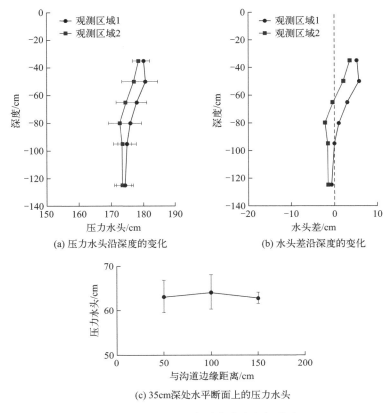

(a) 压力水头沿深度的变化　　　(b) 水头差沿深度的变化

(c) 35cm深处水平断面上的压力水头

图 6-22　在 2 号站点处的水头空间分布

95cm 深度到底部，压力水头继续减小，但是梯度较小，导致泥炭层底部的压力水头明显偏低。这个低值清楚地表明了Ⅱ型沟道对泥炭层底部压力水头的强烈冲击。所有较深处的压力水头水平都远低于地下水位［图 6-23（b）］，这再次表明靠近底部的泥炭深度中的地下水是由上部的地下水补给的。与这一空间格局相关的是，与 1 号和 2 号站点的压力水头相比，每个泥炭深度的压力水头变化相对较高，进一步体现了Ⅱ型沟道对附近泥炭的水头的影响。在 125cm 深度处，沿垂直于Ⅱ型沟道的两个相关点的压力水头平均值显示出往沟道边缘的明显梯度［图 6-23（c）］。

6.5.3　地下水位

沿着 2 号站点的观测点 1，地下水位在距离沟道边缘 100cm 的位置处较低［图 6-24（a）］，线性地增加到 200cm 距离，在接下来的 100cm 内保持相同的水平，这种空间格局与地下水位的下降有明显的相似性。然而，观测点 2 的地下水位表现出不同的趋势。地下水位在距离沟道边缘 100cm 到 150cm 处有所上升，但在 150cm 之外又下降到较低水平［图 6-24（a）］。平均而言，2 号站点的两个观测点距离仅相隔 160cm 左右。因此它们的地下水位水平的不同趋势表明，随着与沟道边缘的距离的增加，地下水位的减少在Ⅰ型沟道附近的泥炭中不一致。换句话说，Ⅰ型沟道对邻近泥炭地下水位的影响不明显。2 号站点

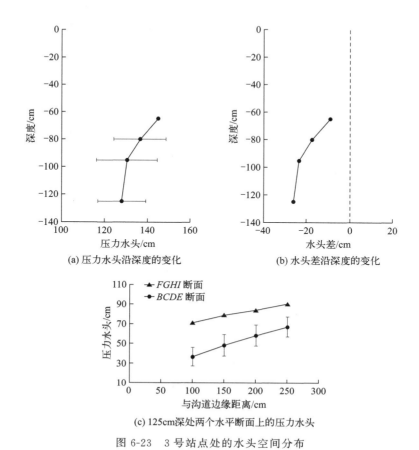

(a) 压力水头沿深度的变化

(b) 水头差沿深度的变化

(c) 125cm深处两个水平断面上的压力水头

图 6-23　3 号站点处的水头空间分布

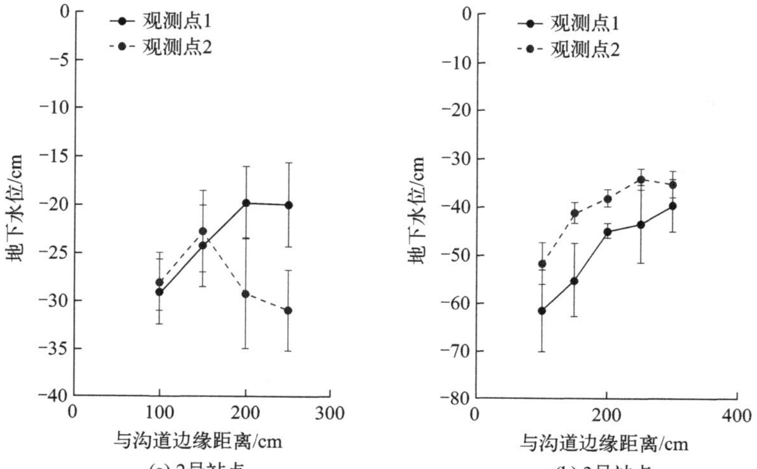

(a) 2号站点

(b) 3号站点

图 6-24　两个观测点横向断面的水位随与沟道边缘距离的变化

所有位置误差相对较高［图 6-24(a)］，表明 2 号站点的地下水位的随时间的变化相对较大。

　　在 3 号站点的现场观察表明，地下水位沿与沟道边缘的距离变化明显且一致。通过沿垂直于Ⅱ型沟道的两个观测点测量的地下水位变化证实了这一点［图 6-24(b)］。在距离沟道边缘约 100cm 的位置处，地下水位平均在泥炭表面－61.6cm 和－51.8cm。在随后的 400cm 距离中，它分别沿着两个观测点上升到－39.5cm 和－35.1cm。这两个观测点沿线地下水位的显著一致变化表明，Ⅱ型沟道明显引起了附近泥炭中地下水位的下降效应。地下水位通常较低同时观测点 1 的变化程度大于观测点 2，这可能反映了其高度空间变化的性质。

6.5.4　典型泥炭沼泽自然河流和人工沟渠的双重影响

　　若尔盖高原湿地萎缩除了人工沟渠的影响之外，自然河流的发育和沟道溯源下切也是湿地脱水而萎缩的重要原因。四川省阿坝藏族羌族自治州若尔盖县的黑河流域上游是典型的自然河流和人工沟渠的双重叠加作用区，两者共同作用加速该范围的湿地萎缩。黑河上游干流与支流河道下切明显，深度可达 0.5～3m，一旦切穿泥炭层，则会增加泥炭层的地表水和地下水的横向水力梯度，使得原来蓄存于泥炭层的地下水源源不断流出，而且脱水之后也造成紧密构造的泥炭湿地破碎化、松散化，从而更加促进沟道下切及溯源侵蚀，直至逐渐深入沼泽湿地中心地带。该典型流域总面积为 3865km²，图 6-25 结果表明黑河上游泥炭湿地面积变化明显，由 1990 年的 919.4km² 减少到 2015 年的 643.67km²，减小速率达 11km²/a。

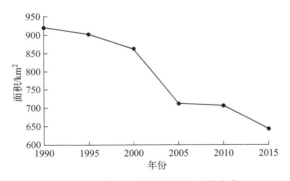

图 6-25　黑河上游泥炭湿地面积变化

　　黑河流域上游的自然河网和人工沟渠空间分布中，自然河网总长 3477.64km，人工沟渠 756 条，总计 796.74km。大量的封闭或半封闭的泥炭沼泽湿地均已被大大小小的细沟贯穿，使得沼泽湿地存储水量的能力持续减小。而且黑河的径流量减少速率为 $0.15 \times 10^8 m^3/a$（李志威 等，2014），这间接说明黑河流域的沼泽湿地的蓄水能力减弱，黑河上游泥炭地的地下水位下降，再加之人工沟渠的加速排水作用，增加了自然河网与人工沟渠的连通性，破坏流域的整体性，并且加速地表水和地下水的外排。在自然河网与人工沟渠共同作用下，雨季大量的地表水通过自然河网与人工沟渠组成的通道迅速排走，枯水期又排出一定水量的地下水补给河道，因此疏干沼泽范围进一步扩大，沼泽湿地在年内快速萎缩；反之，沼泽的萎缩又引起蓄水能力的下降，这一恶性循环强化沼泽→沼泽化草甸→草甸→草原→沙漠化过程。

6.6 典型泥炭地的地下水位时空变化规律

6.6.1 地下水空间分布

从原始数据 DEM 差值计算的数据中选择 247 个点，这些点可以生成具有不同斜率梯度的 247 个多边形。将多边形斜率的空间分布与原始连续的斜坡分布进行比较，表明前者不仅表达了研究流域西边的主要高梯度条形地带，而且还包含了大部分低洼地带和少量梯度变化衔接地带。因此这 247 个点足以表征斜率梯度的原始空间模式。接下来需要使用适当的插值方法从原始测量值生成相同数目的地下水埋深（water table depth，WTD）和泥炭深（H）点。

在 5 种空间插值常用方法中，两个样本差异检验显示（表 6-10），只有 IDW 和 OKSSF 可以在 95% 置信水平下产生无偏差结果。然而这两种插值方法的残差仍然不是随机的（它们的 p 值大于 0.05），这表明使用 IDW 和 OKSSF 的 WTD 的预测值在空间模式方面与测量值不完全一致。尽管如此，这种不一致性可以接受，因为全局莫兰指数（Global Moran's I）很小，尽管在统计上有显著意义，但空间格局小，因此两种方法都可预测 WTD 值。与 OKSSF 相比，IDW 不考虑空间自相关，只能预测测量值范围内的值，因此 OKSSF 是使用栅格 GIS 格式将原始离散测量值转换为连续测量值的最合适方法。使用该方法对 H 和 WTD 的原始点数进行插值，使每个数据集连续分布，分辨率约为 2m。然后使用 GIS 技术选择 247 个位置处的 H 和 WTD，并用于创建覆盖整个研究流域的 247 个多边形。

表 6-10　五种插值方法的拟合优度检验

项目	IDW	OKSSF	OKGSF	UKLSF	UKQSF	备注
p	0.4518	0.0840	<0.0001	<0.0001	<0.0001	双样本差异检验
Global Moran's I	−0.1696	−0.1117	−0.0989	−0.1210	−0.1752	残余空间模式检验
p	<0.0001	0.0058	0.0158	0.0026	<0.0001	残余空间模式检验

在相对潮湿的 5 月，WTD 介于 3.717～49.937cm，平均值和标准差分别为 17.129～25.441cm 和 5.694～9.235cm（表 6-11）。较低的 WTD 主要发生在海拔较高的流域南侧，而高值倾向于集中在流域的西侧或东侧。在干燥的 7 月，WTD 为 19.850～45.350cm，平均值为 36.050cm，标准差为 5.339（表 6-11）。WTD 较低的区域向流域的北部和东北部边缘移动，并且在流域的东南侧出现了一个新 WTD 较高的区域。在潮湿的 9 月，WTD 的值在 2.050～12.642cm，平均值为 9.102cm，标准差为 2.543（表 6-11）。高值区延伸至流域中心，低值区从北至东南角分布，但这些低值区的 WTD 确实与 5 月的高值区相似，低于 7 月的高值区。WTD 的空间分布随时间变化并且表现出强烈的局部空间变化，沿着流域的山谷泥炭深度一般较高，而流域的东西边缘和南角的泥炭深度较低。深层泥炭的位置显然与梯度相对较小的山谷一致，但相对浅的泥炭的位置可能不

一定与坡度梯度的空间分布相关。很明显，WTD、泥炭深和坡度的值表现出局部可变的模式。

表 6-11　2017 年 5 个时间点测量的 WTD 数据

时间	WTD 最大/cm	WTD 最小/cm	均值/cm	标准差	CV
2017-05-17	34.721	9.708	25.441	5.694	0.224
2017-05-20	49.937	3.717	19.994	9.235	0.462
2017-05-23	38.378	5.608	17.129	6.731	0.393
2017-07-17	45.350	19.850	36.050	5.339	0.148
2017-09-18	12.642	2.050	9.102	2.543	0.279

6.6.2　地下水埋深、泥炭深和坡度的局部空间模式

将 WTD（地下水埋深）、H（泥炭深）和 S（坡度）的每个热点模式与实际值的相关模式（图 6-26）进行比较，通常相似但热点模式更简单。差异因热点位置指示实际值之间具有统计意义的空间簇导致，因此热点分析的结果代表了相关性显著的三个变量的实际局部空间模式。5 月份，热点位于东部和西部边缘地区，WTD 较高。两个主要的冷点也与低 WTD 集中区域一致。9 月存在类似的局部空间格局。虽然在 7 月，热点和冷点都与 5 月和 9 月的部分不同，但它们静态地证实了具有低值和高值的 WTD 的聚焦区域具有统

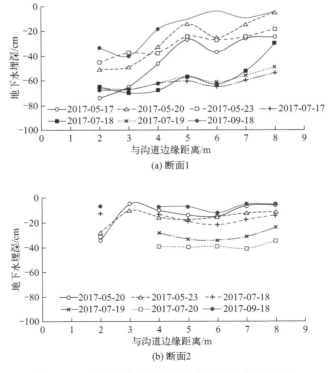

(a) 断面1

(b) 断面2

图 6-26　剖面的横向上沿两个横断面的 WTD 变化

计学意义。类似地，H 和 S 的热点和冷点证实了存在对 H 和 S 具有统计显著性的局部空间模式（图 6-26）。

5 月份三个 WTD 数据集的冷点也有类似的分布，尽管 5 月 17 日 WTD 的热点与 5 月份其他两天的热点有所不同，但它们的空间分布相似。这些特征表明，在 5 月相似的降雨条件下，WTD 的空间格局并未随时间显著变化。在 9 月份，WTD 与 5 月份的局部空间格局非常相似。然而在 7 月份，其中一个主要热点群移动到流域的东南角，而南部冷点群的面积显著减少。三个月之间的这种差异表明，在夏季（即从 5 月到 9 月），WTD 的空间格局在降雨频率高的潮湿时段，与降雨量很少或没有降雨的干旱时段之间可能会有显著差异，尽管没有使用定量标准来区分这两个时期。

虽然可以识别局部尺度上的一些相关性，但是局部 WTD 模式都不类似于 H 和 S 的模式。在流域的东侧，5 月和 9 月的 WTD 热点区域表明该区域的水位在 5 月和 9 月相对较低，这与类似区域的泥炭深度相对较低的事实相符，但与类似地区的坡度无关。南部 WTD 的部分冷区被 H 的热点区所占据，这表明 WTD 相对较高的局部区域也有较深的泥炭，但同一区域内的坡度没有统计上的显著性。在 H 和 S 之间，从南到北沿山谷的局部模式仅显示出一定的相似性。总的来说，三个变量（WTD、H 和 S）表现出不同的局部空间特性，尽管可以在局部尺度上找到一些相关性。

6.6.3　地下水埋深与泥炭深和坡度之间的空间相关性

在开始地理加权回归（geographically weighted regression，GWR）之前，进行一般线性回归，其中每日的 WTD 作为因变量，H 和 S 作为独立变量。结果表明，变量之间存在相关性，这就要求使用 GWR。回归也产生了参数值、方差膨胀因子（VIF），参数值远低于 7，表明从统计意义上来说（Zuur et al.，2010），H 和 S 都对 WTD 的变化有显著贡献，需要被包括在 GWR 模型中 [式（6-9）]。使用 WTD 对五个观测日中的每一天进行的 GWR 建模分析，建立的 GWR 模型具有 r^2（调整的）范围在 $0.828 \sim 0.918$，表明预测的 WTD 可以总体上解释测量的 WTD 的大部分变化。对于 WTD0517、WTD0520、WTD0523、WTD0717 和 WTD0918，GWR 中的截距平均值为 25.0cm、24.2cm、20.6cm、38.6cm 和 10.1cm。这些数值表明，9 月地下水位普遍偏高，7 月份较低，5 月份中等，与相关天气条件一致。

表 6-12 为负相关、非相关和正相关区域的比例。2017 年 5 月 17 日，总面积约 45% 的泥炭深与 WTD 相关，具有统计学意义，其中约 15% 和 30% 分别具有负相关和正相关。这两种不同类型的区域混合在一起，没有显示出特定的空间特征。在其余四个数据集中，具有统计显著相关性的区域占总面积的 $51\% \sim 56\%$。该区域的大多数具有负相关性（$46\% \sim 47\%$），只有不到 11% 的区域具有正相关性。负相关意味着泥炭深度越深，WTD 越小（即地下水位越高）。5 月下旬，流域的北部和中部地区是呈负相关区域，而 7 月和 9 月则延伸至南部。这些地区大部分具有相对较高的泥炭深度，因此从 5 月到 9 月的连续观测表明，深度相对较深的泥炭倾向于保持水分，导致夏季潮湿和干旱期的 WTD 较低。

表 6-12　负相关、非相关和正相关区域的比例（%）

时间	C_1（与 H）			C_2（与 S）		
	$p \leqslant -0.1$	$-0.1 < p < 0.1$	$p \geqslant 0.1$	$p \leqslant -0.1$	$-0.1 < p < 0.1$	$p \geqslant 0.1$
2017-05-17	15.27	54.86	29.87	6.24	80.54	13.23
2017-05-20	47.03	46.59	6.38	9.12	77.45	13.43
2017-05-23	46.54	44.69	8.76	11.27	80.57	8.16
2017-07-17	47.11	49.80	3.09	4.11	85.45	10.44
2017-09-18	45.77	43.95	10.28	22.05	76.66	1.29

坡度梯度显示出不同的空间相关模式（即 C_2）。对于所有 WTD 数据集，具有统计显著性的区域仅占总面积的约 15%～23%（表 6-12）。有限区域内的负相关和正相关的比例在五个数据集中变化很大。对于 2017 年 5 月 17 日、2017 年 5 月 20 日和 7 月 17日的数据集，S 与 WTD 的负相关关系少于正相关关系，而其余两个数据集则相反（表6-12）。虽然正相关意味着坡度梯度越大 WTD 越高（即地下水位越低），在水文上是合理的，但与这些正相关区域相关的坡度不一定高。显然，坡度对 WTD 值的影响非常有限。

泥炭深度没有统计学意义的区域介于 44%～55% 之间，而坡度没有统计学意义的区域介于 77%～85% 之间（表 6-12），表明在这些区域，H 和 S 的值不足以解释 WTD的空间变化。因此 H 和 S 的局部空间模式都不能解释 WTD 的局部空间模式。以 H 作为因变量且 S 作为自变量的 GWR 模型显示，仅占总面积的约 29% 的 H 与 S 相关，具有统计显著性，其中仅约 18% 的总面积与 H 之间呈负相关。H 和 S 之间的这种差的空间相关性表明：泥炭深度可能更多受到泥炭开始之前地形的控制而不是当前的地形。WTD 与 H 和 S 之间的局部空间相关性的性质进一步表明 WTD 的空间和时间特性的复杂性。

6.6.4　地下水埋深在沟渠横向的变化

沿着河流旁边的断面（即断面 1），3 个月内 WTD 的变化趋势不同［图 6-26（a）］。在5 月，2017 年 5 月 17 日的 WTD 普遍较低。在距离沟道边缘 2～5m，WTD 从 −74cm 急剧增加至 −27cm，5～8m 处的变化呈现逐步增加趋势。5 月 20 日和 5 月 23 日的 WTD 值与 5 月 17 日的 WTD 接近，但与沟道边缘距离 2～4m 处的 WTD 低于 5～8m 处的 WTD。最靠近边缘的位置处的 WTD 的变化是最大的，表明 WTD 在该位置处的高度可变性。在7 月，连续 3 天的 WTD 显示出类似的变化模式，但在 2017 年 7 月 18 日，WTD 高于河流边缘 8m 处的其他 2 天。在 9 月，距离边缘最近的位置的 WTD（−33.5cm）高于其相邻位置处的 WTD（−40cm）［图 6-26（a）］。

虽然这 3 个月的 WTD 趋势差异很大，但它们在远离河流边缘的方向上都显示出普遍增长趋势。回归分析显示，每个月的 WTD 可以通过线性模型很好地拟合，表 6-13 为WTD 沿横断面 1 的线性回归模型。线性模型的斜率在 5 月份最高（6.720），在 7 月份最低（3.277），表明 5 月份河流引起地下水位下降。9 月份的降水量明显减少了一定程度的下降效应。此外 WTD 在 9 月降水密集时最高，而 7 月最低时几乎没有降水。这种一致性再次表明降水对 WTD 的强烈影响。

表 6-13　WTD 沿横断面 1 的线性回归模型

月份	a	b	r^2	p
5 月	6.720	−67.315	0.878	< 0.0001
7 月	3.277	−76.349	0.743	< 0.0001
9 月	5.865	−46.493	0.776	< 0.0001

沿着横断面 2 旁边的浅沟，WTD 在 3 个月中表现出不同的趋势［图 6-26（b）］。5 月份，2 套 WTD 也出现了类似的趋势。WTD 在距离沟道边缘 2m 的位置处较低，然后在剩余距离内保持几乎相同，仅有较小的局部变化。7 月份，三组 WTD 彼此之间存在显著差异，尽管它们的趋势相似。2017 年 7 月 18 日的 WTD 接近于 2017 年 5 月 23 日所有位置的 WTD，除了第一个值，它甚至高于 2017 年 5 月 23 日的值［图 6-26（b）］。9 月，WTD 也与 5 月份非常相似，只是在距离沟道边缘 2m 处的位置较高。总体而言，所有测量时间的 WTD 趋势与差异更为相似。虽然一些显示出增加的趋势（如 2017 年 7 月 19 日和 2017 年 7 月 20 日），但回归分析表明所有这些趋势的线性模型没有统计学意义，无论降水的趋势如何，WTD 都不会沿着远离边缘的方向沿横断面发生显著变化。

6.6.5　地下水埋深在沟渠纵向的变化

研究流域干流沿线的 WTD 平均值趋势随时间变化［图 6-27（a）］，通常是埋层较深且至少 5～9 月常有流量。5 月份，这三种趋势明显不同。5 月 17 日的 WTD 平均值在前 100m 内缓慢下降，然后以更快的速率连续下降，直到下游约 320m。然后它以相似的速度增加，并从大约 570m 加速到终点，此时 WTD 值低于起点［图 6-27（a）］。当地趋势的三次突然变化发生在与沟道的连接处。在 5 月的另外两天，WTD 平均值以相似的趋势持续下降，直到下游 480m 处的位置，在此处沟道合并到干流中。在剩余河段中局部趋势发生变化的两个地点显然与两个沟道的汇合点一致。支流沟沿主干流对交叉路口的 WTD 的影响似乎在空间和时间上都有所不同。

在 7 月，WTD 平均值一般较低，变异系数较高，而在 9 月，平均值较高，变异系数较低［图 6-27（a）］。尽管存在这些局部变化，但 WTD 平均值在所有三个月内都普遍下降。这一下降趋势具有统计学意义，呈线性趋势（表 6-14）。尽管每个采样日期的 WTD 平均值沿着流段线性减小，但是这些线性趋势不能再折叠成单个趋势，这表明这些趋势具有很强的时间变化。在同一河流段（即 DC1），泥炭深度在前 200m 变化很大，然后在 200～360m 变化较小，随后在其他距离内出现振荡模式。总体而言，它与任何月份的 WTD 平均值变化没有明显的相关性。

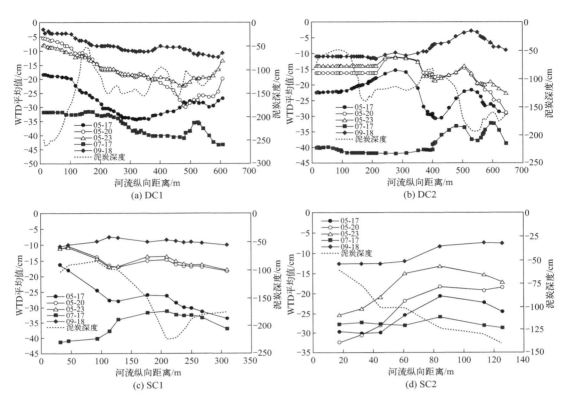

图 6-27　研究流域干流沿线的 WTD 平均值趋势随时间变化

表 6-14　沿着 4 个不同的溪流和沟渠的 WTD 的线性回归模型

选取沟道	月 份	a	b	r^2	p
DC1	5 月	−0.0257	−12.992	0.745	<0.0001
	7 月	−0.0187	−30.398	0.743	<0.0001
	9 月	−0.0133	−4.407	0.780	<0.0001
DC2	5 月	−0.0108	−15.408	0.486	<0.0001
	7 月	0.0111	−42.640	0.548	<0.0001
	9 月	0.0113	−12.376	0.699	<0.0001
SC1	5 月	−0.0298	−13.728	0.707	<0.0001
	7 月	0.0304	−40.654	0.506	<0.0001
	9 月	0.0004	−9.079	0.0015	>0.05
SC2	5 月	0.0998	−29.773	0.7266	<0.0001
	7 月	0.0584	−14.386	0.893	<0.0001
	9 月	0.0051	−27.285	0.054	>0.05

　　沿着一条长的沟道（即 DC2），该沟道深且常年有水流，WTD 平均值的规律仍然是可变的 [图 6-27(b)]。5 月份的 3 天趋势大体相似，5 月 17 日的 WTD 平均值低于其他两

天。在 DC2 下游 250m 和 540m 处的两个小沟道的交汇点处，3 天的观测时间点都发生了 WTD 平均值的局部增加，然后开始减少。在 7~9 月，即使通过下游约 250m 处的第一个连接点，WTD 平均值仍保持大致不变，并且在下游约 400m 处开始增加。9 月 WTD 平均值的变化仅发生在下游约 550m 处，但是 7 月份在该位置之前和之后发生了两次变化。同样，沟渠对交叉口 WTD 平均值的影响在时间上是可变的。这些局部变化反映了 WTD 的复杂分布，与 DC1 相比 DC2 的三个月间的变化趋势并不一致。5 月的 WTD 呈线性下降趋势，而 7 月和 9 月的 WTD 呈线性增长趋势（表 6-14）。尽管 DC2 的长度与 DC1 的长度相似，但 WTD 沿 DC2 的变化率通常小于沿 DC1 的变化率。同样，沿 DC2 的 WTD 平均值在 9 月份一般较高，在 7 月份较低，这与这几个月的降雨模式一致。泥炭深度通常沿 DC2 减少，变化率在局部尺度上变化很大。相同的泥炭深度和 WTD 平均值之间没有明确的相关性。显然，即使在相同类型的深沟道（即 DC1 和 DC2）内，WTD 的下降变化也是多种多样的。

沿着两个选定的人工沟道（即 SC1 和 SC2）的 WTD 平均值显示出不同的特征。对于 SC1，5 月 17 日的 WTD 平均值的趋势与 5 月 20 日和 5 月 23 日的趋势明显不同［图 6-27（c）］，再次表明 5 月的时间变化很大。在沟渠下游 120m 和 210m 的位置发生了两个可辨别的局部变化。这些局部变化在 7 月持续存在，且 7 月的 WTD 平均值相对较低，在 9 月 WTD 平均值普遍较高。泥炭深度沿 SC1 的变化很大，但与 WTD 平均值的变化不一致，这表明沿着 SC1 的 WTD 平均值的变化也与泥炭深度的变化不相关。

对于比 SC1 短的 SC2，WTD 平均值的趋势与 SC1 的趋势不同。WTD 平均值在 5 月的 3 天中不同，并且在沟渠下游约 60m 处的位置处发生局部变化［图 6-27（d）］。7 月和 9 月也存在类似的变化。尽管如此，在 SC2 的开始部分，7 月份的 WTD 平均值高于 5 月 17 日和 5 月 20 日数值，9 月份仍然是最高的。该局部特性与其他 3 个沟道（即 DC1、DC2、SC1）的特性不同。5 月 SC2WTD 平均值的趋势相似，可以通过统计学上显著的线性函数来描述，具有正增长率（表 6-14）。7 月 WTD 平均值没有明显变化，9 月份的趋势呈现明显的线性正相关。SC2 在这三个月总体趋势的时间变化远小于 DC1、DC2、SC1。沿着 SC2 的泥炭深度呈线性减少［图 6-27（d）］，这显然与三个月的 WTD 平均值趋势不一致，这再次表明 WTD 的变化不会受到泥炭深度的明显影响。

6.7　若尔盖高原径流变化与储水量计算

若尔盖高原被誉为我国黄河上游的"蓄水池"，也是黄河流域重要的水资源保护区。若尔盖高原的泥炭地作为青藏高原的重要沼泽湿地，是一个庞大的"离散海绵"，储存丰富的水资源。20 世纪 50 年代以来，在人类活动与全球气候变暖的双重影响下，由于人工沟渠和自然沟道排水作用，若尔盖高原湿地的完整性和储水性遭到破坏，储水量持续下降，一定程度上加剧若尔盖湿地萎缩和影响黄河上游的水资源保障。据前人估计，若尔盖年径流量占黄河玛曲站年径流量 47.97%，占唐乃亥站年径流量 33.92%，占黄河流域径流量 11.67%（刘希胜 等，2016）。因此研究若尔盖高原的径流量和储水量变化，有利于认识若尔盖高原对黄河上游水资源综合利用的价值。

国内外在若尔盖径流方面研究主要有两个方面，即水文模型与数理统计。如采用原位监测与 MODFLOW 模拟若尔盖典型泥炭地的降水-蒸发-沟道-泥炭地的水量交换过程（李志威 等，2018），证实了切穿型沟道是泥炭地的主要出流方式。采用 NNBR 模型建立四川省阿坝藏族羌族自治州若尔盖县黑河日径流量模型，计算黑河的径流减少量与峰值变化过程（Qin et al.，2015）。基于 Budyko 假说开展若尔盖径流变化的归因分析，揭示若尔盖径流量减少的主要因素是气候变暖和人类活动（赵娜娜 等，2018）。但是前人关于若尔盖径流过程的计算一般是典型小流域的观测，或仅基于全流域少量数据的大致估算。若尔盖高原被黄河干流分割为两大区域（若尔盖草原和甘南草原）和若干子流域，而且都不是封闭流域，无单一的出口控制站，使得不能直接计算整个若尔盖高原的流域径流过程。若尔盖高原的水文站点较少，数据序列不全，缺少地下水观测数据，导致不能直接应用水量平衡模型。而且由于泥炭地在若尔盖高原面积和深度上的不均匀分布，泥炭地小流域的水量平衡不能直接外推至若尔盖高原。

径流、降水和蒸发的变动会引起储水量的持续变化，因此若尔盖高原的储水量是一个流域水量平衡计算问题，降水、径流、蒸发和入渗等这些过程既相互耦合又动态调整。过去的几十年若尔盖高原的湿地面积不断萎缩，但它仍具有很大的地下水储存量，然而到底其储存多大水量或者储水量减少有多大幅度仍是一个未知数。前人曾认为若尔盖高原的泥炭地（平均厚 1～4m）是一个潜在的、巨大的天然绿色蓄水库，对区域生态平衡和黄河上游水量补给产生重要的影响，并粗略估计以泥炭储量为基础数据，利用持水量公式计算，若尔盖泥炭地的储水量约为 $45 \times 10^8 \mathrm{m}^3$（刘红玉 等，2006），然而这个数值仍有待研究证实。若尔盖高原的储水量变化是区域水文循环与气候变化和人类活动相互作用的结果，因此估算其储水量变化对于认识本地区水资源量的现状和未来趋势具有重要科学意义。

根据水文站点和流域单元将若尔盖高原划分为 7 个子研究区域，收集 1981—2011 年玛曲、若尔盖和红原站的气象数据，和大水、唐克、门堂、玛曲、久治和唐乃亥水文站的径流量数据，整理并逐个计算全部子区域降水、蒸发、径流和储水的年水量变动，提出降水与蒸发对径流量的响应关系。研究若尔盖高原的径流变化与储水量波动，有助于认识本地区的水源补给量及变化对于黄河上游水资源保障与综合利用的重要性。

6.7.1　研究区域与方法

若尔盖高原位于四川省的北边，境内包含红原县、阿坝县、若尔盖县，总面积约 $2.218 \times 10^4 \mathrm{km}^2$。因季风因素，高原上干湿分明，且雨热同期。年均降水量 590～760mm，降雨主要发生在 5～9 月。蒸发量小于降水量，年均气温 0.7～3.3℃。地势上若尔盖高原自西南向东北降低，平均海拔 3400m。泥炭地分布上，西南少，东北多，全境泥炭地约 442 处，总面积 4605km²，泥炭储备约 $73.62 \times 10^8 \mathrm{m}^3$（孙广友 等，1992）。黄河自西向东，经门堂，先后有贾曲、白河、黑河等主要支流汇入，最后在西北玛曲站流出若尔盖高原。

若尔盖高原的研究区域，除黑河流域（WT1）与白河流域（WT2）外，还有其他小支流组成的其他区域。划分这些流域有助于分区进行水量平衡计算，进而把其他地区按支流划出 4 个流域（WT3、WT4、WT5、WT6）和 1 个剩余研究区域（WT7）。各个流域的面积大小见表 6-15。研究区域内气象站有 3 个分别为玛曲站（34.00°N，102.05°E）、若尔盖站（33.35°N，102.58°E）、红原站（32.48°N，102.33°E）。收集和整理 7 个水文站数据，包括若尔盖高原入口以上的门堂站、吉迈站、久治站，黑河的大水站，白河的唐克站，若尔盖高原出口位置的玛曲站，以及黄河源区出口处的唐乃亥站。

表 6-15　气象站影响比重及各区域面积

流域	若尔盖站/%	红原站/%	玛曲站/%	各区域总面积/km²
WT1	83.40	0.03	16.57	7977.32
WT2	37.35	62.65	0.00	5432.67
WT3	62.84	37.16	0.00	2206.46
WT4	0.00	0.00	100.00	872.28
WT5	100.00	0.00	0.00	380.05
WT6	28.58	0.00	71.42	659.51
WT7	39.70	0.00	60.30	4649.99

通过玛曲、若尔盖和红原气象站 1998—2011 年逐日降水量，采用泰森多边形法以气象站位置为中心划分影响范围（表 6-15），再按各气象站在每块区域的影响比重计算相应区域的年降水量。蒸发量的计算是通过这些气象站的净辐射、日均气温、平均风速、水汽压、当地大气压等数据，参考《排水灌溉手册》的 FAO56 推荐公式（李志威 等，2017），分别对若尔盖高原的草地、湿地、水体和荒漠四种下垫面进行加权平均。

径流数据源自唐乃亥（TNH）、玛曲（MQ）、大水（DS）、唐克（TK）、门堂（MT）、久治（JZ）、吉迈（JM）水文站。其中，DS 监测黑河，TK 监测白河，MT 靠近若尔盖流域入口，MQ 位于若尔盖流域出口，JZ 在若尔盖流域入口上游贾曲支流。其中，DS、TK、MT、JZ 的 1981—2011 年的年径流量数据部分缺失，参考相邻水文站数据插值补全。

整个若尔盖流域向黄河补水量（Q_Z），采用出口玛曲的年径流量减去流域入口附近门堂的年径流量减去过渡段区域的年径流量。过渡段区域（TS），是指门堂水文站以下，若尔盖流域入口以上，黄河干流流经一段地界，TS 区域包括久治站监测的部分贾曲流域和其他区域。其他区域缺乏水文记录，且支流繁多难以测量，但面积与久治站监测的集水面积相近约 1250km²，大致认为 TS 区域的其他区域与久治站监测流域具有相同集水能力。

采用式（6-15）计算全若尔盖流域向黄河补水量（Q_Z）（单位为 $10^8 m^3$）。

$$Q_Z = MQ - MT - JZ \times 2 \tag{6-15}$$

式中，Q_Z 为全若尔盖流域向黄河补水量；MQ 为玛曲的年径流量；MT 为门堂的年径流量；JZ 为久治的年径流量。

各区域水文循环计算可得到储水量变动。若尔盖高原水文过程中，各区域降水、蒸发、径流、储水等因素相互影响，形成区域水文循环。若尔盖高原人口稀少，当地生产生活用水量较少，可不予考虑。降水是若尔盖的主要补水方式，暂不考虑其他水源。各个子区域的水量平衡可由式（6-16）表示。

$$Q+E+\Delta S=P \tag{6-16}$$

式中，Q 为各子区域向黄河补水量；E 为各子区域蒸发出流量；ΔS 为各子区域储水；P 为各子区域通过降水的补水量。

6.7.2　降水量与蒸发量变化

图 6-28 为若尔盖高原各气象站降水量与蒸发量（1981—2011 年），结合气象站在各区域的比重，计算各子区域的年降水量和年蒸发量。降水量都呈现下降趋势，若尔盖站的平均降水量为 644.8mm±94.04mm，逐年减少量为 1.83mm。红原气象站平均降水量为 743.0mm±100.08mm，逐年减少量为 3.62mm。玛曲气象站平均降水量为 594.7mm±77.15mm，逐年减少量为 0.39mm，降水量的大小与气象站纬度位置有关。全若尔盖流域年降水量均值约 651.78mm，逐年减少量为 1.82mm。

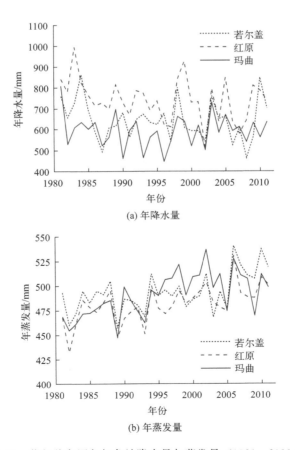

图 6-28　若尔盖高原各气象站降水量与蒸发量（1981—2011 年）

与逐年递减的降水量不同，蒸发量逐年呈现上升的趋势。若尔盖站平均蒸发量约490.87mm±19.68mm，逐年增加量为1.23mm，红原站平均蒸发量约493.82mm±18.72mm，逐年增加量为1.28mm，玛曲站平均蒸发量约491.20mm±20.78mm，逐年增加量为1.56mm。蒸发量在全流域的均值约490.9mm，蒸发量增加速率为1.32mm/a。需要指出的是，蒸发量不同于降水量，并非气象站直接观测的数据，其具有较大空间差异性和的不确定性。

通过各气象站降水量、蒸发量的数据，结合面积对各区域降水量、蒸发量进行计算（表6-16）。白河流域（WT2）的单位降水量最大，每平方米通过降水补水量约706.32mm，WT4的每平方米降水补水量最小，约594.68mm。WT5的降水量变异系数最大，WT7最小。各子区域的蒸发量相近，全流域单位面积蒸发量约490.90mm，其中WT5蒸发大，WT2蒸发小。

表6-16　各区域年降水补水量与年蒸发出流量

项目		单位	WT1	WT2	WT3	WT4	WT5	WT6	WT7
降水	补水量	mm	636.51	706.32	681.29	594.68	644.80	609.00	614.58
	变异系数	%	13.33	12.44	12.64	13.19	14.83	11.47	11.33
蒸发	出流量	mm	493.38	486.35	489.39	491.20	493.82	491.95	492.24
	变异系数	%	3.92	3.85	3.88	4.53	4.05	4.09	3.98

6.7.3　径流量变化

图6-29为门堂、唐克、大水和久治站年径流量的补全。1981—2011年的年径流量数据，玛曲站的数据完整率100%。门堂站有15年径流量，数据完整率48.39%，参考上游吉迈水文站径流量插补门堂径流量，相关系数 r^2 为0.82。唐克站有28年径流量，数据完整率90.32%，参考下游玛曲水文站径流量进行补全（图6-29），r^2 为0.71。大水站有28年径流量，数据完整率90.32%，参考同在若尔盖的白河唐克水文站径流量补全，r^2 为0.83。久治站有16年径流量，数据完整率51.61%，参考附近唐克水文站径流量补全，r^2 为0.89。图6-30(a)的连线代表各水文站补全后的年径流量。

各水文站（1981—2011年）年径流量表明（图6-30），玛曲站年径流量均值约139.84×10^{8}m^3，2002年之前玛曲站径流量以约4.34×10^{8}m^3/a的平均速率下降，2002年后下降速率得到放缓，玛曲站径流量得以上扬，速率是1.87×10^{8}m^3/a。门堂站1981—2011年的径流量均值约61.26×10^{8}m^3，2002年之前门堂站的径流量以2.66×10^{8}m^3/a的平均速率下降，2002年后下降速率得到放缓，门堂站径流量以3.33×10^{8}m^3/a的平均速率上升。大水站与唐克站年径流量均值约9.55×10^{8}m^{3}和19.56×10^{8}m^3，年径流量减少速率分别是0.27×10^{8}m^3/a和0.34×10^{8}m^3/a，且并未在2002年后有明显减缓。

若尔盖高原总年径流量 Q_Z 的计算结果如图6-30(b)，1981—2011年若尔盖高原平均向黄河补水量约67.08×10^{8}m^3，标准差14.90×10^{8}m^3，并持续以0.48×10^{8}m^3/a速率

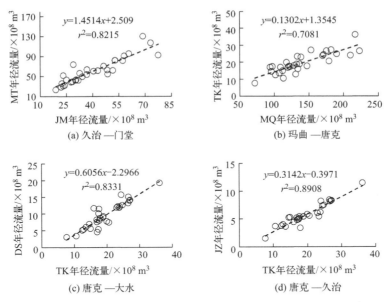

图 6-29　门堂、唐克、大水和久治站年径流量补全（1981—2011 年）

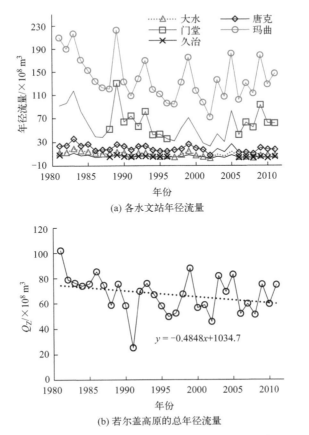

图 6-30　各水文站年径流量变化（1981—2011 年）

下降。最低补水发生在 1991 年，总量约 $25.19 \times 10^8 \, \text{m}^3$，仅为同时期玛曲站径流量的 23.12%。最大补给发生在 1981 年，总量约 $102.02 \times 10^8 \, \text{m}^3$。占同年玛曲站径流量的 48.58%。唐乃亥站 1981—2011 年的年径流量均值约 $197.74 \times 10^8 \, \text{m}^3$，全若尔盖流域向黄河平均补水量占黄河玛曲站年径流量的 47.97%，占唐乃亥站年径流量的 33.92%。

6.7.4 水量平衡计算

通过若尔盖各子区域的水量平衡计算（图 6-31），可得到各区域年储水量变化 ΔS，蒸发量上升与降水量下降及径流量变小，必然会导致 ΔS 的逐年减少。但蒸发量是通过 3 个气象站监测的多种参数，结合下垫面比重以 FAO56 公式计算得到，具有一定不确定性。图 6-31(a) 是直接用当前蒸发量结合降水量、径流量计算得到的各区域储水量。89% 的储水量数值小于 0，且全流域储水量累计值减少约 $997.70 \times 10^8 \, \text{m}^3$。显然，1981—2011 年间若尔盖不可能流失如此大量的储水，所以蒸发量的数值需要根据区域不同分别乘以相应折减系数 δ。

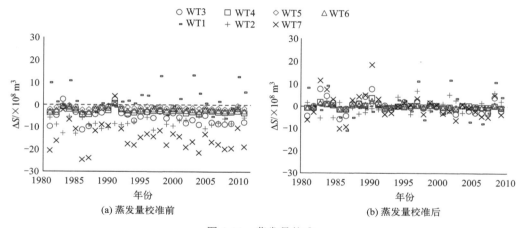

图 6-31　蒸发量校准

蒸发量折减系数可通过计算各子区域 1981—2011 年累计储水量变动进行拟合估算。前人估算了若尔盖地表储水、土壤储水、植被储水和水域储水数值，1977 年总储水量 $64.37 \times 10^8 \, \text{m}^3$、1994 年总储水量 $45.27 \times 10^8 \, \text{m}^3$、2006 年总储水量 $39.77 \times 10^8 \, \text{m}^3$。通过拟合并计算 1980 年总储水量为 $60.03 \times 10^8 \, \text{m}^3$，2011 年总储水量为 $39.44 \times 10^8 \, \text{m}^3$，所以可以推断 1981—2011 年间若尔盖总储水减少量约为 $20.59 \times 10^8 \, \text{m}^3$。假定各区域各处储水量均匀减少，通过面积加权计算各区域储水 1981—2011 年的累计减少量。再反复调试蒸发系数 δ，使各区域 1981—2011 年 ΔS 累计值等于储水累计减少量。

各区域蒸发量乘以相应系数后，各区域每年 ΔS 数值如图 6-31(b)，数值上基本在 0 轴线附近分布，各区域 ΔS 值正负交替，全流域储水量变化累计值减少 $20.59 \times 10^8 \, \text{m}^3$，表明蒸发量的系数 δ 是合理的。各区域面积与蒸发量计算系数见表 6-17，黑河流域（WT1）蒸发量略有增加，白河流域（WT2）蒸发量有所减少，总体而言若尔盖高原折减后蒸发量为原来的 70.42%。

表 6-17 各区域储水变化量与蒸发量计算系数

流域名称	WT1	WT2	WT3	WT4	WT5	WT6	WT7	总计
累计储水变化量/10^8m^3	−7.41	−5.04	−2.05	−0.81	−0.35	−0.61	−4.32	−20.59
系数 δ	1.0418	0.7063	0.5015	0.3234	0.4231	0.3519	0.3631	0.7042

各区域折减后的蒸发量 E 与降水量 P、径流量 Q 以及储水变动量 ΔS 形成水文循环过程，降水作为唯一补水过程，蒸发与径流是主要的出流过程，储水在其中调节缓冲。下面研究黑河流域与白河流域的水循环变化。黑河流域平均降水量约 50.78×10^8m^3，每年减少 0.13×10^8m^3。黑河平均蒸发量为 41.47×10^8m^3，每年递增 0.11×10^8m^3，占出流量的 81.11%。黑河平均径流量为 9.55×10^8m^3，每年减少 0.28×10^8m^3，占出流量的 18.89%。白河流域平均降水量 38.37×10^8m^3，每年减少 0.16×10^8m^3。白河平均蒸发量为 18.98×10^8m^3，每年递增 0.05×10^8m^3，占出流量的 48.82%。白河年径流量均值为 19.56×10^8m^3，每年减少 0.34×10^8m^3，占出流量的 51.18%。

下面研究各流域年径流量受降水与蒸发的影响，反映黑河、白河流域单位面积化后的径流深、蒸发量和降水量的三者关系（图 6-32）。总体上蒸发量和单位径流深之间呈负相关，降水量和径流深之间呈正相关。黑河流域蒸发量每上升 1mm 会使年径流量减少 0.12×10^8m^3（年径流深减少 1.52mm），降水量每减少 1mm 会使径流量减少 0.02×10^8m^3（年径流深减少 0.29mm）。白河流域蒸发量每上升 1mm 会使径流量减少 0.27×10^8m^3（年径流深减少 5.05mm），降水量每减少 1mm 会使径流量减少 0.05×10^8m^3（年径流深减少 1.01mm）。

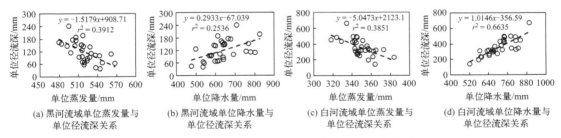

图 6-32 单位径流深、蒸发量和降水量的三者关系

6.7.5 储水量变化分析

受降水与蒸发等气候因素影响，若尔盖高原的储水量在一定范围内上下波动（图 6-33）。图 6-33(a) 表明储水量的每年变动量 ΔS_a，正值代表储水量增加，负值代表储水量的减少。若尔盖高原的储水量最大减量在 1987 年达到 31.03×10^8m^3，储水量最大增量在 1991 年，达到 29.47×10^8m^3，而且若尔盖储水量的年际增减范围占 Q_Z 约 50%。

各子区域储水量波动除以面积进行单位化 ΔS_p，可比较若尔盖高原的不同区域储水量的变化幅度 [图 6-33(b)]。黑河与白河单位储水量的变化形态与幅度相近，白河每平

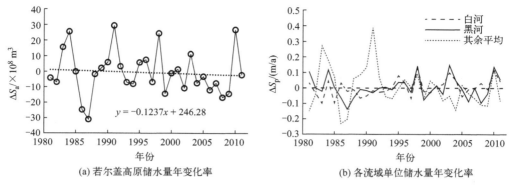

图 6-33　储水量年变化率

方米储水量增加量最多为 $0.129\mathrm{m}^3$，储水量每年减少量最大为 $0.099\mathrm{m}^3$，多年平均值为 $0.087\mathrm{m}^3$。黑河每平方米储水量增加量最多为 $0.148\mathrm{m}^3$，储水量每年减少量最大为 $0.138\mathrm{m}^3$，多年平均值为 $0.087\mathrm{m}^3$。其他区域每平方米储水量增加量最多 $0.388\mathrm{m}^3$，储水量每年减少量最大 $0.231\mathrm{m}^3$，多年平均值为 $0.086\mathrm{m}^3$。单位面积储水年变化无明显的递增或递减趋势，在一定范围内维持动态平衡。

以前人估算结果作为参考（唐玉凤 等，2009），计算 1980 年总储水量为 $60.03\times10^8\mathrm{m}^3$，累计 1981—2011 年每年若尔盖高原储水量变动，得到每年若尔盖高原的实际储水量 S_a [图 6-34(a)]。1981—2011 年间若尔盖高原储水量在 1984 年最大，达到 $90.18\times10^8\mathrm{m}^3$。2009 年若尔盖高原的储水量最小，只有 $14.76\times10^8\mathrm{m}^3$。1981—2011 年平均储水量为 $59.30\times10^8\mathrm{m}^3$，平均递减速度为 $0.49\times10^8\mathrm{m}^3/\mathrm{a}$。

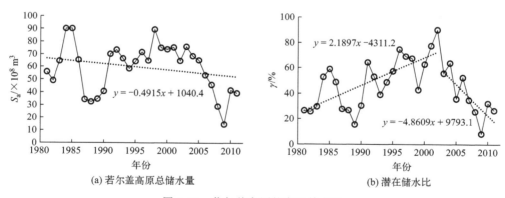

图 6-34　若尔盖高原的实际储水量

采用若尔盖高原的储水量占黄河干流的玛曲站径流量的比例（γ），可反映若尔盖高原向黄河干流的潜在补水能力。图 6-34(a) 表明 2002 年前储水量虽有一定波动但整体基本稳定。图 6-34(b) 表明，1981—2011 年若尔盖高原的 γ 均值为 46.01%。潜在储水比 γ 最大值发生在 2002 年，达 89.96%，最小值发生在 2009 年为 8.24%。2003—2009 年，若尔盖高原的储水量减少 $61.15\times10^8\mathrm{m}^3$。若尔盖储水量的大量流失削弱其潜在储水比，使 2009 年潜在储水比达到最低，仅为 8.24%，若尔盖高原由于降水量减少和前期排水及蒸发增加，消耗了大量自身储水，直至 2010 年之后略有恢复。

6.8　黄河源区泥炭湿地分布空间差异性

泥炭湿地即泥炭沼泽，泥炭上层一般有草本植被或灌木覆盖，是一种由于浅变质的有机质大量积累形成的独特湿地生态系统，富含巨大的碳储量且蕴藏丰富水量，故泥炭湿地具有很强的水源涵养能力（焦晋川 等，2007；柴岫 等，1965）。黄河源区以若尔盖高原为代表的泥炭湿地是黄河上游重要的水源地，提供了黄河源区出口控制站——唐乃亥站径流量的34%，这对于黄河上游径流量与流域生态系统具有重要作用（胡金明，2000）。然而近年来泥炭湿地呈现萎缩趋势，严重影响黄河上游水量补给和当地湿地生态系统健康（李志威 等，2014）。泥炭湿地对于调节黄河源区水量分布和维持湿地生态完整性起到重要作用，因此开展黄河源区泥炭湿地空间分布及影响因素的研究具有重要科学价值。

前人对于黄河源区泥炭湿地的研究主要集中于以下三个方面。

① 认为黄河源区的泥炭湿地主要集中于若尔盖高原，泥炭面积 $4605.28km^2$，容积储量 $7361.67 \times 10^6 m^3$，是若尔盖高原主要的土地覆盖类型（孙广友，1992；柴岫，1981；孟宪民，2006），是全球面积最大的高原泥炭地。

② 由于自然因素与人类活动的双重影响，近几十年若尔盖高原湿地显著萎缩，草地退化、荒漠化严重（Dong et al.，2010；Yu，et al.，2017）。1990—2016年若尔盖高原的泥炭湿地呈明显下降趋势，荒漠化面积以 $2.17km^2/a$ 的速率增加（游宇驰 等，2017）。若尔盖湿地密布自然沟道和开挖的1800km人工沟渠和弯曲河流水系溯源侵蚀是若尔盖沼泽退化的主要原因（李志威 等，2018；游宇驰，李志威，陈敏建，2018）。

③ 近年来若尔盖泥炭湿地水源涵养能力也发生了变化，自然沟道的溯源下切和横向侵蚀使得沟道两侧沼泽的地表水和泥炭层的地下水被疏干，泥炭湿地蓄水量显著减少（鲁瀚友，李志威，胡旭跃，2019），而且切穿泥炭层的深沟可能会加剧泥炭层底部的地下水渗出。若尔盖高原的径流量与储水量逐年降低，直接导致若尔盖湿地面积减少和对黄河上游径流量的补给减少，并以 $0.48 \times 10^8 m^2/a$ 速率减少（鲁瀚友 等，2019）。

由上可知，前人对于黄河源区泥炭湿地的研究主要集中于若尔盖高原区域，对于黄河源区其他区域的泥炭湿地缺少探索。从野外考察和遥感解译可知，黄河源区泥炭湿地破碎度高，分布相对分散，这使得黄河源区泥炭湿地对地形地貌和气象因子变化更加敏感。本研究以1956—2015年黄河源区各县降水、气温资料和各县高程、坡度资料为基础，分析了黄河源区泥炭湿地在空间分布上的差异，并对比典型泥炭湿地分析高程、坡度、降水、气温等因素对造成其空间分布差异性的影响，研究气候因子、地形条件与黄河源区泥炭湿地分布的定量关系，这对于认识黄河源区地表景观格局和水源涵养能力评估具有较重要科学意义。

6.8.1　研究区域与研究方法

黄河源区位于青藏高原东北部，主要指唐乃亥以上流域，介于 $32°\sim36°N$，$95°\sim103°E$，面积约为 $13.3 \times 10^4 km^2$，总长度1552.4km，海拔主要在3000m以上。黄河源区涉及四川省、青海省和甘肃省的19个县域，占整个黄河流域的16%。选取1956—2015年源区各县气象站的降水和气温数据，采用中国气象数据网的中国地面气候资料日值数据集（V3.0），选取黄河源区域涉及的若尔盖县、红原县和玛多县等 19 个县的月降水和月气温资料进行统计分析。Google Earth 遥感影像以 2015 年为主，2015 年遥感影像采用地理空间数据云平台提供的 Landsat TM 数据（表 6-18），遥感影像选取云量在 20％以下的 2015年的枯水期。

表 6-18　部分遥感影像的基本信息

序列	遥感影像来源	遥感影像时间	空间分辨率/m
(130,37)	Landsat 8	2015-02-12	30
(131,36)(131,37)(131,38)	Landsat 8	2015-02-03	30
(132,35)(132,36)(132,37)	Landsat 8	2015-03-30	30
(133,34)(133,35)(133,36)(133,37)(133,38)	Landsat 8	2015-12-02	30
(134,35)(134,36)(134,37)	Landsat 8	2015-03-12	30
(135,35)(135,36)(135,37)	Landsat 8	2015-11-30	30
(136,35)(136,36)	Landsat 8	2015-02-06	30
(137,35)(137,36)	Landsat 8	2015-02-13	30

黄河源区泥炭湿地的空间分布，以游宇驰、李志威和李希来（2008）对若尔盖高原土地覆盖的研究为基础，通过对已识别出的若尔盖高原泥炭湿地的 Google Earth 和遥感影像对比，识别泥炭湿地的标准为：① 地形，积水是泥炭湿地发育的重要因素，多发育于地势低洼处，故对黄河源区泥炭湿地的识别主要集中于地势低洼的山谷和水源附近；② 颜色，根据对前人识别得出的若尔盖高原泥炭湿地 Google Earth 影像的分析，泥炭湿地颜色一般比周围颜色深，且大多呈现为棕褐色。

根据上述泥炭湿地的识别标准，本研究利用 ENVI 5.3、ArcGIS 10.5 和 Google Earth 对源区泥炭湿地进行获取与校核，首先利用 ENVI 5.3 软件中的面向对象特征提取方法（feature extraction）对 Landsat TM 数据进行处理，通过试错法定性地对影像进行分割，从而初步得出黄河源区泥炭湿地分布。继而通过 ArcGIS 10.5 对初步的泥炭湿地分布进行复核，将识别错误的泥炭湿地部分删除。再通过 Google Earth 软件对之前未识别出的泥炭湿地结合目视解译对其进行补充与校核，从而得出较完整的黄河源区泥炭湿地分布。此外遥感影像的分辨率为 30m，经计算在遥感影像分辨率上的误差大约为 1％，可忽略不计。通过 Google Earth 目视识别泥炭湿地的误差大致在 10％。

为探究地形、气象因素与黄河源区泥炭湿地空间分布的关系，本研究通过 ArcGIS 对黄河源区泥炭湿地各个斑块的面积、高程和坡度进行计算，并通过统计分析得出源区发育泥炭湿地的高程和坡度范围，并对少部分分布于极端条件（例如高海拔或高坡度）泥炭湿地进行单独讨论，分析其可发育泥炭湿地的原因。此外通过统计分析极端组合（例如高海拔和低坡度）情况下泥炭湿地的分布比例，对比高程和坡度条件的约束性。

利用从中国气象数据网获得的日值降水、气温数据统计分析得出各县多年月平均降水量和多年月平均气温，其中月平均值以各县 1965—2015 年共 51 年的降水和气温数据为基础，对 51 年各月的对应数值采取求和平均的方法计算得出，从而对比泥炭分布多和少的县的降水、气温情况，从年内降水天数、低温天数及多雨低温天数等角度分析其面积存在差异的原因。对降水、气温条件满足但泥炭分布少的地方，结合地形因素进行分析，对比得出地形因素和气象因素对源区泥炭湿地分布的影响。

6.8.2 黄河源区泥炭湿地的空间分布特征

经遥感解译，黄河源区总面积约为 $1.33×10^5 km^2$，覆盖四川、青海、甘肃三个省的若尔盖、红原、玛多、玛曲等 19 个县，其中青海省所占面积最大，约 $1.05×10^5 km^2$，占比达 79%，甘肃省所占面积最小，仅涉及玛曲一个县，面积约为 $9.65×10^3 km^2$ [其中若尔盖高原泥炭湿地的分布为引用游宇驰、李志威和李希来（2018）对若尔盖高原土地覆盖分析中泥炭湿地识别的结果]。

从黄河源区的泥炭湿地分布来看，黄河源区所涉及的 19 个县域内，只有 14 个县域分布有泥炭湿地（表 6-19）。黄河源区泥炭湿地总面积为 10750.85km²，占黄河源区总面积的 8%。泥炭湿地主要分布在四川省的若尔盖高原（3501.35km²）和青海省东南部的玛多县（2936.13km²）、称多县（1492.71km²）、曲麻莱县（832.20km²）和达日县（818.21km²）等地，其中属玛多县分布的泥炭湿地面积最大（图 6-35）。积水是泥炭湿地形成的重要因素之一，源区泥炭湿地大都分布在水源附近，水源缺少处未分布或面积很少，例如若尔盖盆地的黑河中上游分布有最广的泥炭湿地，玛多县扎陵湖和鄂陵湖附近分布有大量泥炭湿地。源区泥炭湿地斑块数量共为 2736 块，而各县的斑块数量和面积差异较大。石渠县泥炭湿地分布较为集中，破碎度小，泥炭湿地斑块平均面积达 214.19km²，久治县、红原县等泥炭湿地斑块的破碎度较大，久治县斑块平均面积仅为 0.10km²。

表 6-19 源区各县面积、泥炭湿地面积、斑块数量

县名	所属省	黄河源区内的县域面积/km²	泥炭湿地总面积/km²	泥炭湿地斑块数量/块
若尔盖县	四川	6831.92	2117.45	396
红原县		6600.66	613.83	472
阿坝县		3483.97	118.61	200
石渠县		1684.87	642.56	3
泽库县	青海	4278.40	269.24	124
久治县		6071.66	17.79	185
河南蒙古族自治县		5072.16	86.24	13
贵南县		5615.01	48.25	16
甘德县		7126.43	93.25	45
达日县		11282.10	818.21	120
玛多县		19956.70	2936.13	698
称多县		4615.31	1492.71	78
曲麻莱县		8243.13	832.20	178
玛曲县	甘肃	9647.58	664.37	208

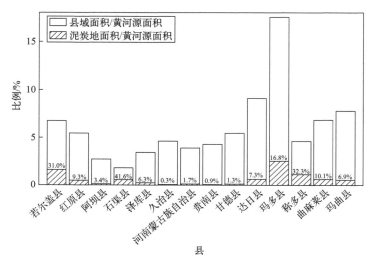

图 6-35 黄河源区县域面积、泥炭湿地面积堆积柱状图

经遥感图像结合目视解译发现玛多县存在大面积的泥炭湿地，达 2936.13km^2，占源区泥炭湿地面积总和的 27%，主要分布在玛多县的南部，尤其是邻近扎陵湖和鄂陵湖的区域，且玛多县平均高程为 4394m，日平均气温为 -3.6℃，其内有扎陵湖和鄂陵湖分布且南部以山谷洼地居多，满足泥炭湿地发育的高寒、积水条件。玛多县处在黄河源区源头，海拔高，气候寒冷，一般认为主要形成湖泊与沼泽湿地，此次识别的大量泥炭湿地为学者所忽视。因此本研究提取玛多县、达日县和称多县等泥炭湿地空间分布，可为后续全面考虑源区水源涵养能力估算提供基础数据。

6.8.3 高程与坡度对泥炭湿地空间分布的影响

黄河源区泥炭湿地的高程分布范围为 3420～4751m，坡度分布范围为 0.17°～33.14°（表 6-20）。泥炭湿地的斑块数量总计 2736 块，其中有高程、坡度数据可读取的斑块数量为 2572 块，根据统计，泥炭湿地主要分布于海拔 4650m 以下（98.2%），而仅有 1.8% 分布于海拔 4650m 以上（表 6-21），这些泥炭湿地位于青海省东南部的称多县、达日县、玛多县、曲麻莱县和四川省西北部的石渠县。以称多县的一个泥炭湿地斑块为例，该斑块面积为 10.06km^2，其海拔 4702m、坡度 2.2°。

表 6-20 黄河源区各县泥炭湿地斑块的高程和坡度

县名	高程/m			坡度/(°)		
	最小	最大	均值	最小	最大	均值
若尔盖县	3424.6	3937.0	3480.2	0.17	15.36	3.49
红原县	3444.3	4371.4	3613.7	0.30	33.14	6.16
阿坝县	3447.8	3832.1	3575.3	0.37	20.70	8.38
石渠县	4456.9	4678.0	4601.7	2.97	4.42	3.50

续表

县名	高程/m			坡度/(°)		
	最小	最大	均值	最小	最大	均值
泽库县	3456.5	4099.4	3769.0	0.56	18.49	2.98
久治县	3561.6	4367.8	3841.1	0.66	16.12	4.72
河南蒙古族自治县	3507.2	3632.2	3575.5	0.71	1.59	1.11
贵南县	3539.9	4259.5	3669.7	1.31	9.33	3.69
甘德县	4222.0	4596.0	4423.0	2.50	21.28	8.46
达日县	3859.4	4698.1	4368.4	0.47	30.02	4.10
玛多县	4127.0	4713.6	4428.5	0.28	14.97	3.32
称多县	4409.5	4750.5	4565.9	1.78	6.04	3.30
曲麻莱县	4303.0	4739.3	4541.4	0.47	8.52	2.72
玛曲县	3420.1	3818.7	3509.6	0.31	16.9	5.21

表 6-21　源区不同分段高程、坡度内泥炭湿地斑块数量及面积

项目	高程/m			坡度/(°)		
	≤3500	3500~4650	>4650	≤5	5~10	>10(>15)
斑块数量/个	554	1971	47	1766	538	268(46)
面积/km²	2947.85	6856.66	907.33	9688.99	890.35	132.5(30.44)

泥炭湿地绝大多数分布于坡度小于等于 5°范围内，约占 68.6%，但也存在坡度大于 15°的地方分布有泥炭湿地，这些泥炭湿地位于青海省东南部的达日、甘德县和四川省西北部的红原县、泽库县，以红原县的一个泥炭湿地斑块为例，该斑块面积为 0.23km²，位于海拔 4173m、坡度 33.1°处。结合海拔 4650m 以上和坡度大于 15°的泥炭湿地来看，海拔在 4650m 以上的泥炭湿地的坡度分布在 2.2°~8.5°，不存在有坡度大的情况，而坡度大于 15°的泥炭湿地的高程普遍分布在 3576~4200m。因此黄河源区泥炭湿地的分布至少满足海拔处于 3576~4650m 和坡度在 15°以下的其中一个条件。

分布在海拔 4650m 以上或坡度 15°以上的泥炭湿地共有 93 个斑块，从各个斑块的面积大小来看，海拔 4650m 以上的泥炭湿地斑块平均面积为 19.69km²，其中有 3 个斑块的面积在 100km² 以上，而分布在坡度 15°以上的斑块平均面积仅为 0.66km²，其中 96% 的斑块面积在 1km² 以下，剩余斑块面积均在 10km² 以内（表 6-22）。可见在海拔处于 3576~4650m 和坡度 15°以下这两个条件中，坡度条件的约束性更大，黄河源区泥炭湿地大多分布在高海拔、低坡度，只有极少数分布于高坡度、低海拔处。

表 6-22　高程>4650m 或坡度>15°的斑块在不同面积范围的分布

项目	高程>4650m 时的斑块面积/km²				坡度>15°时的斑块面积/km²			
	0~1	1~10	10~100	100~∞	0~1	1~10	10~100	100~∞
斑块数量/个	28	13	5	3	44	2	0	0

6.8.4 泥炭湿地空间分布对降水与气温的适宜性

以 1956—2015 年各县气象站的降水、气温数据为基础，计算得出各县多年平均降水、多年日平均气温，源区分布有泥炭湿地的 14 个县平均年降水量为 520.7mm，日平均气温为 0.9℃。以各县泥炭地面积与各县在黄河源区域内的面积比值作为各县泥炭湿地分布多少的标准，选取泥炭湿地分布最多的石渠县、泥炭湿地分布最少的久治县和无泥炭湿地分布的玛沁县作为典型区域进一步分析降水、气温的差异性。各县多年月平均温度均呈现先增加后减少的趋势，并在 7 月达到峰值（图 6-36），且石渠县、久治县和玛沁县年内日平均气温低于 0℃ 的时间各为 185d、160d 和 172d，相差较小，故各县的气温情况差别不大。这 3 个县的降水年内变化趋势均为先增大后减小，且降水都集中于 5—9 月，石渠县、久治县和玛沁县多年平均降水时间各为 166d、145d 和 119d，且均以小雨（日降水量小于 10mm）为主要降雨，久治县相比石渠县降水更集中于 6～8 月，石渠县年内降水时间更多、时间上的分布更为均匀。此外石渠县日平均气温低于 0℃ 且存在降水的时间为 55 天，占年内总降水时间的 33%，而久治县仅为 18%，故低温并伴有降水出现是影响泥炭湿地发育的因素之一。

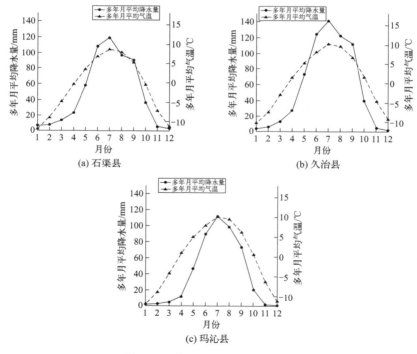

图 6-36 典型县域的降水-气温图

从各县平均年降水量和日均气温情况来看，泥炭湿地占比最大的石渠县平均年降水量为 567.8mm、日均气温为 -1.1℃（表 6-23），其内分布较多泥炭湿地可能与其降水较多且温度较低，不易蒸发有关。占比最小的久治县虽然平均年降水量达 668.7mm，且温度也较低，为 0.8℃，但久治县坡度较大，平均坡度高达 16.85°，而坡度大的地方即使降水多也难以形成泥炭湿地。除此之外，久治县的水源较少，这是其泥炭湿地较少的原因之一。泥炭湿地占比较大的石渠县、玛多县、若尔盖县等地，平均坡度都在 5°以下，且降水较多，有河流、湖泊分布，例如玛多县内的鄂陵湖、扎陵湖，若尔盖县内的黑河及众多支流等。

表 6-23　黄河源区各县降水、气温、坡度及泥炭湿地占比

项目	若尔盖县	红原县	阿坝县	石渠县	泽库县	久治县	河南蒙古族自治县	贵南县	甘德县	达日县	玛多县	称多县	曲麻莱县	玛曲县
平均年降水量/mm	645.8	749.0	749.0	567.8	402.7	668.7	533.7	399.3	465.7	469.2	271.8	454.6	347.0	565.9
日均气温/℃	1.3	1.6	1.6	−1.1	5.8	0.8	0.4	2.4	−0.2	−0.1	−3.6	3.4	−1.9	1.8
坡度/(°)	4.72	10.37	12.39	4.74	6.18	16.85	11.64	7.65	14.17	11.17	4.67	4.42	4.21	11.54
泥炭湿地占比排名	3	6	10	1	9	14	11	13	12	7	4	2	5	8

综合 14 个县的平均年降水量和日均气温来看，降水量丰富、温度较低即蒸发少的地方才分布有泥炭湿地，但降水量最多的阿坝县泥炭湿地占比排名靠后，这可能与阿坝县坡度较高有关，其平均坡度为 12.39°。选取坡度大致相近的玛多县、称多县、曲麻莱县、若尔盖县和石渠县（表 6-23）进行分析，其中降水量最多、温度最低的石渠县泥炭湿地占比最大，而年降水量仅有 300mm 左右的玛多县和曲麻莱县泥炭湿地占比最少。故降水、气温对泥炭湿地分布的影响受限于坡度条件，在坡度适宜即满足 15°以下的条件时，降水多、气温低的地方泥炭湿地分布会相对较多。

四川省的若尔盖盆地和青海省东南部坡度条件较好，多数为 15°以下，高程也大多在 4500m 以下。这些区域的降水丰沛、地形以山谷或山间盆地为主，易形成积水，且温度较低，满足泥炭湿地形成的积水、高寒条件，因此黄河源区泥炭湿地主要分布于这两个区域。

第 7 章

黄河源区泥炭湿地的地下水运动数值模拟

7.1 侧向沟道对泥炭地水文过程的影响

7.1.1 研究区域与野外观测

本研究区地点位于黄河源区支流黑河流域的哈曲上游，属于红原县色地镇附近的泥炭沼泽湿地。该地区多年平均降雨量为 765mm，且地势低平，降雨汇流于此，排泄不畅形成湿地。1950 年以来，由于人工开挖沟渠和自然沟道的溯源侵蚀，大片湿地被疏干变成草原，沼泽面积与历史时期相比萎缩近 50%。黄河源区干流的溯源下切起于 180 万年前，黄河河道以 U 形弯道切穿若尔盖盆地，促进四川省阿坝藏族羌族自治州若尔盖县黑河、白河流域中自然沟道的横向侵蚀和溯源下切，从而导致地表水及地下水横向排水，形成沟道两侧的疏干带，这一点为实地考察所证实。本研究区域选取在自然沟道边缘，观测点 1（32°59′11.130″N，102°59′17.922″E），观测点 2（32°59′16.212″N，102°59′14.250″E），分别代表自然沟道切穿泥炭层和未切穿泥炭层（图 7-1）。研究区覆盖厚约 1.5m 的草本质泥炭层，是密集植被根系的浅变质炭化的多孔介质，干密度一般为 0.2~0.4g/cm³，泥炭的含水率约为 200%，泥炭下层为粉砂层，d_{50} 约为 0.039mm。不同的沟道深度导致两种沟道的排水能力和对地下水运动的影响也不同。

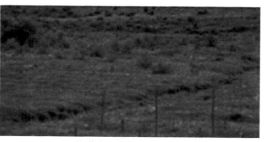

(a) 沟道切穿泥炭层(观测点 1)　　　　　　(b) 沟道未切穿泥炭层(观测点 2)

图 7-1　自然沟道切穿泥炭层和未切穿泥炭层

两个观测点的原位地下水观测设计都相似，都由 3 排共 9 个点组成。这些测量孔 3 排平行于沟道、3 排垂直于沟道，且受局部地形影响，每个观测区 9 个点间距离各不相同。测压管（piezometer）由一根 1.5m 长的铁管组成，铁管外径 2cm，内径 1.8cm，在管底部 10cm 范围内有 4 排穿孔以便地下水通过。每个测量管分别设置于距地表以下 100cm、70cm、40cm 的位置，在每一个深度插入钢卷尺进测量管直至管内水面，以此测量地下水的水头（water head）。多次重复测量表明，水头测量误差控制在 3mm 以内。每测一次，测压管垂直移动后要等 8～17h，以待水头达到稳定。通过野外多次观测，8h 后该地区水头可达到平衡状况。测量水头之后，通过测量钻孔内地表到地下水的距离，记录了地下水位值。测量方法与 Fisher 等（Fisher A S et al.，1996）相似，水位值记录了 3 次，1 次降雨前和 2 次降雨后。泥炭地表面地形变化较大，使用全站仪测量当地 9 个位置点的高程。每个观测区，共有 27 个地下水头值、9 个高程值，以及 3 个不同时刻共 27 个水位值。

除此之外，采用蠕动泵测量了 35cm、72cm、100cm 的渗透系数 K（cm/s），渗透系数采样位置是在观测点 1 与观测点 2，测量渗透系数的方法是 Chason 和 Siegel（1986）于 1986 年基于静水时差方法提出的。先记录起始水头，使用蠕动泵抽水，抽水量约为 87cm^3，抽水深度约在 10～15cm，抽水时间取决于水头高度，为 2～4min。抽完水后，连续测量水头变化直到回升到起始高度，通过水头变化时间，以计算渗透系数。

$$K = 2\pi r/11T_0 \tag{7-1}$$

式中，K 为渗透系数；r 为测压管内半径；T_0 为水头恢复总时间。

有时候水头并不能完全恢复，所以测量的水头恢复时间 T_0 可能会小于实际所需时间。考虑到这一点，初始阶段水位回升遵循线性趋势，对后面的点进行拟合线性回归，然后用线性模型预测总恢复时间，代入式（7-1）计算渗透系数。各深度渗透系数均测量 3 遍并取平均值以减少误差（表 7-1）。根据 2016—2017 年野外实测结果，泥炭层的渗透系数约为 3.89×10^{-6}～3.49×10^{-5}m/s，而根据 Zheng 和 Bennett（2002）的 *Applied contaminant transport modeling* 一书中粉砂渗透系数经验值范围在 1×10^{-9}～2×10^{-5}m/s，故粉砂层渗透系数取值为 1×10^{-8}m/s。

表 7-1　渗透系数测定

深度/cm	K/(m/s)			均值
	1	2	3	
40	3.78×10^{-5}	3.72×10^{-5}	2.95×10^{-5}	3.49×10^{-5}
72	2.61×10^{-6}	3.01×10^{-6}	6.12×10^{-6}	3.91×10^{-6}
100	9.52×10^{-6}	0.86×10^{-6}	1.29×10^{-6}	3.89×10^{-6}

7.1.2　模型建立

在 VMOD 中导入实测地形点，采用 natural neighbors 插值法生成地形面，通过定义模型结构体功能把地形面生成土体，最后定义土体的各项参数。对于本章讨论的物理情景，需要建立两种模型进行比较。以观测点 1 的实测数据为基础，建立沟道切穿泥炭层模型 [图 7-2(a)]，以观测点 2 的实测数据为基础建立沟道未切穿泥炭层模型 [图 7-2(b)]。

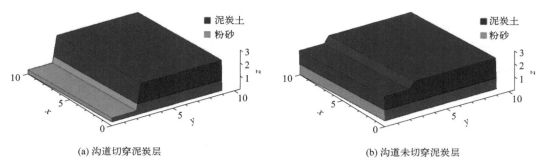

(a) 沟道切穿泥炭层   (b) 沟道未切穿泥炭层

图 7-2 泥炭地的三维数值模型示意

图 7-2(a) 模型宽 9m，长 10m，沟道宽 2m，深 2m，沿 x 轴正方向坡度为 0.5。表层为 1.5m 的泥炭沼泽，其下为粉砂的弱透水层，弱透水层是含水层重要组成部分，具有低渗透性和高储水性，其渗透系数一般小于 10^{-8}m/s，降雨入渗后水流主要通过泥炭层运动。图 7-2(b) 沟道深度 0.5m 且未切穿泥炭层，9 个观测点因地形的位置不同而影响不同。

泥炭层的地下水水面一般在地表附近，本模型研究以潜水流动为主。二维潜水流方程是根据 Dupuit 假设和质量守恒原理推导的潜水非恒定流动 Boussinesq 方程。由此基础上不采用 Dupuit 假设可得到三维潜水流的一般方程如下：

$$\frac{\partial}{\partial x}\left(K\frac{\partial H}{\partial x}\right)+\frac{\partial}{\partial y}\left(K\frac{\partial H}{\partial y}\right)+\frac{\partial}{\partial z}\left(K\frac{\partial H}{\partial z}\right)+w=S_{s}\frac{\partial H}{\partial t},\ x,y,z\in\Omega,t>0 \quad (7\text{-}2)$$

式中，H 为水头；K 为渗透系数；S_{s} 为贮水率；w 为源汇项。

通过 VMOD 模型共计算了 20 种工况条件，这些工况都是根据实际观测改变系数实现的。实际工况有两种即切穿泥炭层和未切穿泥炭层情况。这两种工况由于观测地点的不同，井的观测位置按图 7-3 中所示位置改变，同样常水头与沟道水头的值也随实测值发生变化。前面式（7-2）给出了地下水潜水流运移方程，但并不能确定具体运动状态，式（7-2）是泛定方程，需要加上定解条件。

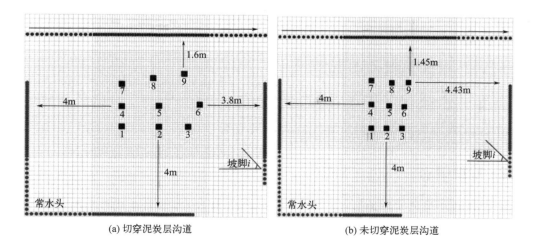

(a) 切穿泥炭层沟道   (b) 未切穿泥炭层沟道

图 7-3 边界条件设定

7.1.3　边界条件设定

边界条件是定界条件的一种。侧向常水头边界是模型的上边界，沟道内有水流，属于模型的下边界，表达式（7-3）如下：

$$H(x,y,z,t)\big|_{\Gamma_1}=\phi_1(x,y,z,t),\ t\geqslant0,\ (x,y,z)\in\Gamma_1 \tag{7-3}$$

式中，$\phi_1(x,y,z,t)$ 为边界 Γ_1 上的已知函数，本次模型中的边界均属于第一类边界条件。

模型区域的边界条件设定如图 7-3 所示，模型区域的边界条件包含沟道与常水头，沟道宽 2m，方向向右。常水头边界在坡顶与远离沟道的侧边，代表地下水来水方向，取值在（−0.49m，−0.39m）。坡度方向与沟道同向，两种情况下 9 个观测井位置受地形影响各不相同。坡脚位置为地下水取水方式之一，沟道切穿泥炭层情况下，地下水位取值在其地表以下（−0.52m，−0.20m），沟道未切穿泥炭层情况下，地下水位取值在其地表以下（−0.20m，−0.03m）。其余未设置边界条件的边缘，默认为 0 流量边界。后续研究以模型内 9 个观察点数据展开，此小区域内有流量的出入，且距坡脚相对较远，故能使用以上边界条件分析瞬时局部水流趋势。

非稳定流问题需要初始条件，对于地下水模型，初始条件指 0 时刻水头值，其表达如式（7-4）。模型中默认的初始水头为 0m。

$$H(x,y,z,0)=H_0(x,y,z),t=0,(x,y,z)\in\Omega \tag{7-4}$$

地形的影响主要指坡度 i 改变对地下水的影响，实测点的坡度 $i=0.5$，这里选取以 0.01 为等距间隔的坡度，共 10 组模拟地下水变化情况（表 7-2）。

表 7-2　局部地形的坡度

组数	1	2	3	4	5	6	7	8	9	10
坡度/(m/m)	0.01	0.02	0.03	0.04	0.05	0.06	0.07	0.08	0.09	0.10

基于有无沟道、坡度的不同组合，此次共模拟计算了 20 种工况。每种工况除自变量参数外，其他参数均与原始值相同，不考虑河岸形状变化对河岸的影响。此次模拟计算的时间为稳态，即默认为 1d。有限差分网格划分为 50×45 个，并对观测井附近网格加密 1 倍。

7.1.4　数值模拟结果

本次模拟共有 20 组工况，其中 2 组为实测工况。以下模拟结果为沟道切穿泥炭层观测点 1，与未切穿泥炭层观测点 2 的 VMOD 模拟运行结果的地下水水头等值线图（图 7-4，书后另见彩图）。图 7-4(a) 中地下水在岸上递减相对较缓慢，观测区域水头每米约下降 0.1m。靠近边坡水头递减迅速，沟道切穿泥炭层后，地下水只能通过边壁向下汇流或通过弱透水层入渗。这使得沟道边壁附近地下水的水力梯度达到 0.89，等水头线密集程度是岸上的 9 倍。图 7-4(b) 水头变化较均匀，观测区水头每米约下降 0.047m，沟道未切穿泥炭层时沟道影响相对较小。以图 7-4(a) 中 5 号点为例，该点约 66% 的地下水偏向于垂直沟道方向，而图 7-4(b) 中 5 号点这个数值约为 59%，这也证明了沟道的存在促使泥炭层产生更大的横向水力梯度，使沟道具有排水的作用，而且沟道切穿泥炭层后，排水效果更加明显。

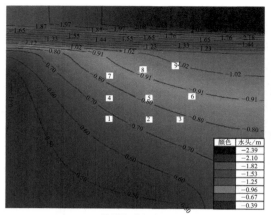 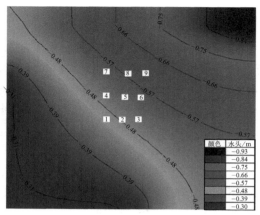

(a) 沟道切穿泥炭层　　　　　　　　　　　(b) 沟道未切穿泥炭层

图 7-4　地下水水头等值线图

　　图 7-5 是沟道附近某点的来水路径。泥炭地的地下水流运动既受到沟道的影响也受到地形的影响。在地形影响下，图 7-5(a) 的迹线有向坡脚运动的趋势，沿地形坡度方向的水力梯度为 0.043。在沟道影响下，地下水偏向于沟道方向运动，沿垂直沟道方向的水力梯度为 0.084。图 7-5(b) 同样如此，沿地形坡度方向水力梯度为 0.031，沿垂直沟道方向水力梯度为 0.044。图 7-5(a) 沟道内水位较低，且并未与泥炭层相连，岸上水头较高，在边坡上有一个陡降的过程，地下水位在边壁下降近 1m。图 7-5(b) 沟道内水位相对较高，且与泥炭层连接，故迹线较均匀。

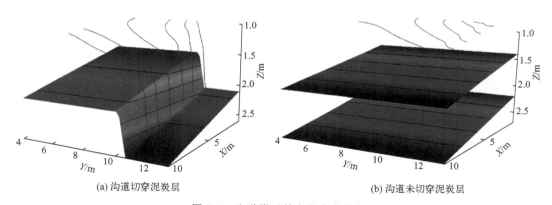

(a) 沟道切穿泥炭层　　　　　　　　　　　(b) 沟道未切穿泥炭层

图 7-5　沟道附近某点的来水路径

　　建立模型采用的地形和边界条件，都需简化且形式不定。数值模型边缘会选择特征边界，如河流、山脊、湖泊等以减少不确定因素，但边界条件往往是根据需要和对水流运动的判断建立的，具有一定的不确定性。因此需要把本研究建立的泥炭地地下水模型的模拟结果与实测值进行对比，以检验其可靠性。图 7-6 是观测值与数值模拟计算值的对比。图 7-6(a) 的 1、2、3、4、6 号点观测值与运算结果相对吻合，5、7、8、9 号点相对离散，观测值大于计算值。分析可能的原因是：① 受地质、降雨、植物根系等影响，实际情况下沟道附近地下水运动更为复杂；② 模型是在实际自然条件简化后建立的，并不能完全模拟地下水的实际流态；③ 泥炭地的地下水水位及水头是时变的，缺少在时间上的高分辨率数据作为输入条件。对于沟道未切穿泥炭层的情况，图 7-6(b) 的结果类似，但误差在 0.1m 以内小于图 7-5(a)。图 7-6(a) 的平均残差为 −0.15m，均方根误差 0.21m；图 7-6(b) 的平均残差为 0.022m，均方根误差 0.045m，说明本模拟的计算值较为正确，可反映泥炭层地下水观测的真实状况。

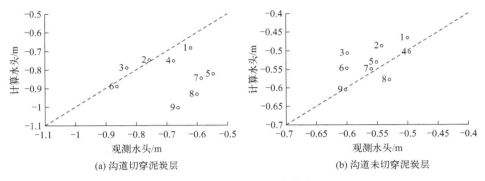

(a) 沟道切穿泥炭层　　　　　　　　　(b) 沟道未切穿泥炭层

图 7-6　观测值与数值模拟计算值的对比

7.1.5　地形对地下水的影响

在原始工况的条件下，按表 7-2 从 0.01～0.10 取 10 个坡度。对研究区 9 个位置地下水位进行计算，2、5、8 号观测点为垂直于沟道方向断面（图 7-7）；4、5、6 号观测点为地形坡度方向断面（图 7-8）。

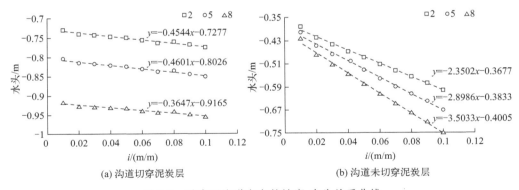

(a) 沟道切穿泥炭层　　　　　　　　　(b) 沟道未切穿泥炭层

图 7-7　垂直于沟道方向的坡度-水头关系曲线

地形坡度的变化能引起地下水流动的改变，2、5、8 号观测点是沟道方向的断面上 3 个点（图 7-7）。图 7-7(a) 的 3 个点坡度均每增加 0.01m/m，水头平均下降 0.4cm，2 号点与 5 号点的平均水头差为 7.49cm，5 号点与 8 号点平均水头差 11.39cm。这表明沿坡度方向，越往坡脚流向，沟道的地下水水头下降比例越大，且不受坡度改变的影响。对于沟道未切穿泥炭层，图 7-7(b) 的线间距同步扩大，从 0.01m/m 坡度时的 2cm，在 0.1m/m 坡度时扩大到了 7cm。说明了坡头到坡脚流向沟道的地下水比例变化不大，但随坡度的增加地下水向沟道出流加快。

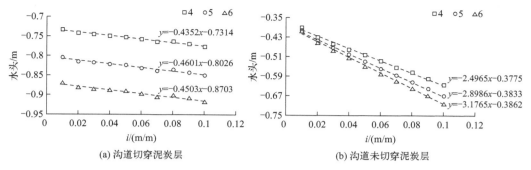

图 7-8　地形坡度方向坡度-水头关系曲线

对比地形坡度方向坡度-水头关系曲线（图 7-8），垂直沟道方向的 3 个点，两点间水头差均为 0.07m，正如前文描述的沟道切穿泥炭层时岸上水头递减缓慢且均匀，在边壁附近陡降。沟道未切穿泥炭层时，地下水水头沿垂直沟道方向先下降快后缓慢，0.05m/m 坡度时 5、6 号点地下水水头下降速度比 4、5 号点慢 35% 左右。

7.1.6　两种自然沟道附近侧向地下水水力梯度对比

水力梯度是判断地下水流态的重要参数。表 7-3 是由插值得到的三个点在不同方向上的水力梯度，显示了其在各方向上的沿程变化。2 号点远离沟道，8 号点靠近沟道，两者地形坡度方向上的水力梯度之差在沟道切穿泥炭层情况下是 0.0232，沟道未切穿泥炭层情况下是 0.0038，表明前者情况下沟道排水能力更强。垂直沟道上三个点水力梯度值变化不大，切穿时距沟道 3m 的点水力梯度均在 0.85 左右，未切穿时距沟道 2.5m 的点则在 0.45 附近，说明沟道对等距点的影响相同。5 号观测点位于观测区域中心，对比 5 号点横纵水力梯度得到垂直于沟道方向和沿地形坡度方向的水力梯度对比（图 7-9）。

表 7-3　典型方向上水力梯度值

水力梯度方向	地形坡度方向			垂直沟道方向		
观测点	2	5	8	4	5	6
沟道切穿泥炭层	0.0381	0.0430	0.0613	0.0848	0.0843	0.0922
沟道未切穿泥炭层	0.0317	0.0311	0.0355	0.0391	0.0443	0.0472

由图 7-9 可知，这两种情况下垂直沟道方向的水力梯度均大于地形坡度方向的水力梯度。沟道切穿泥炭层时这个差值平均为 0.04，沟道未切穿泥炭层时这个差值为 0.014，表明沟道可加速两岸沼泽的疏干，而且沟道切穿泥炭层时其作用更强。坡度对水力梯度的影响在两种情况下是不同的，沟道切穿泥炭层时垂直沟道方向的水力梯度在 0.01~0.1m/m 的坡度范围内只减少了 0.003，而沟道未切穿泥炭层在同等情况下增加了 0.052。沟道切穿泥炭层且未与两岸泥炭层连接，地下水在边壁附近陡降，通过弱渗透层流入沟道，地形坡度对水力梯度影响小。沟道未切穿泥炭层时与泥炭层连接，沟道底部以下 1m 依旧是泥炭层，直接连接让地下水的变动受坡度影响较大。

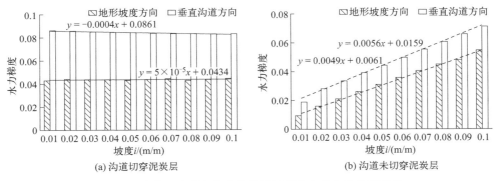

图 7-9　垂直于沟道方向和沿地形坡度方向的水力梯度对比

7.2　泥炭湿地小流域的分区地下水模拟

7.2.1　研究区域与研究方法

若尔盖湿地研究区位于黑河上游 S301 公路旁，小流域面积约 0.151km^2。三面土坡环绕。流域表层是 0～2m 泥炭土，其下是弱透水性粉砂层，中值粒径 d_{50} 分别为 0.651mm、0.039mm。沟道深度不及泥炭层厚度处是未切穿泥炭层沟道，超过泥炭层厚度时称切穿泥炭层沟道（图 7-10）。主流自西南直流入北面，其间多条支流汇入，最主要的是东南山地方向支流。主流与主支流是典型的切穿泥炭层沟道，总长度约为 1014.4m，沟道宽度约 2～3m，深度 2m，其余沟道为未切穿泥炭层沟道，约 1458.6m。

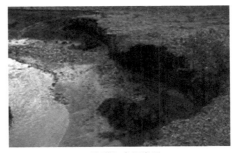

(a) 沟道未切穿泥炭层　　　　　　　　　　(b) 沟道切穿泥炭层

图 7-10　若尔盖湿地研究区

图 7-11 为两种类型沟道地下水运动过程与模拟区域划分，为具体分析不同沟道的影响，把研究区域划分出 12 个小区域，其中 C1～C5 是切穿泥炭层沟道区域，NC1～NC5 是未切穿泥炭层沟道区域，N1、N2 为无沟道对照区域。沟道排水过程如图 7-11(a) 与图 7-11(b) 所示，大气中的降雨是若尔盖地区水的主要来源，雨水落地后一部分成为地表径流，一部分入渗成为地下水。两种沟道的区别在于，未切穿沟道水面必然连接潜水面，而切穿沟道水面还有可能在潜水面以下，所以两者的出流过程不尽相同。

实地测量数据包括小流域地形、泥炭层厚度、地下水位变动监测、给水度、渗透系数等。流域地形方面，由于现有遥感资料的分辨率为 30m，难以提取小流域详细高程资料。

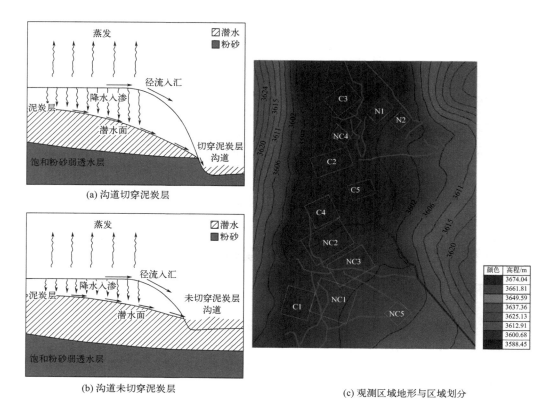

图 7-11　两种类型沟道地下水运动过程与模拟区域划分

所以小流域地形数据采用差分 GPS 装置测量详细高程，其水平精度为 ±50mm，垂直精度为 ±0.85m。流域边缘坡度陡峭处测量点密集，中间坡度平缓位置测量点稍稀疏，共收集了 831 个地表高程点信息，平均海拔约 3598.9m，平均分辨率达 13m。

泥炭层厚度是通过钻孔方式测量。自制的钻孔装置是 1.5m 和 2.5m 长的空心铁质圆管，其外径为 0.02m，两端一边钻头一边手柄。敲入土中，拔出后观察是否超过泥炭层，如是则推出铁管内土体，测量泥炭层厚度；如不是则继续钻孔到更深层土体。个别超过 2.5m 位置，先挖一定深度的土坑，在底部继续用自制装置继续测量。泥炭层观测点的选取一般距离沟道 1m。小流域内共收集了 119 个泥炭层观测点，厚度分布在 0～2.9m。

地下水位监测是以 1.10m 长空心铁管钻井的方式进行，内径 0.018m，外径 0.02m，管底密封且其底部边壁上有两排上下间隔 0.1m 的进水孔用于透水。选好位置开挖观测孔，再把装置插入孔内，顶部高出地面 0.01～0.06m。最初 2017 年 5 月 17 日共埋设 114 个观测装置，7 月 17 日是 77 个，9 月 17 日时有 81 个。对于两种典型沟道，在每条沟道旁 2m 位置，分别设置 8 个间距 1m 的观测孔，用于针对性研究地下水与沟道的相互作用。

给水度的测定是选取了三个不同地点共 36 份样品进行，由于泥炭土里面根系较多，测量土体给水饱和重量与干重量时分别减去了植物的重量，排除了植物吸水的影响，三个地点反复试验后给水度平均在 0.02～0.05。渗透系数的测量方法是基于静水时差法得到的，通过蠕动泵对不同研究地点的观测井抽水，记录水头恢复时间 T_0，再通过式（7-1）估算渗透系数（Chason et al.，1986）。

渗透系数在不同深度上计算三次取平均，泥炭层的渗透系数经过计算在 $3.49 \times 10^{-5} \sim 3.89 \times 10^{-6}$ m/s。泥炭之下为坚硬饱和的粉砂层，渗水性差，野外条件下其渗透系数观测不便。粉砂层的 d_{50} 经测定为 0.039mm，渗透系数的范围值为 $1 \times 10^{-9} \sim 2 \times 10^{-5}$ m/s，泥炭层的 d_{50} 为 0.651mm 远大于粉砂层，所以粉砂层渗透系数定为 1×10^{-8} m/s。粉砂层厚度并未测量，这里假定为 20m，其下为隔水底板。水文地质参数汇总见表 7-4。

表 7-4　水文地质参数

非饱和层厚度/m	含水层厚度/m		储水率/m^{-1}	给水度	渗透系数/(m/s)	
	泥炭层	粉砂层			泥炭层	粉砂层
0~1	1~2	20	0.001	0.05	$3.49 \times 10^{-5} \sim 3.89 \times 10^{-6}$	1×10^{-8}

红原县气象资料来自国家气象信息中心，红原气象观测站海拔 3491.6m，降雨资料收集时间段为 2017 年 5~11 月，此外还搜集了红原县（1993—2012 年）的气温、气压、不同下垫面面积等相关数据用于蒸发蒸腾量 ET_c 的计算。ET_c 的计算包括草地、湿地、水体、荒漠这 4 种下垫面。对于草地和湿地这两类以植物为主的下垫面参考 FAO56 推荐公式计算，水体与荒漠的蒸发蒸腾量则按 ET_0 的线性规律估算（李志威 等，2017），最后根据面积加权估算红原地区 ET_c。

7.2.2　地下水模型建立

为控制泥炭地的地形起伏与沟道形态，地下水数值模型的计算网格为 0.5~1.0m。土体共 2 层，上层为地表到泥炭层底部，下层是粒径在粉砂范围的矿物质，透水性能弱。对采集得到的 831 个地形点与 119 个泥炭层底部地形点分别进行 Kriging 插值，取弱透水粉砂层为 20m。本研究在边界潜水的进出、降雨入渗补给量、蒸发损失、沟道与地下水相互作用等模块基础上，构建了地下水数值模拟模型，以估算整片流域不同区域的水量平衡。

由于若尔盖湿地缺乏长期地下水观测数据，且高原野外收集数据困难，再加上泥炭层厚度相对流域面积较薄，所以模拟边界并不能采用天然边界，而是以观测孔围成的界面作为人为边界。模型上输入三个时间点的水头值，并在瞬态建模基础上对每日水头进行差值计算用以模拟边界水头的变动。降雨模块是通过 MODFLOW 的 RCH 模块运算，输入 5 月至 10 月每日降雨量模拟降雨入渗过程。蒸发模块通过从潜水层去除水分以模拟植物蒸腾、地表蒸发等影响。地下水位高于地面时，蒸发速率以最大速率进行，在最大影响深度时，地下水的蒸发可忽略不计。沟道边界条件采用 River 模块。其既可作为地下水系统的供给，也可作为排放区域，这取决于沟道内的地表水与两岸地下水之间的水力梯度。

研究区域内沟道共 17 条，其中切穿泥炭层沟道 2 条和未切穿泥炭层沟道 15 条。为对比两种沟道的疏水特性，把研究区域划分出 12 个典型区域，这些区域都只包含 1 种类型的沟道。12 个区域含切穿泥炭层沟道区域与未切穿泥炭层沟道区域各占 5 个，其余两个无沟道区域用于对照。这些区域都是选取小流域内有明显斜坡位置，且等高线分布均匀，便于模拟过程流场判断相对准确。以下是所选 12 个区域的面积与沟道信息（表 7-5）。

表 7-5　各区域面积与沟道信息

类型	沟道未切穿泥炭层情况			无沟道		沟道切穿泥炭层情况				无沟道		
名称	NC1	NC2	NC3	NC4	NC5	C1	C2	C3	C4	C5	N1	N2
面积/m²	3145.76	2909.02	2330.95	1080.96	761.84	1810.68	1726.62	1417.59	1495.87	853.75	755.76	417.58
沟道/条	2	1	1	3	2	1	2	1	1	1	—	—
总长度/m	91.79	52.48	57.77	68.02	52.32	50.10	55.56	27.94	11.57	24.32	—	—

7.2.3　数值模拟结果

采用 MODFLOW 进行数值模拟。由于各区域蒸发与降雨数据相同，故水位变化情景相似。以沟道未切穿泥炭层区域 NC1 与沟道切穿泥炭层 C2 的模拟水位彩图为例，展示模拟时间内地下水位随时间变化。图中地下水位等高线间距 0.2m，以颜色代表水位情况。

研究区 NC1 位于小流域的西南入口，模拟区域地形等高线均匀。区域面积为 3145.76m²，自东向西有 0.048m/m 的坡度，两条未切穿泥炭层沟道自南侧分流而入再在坡底汇合，沟道宽 1.5m，水深 0.3m。图 7-12（a）模拟 5 月 17 日的地下水位分布，在地形的影响下潜水自东向西汇入沟道，越靠近沟道水头比降越大。6 月与 7 月的降雨相对较少蒸发量大，使沟道附近地下水位下降 0.5m ［图 7-12（b）］。8 月之后若尔盖泥炭地蒸发量明显下降，但降雨量却呈先增后减的趋势，体现在图 7-12（c）与图 7-12（d）中 9 月 17 日的模拟地下水位相对于 7 月 17 日升高 0.4m，而后 10 月 31 日的模拟地下水位相对于 9 月 17 日降低 0.5m。

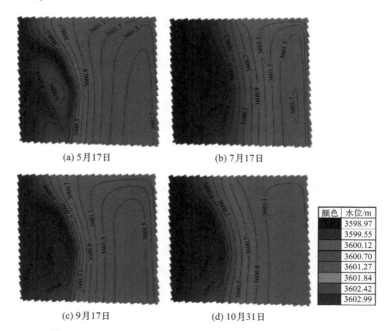

图 7-12　NC1 区域沟道未切穿泥炭层不同时间模拟情况

沟道切穿泥炭层附近地下水位波动与未切穿情况类似，C2 区域沟道切穿泥炭层不同时间模拟情况如图 7-13 所示，5～7 月地下水位因蒸发量较大，降雨相对稀少，降低 0.4m。7 月到 9 月降雨逐渐加强，图 7-13(c) 中相同位置潜水位增加 0.5m。10 月相比 9 月降雨量减少 60.16%，使得地下水位下降 0.3m。降雨量的波动直接影响着潜水波动。

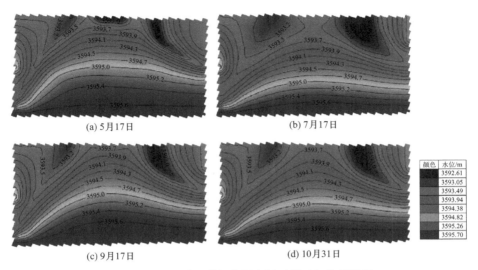

图 7-13 C2 区域沟道切穿泥炭层不同时间模拟情况

受南亚季风影响，2017 年若尔盖的降雨集中在 8 月、9 月，蒸发集中在 7 月、8 月。气候变化使水量变化，再加上边界与沟道的形态差异，不同区域内逐日水量波动各有不同。为消除差异干扰，对于 5 个未切穿泥炭层区域 NC1～NC5 的每日流量根据各区域面积进行均化处理，处理后的结果沟道未切穿泥炭层区域每日水量波动如图 7-14 所示，代表沟道切穿泥炭层区域每平方公里日水量变化。

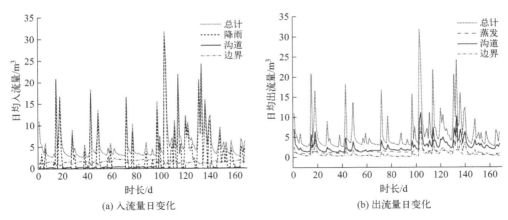

图 7-14 沟道未切穿泥炭层区域每日水量波动

降雨日最高入流比例达 96.71%，由于入流与出流平衡的关系，降雨量的大小主导总流量的变化。边界入流也是模型区域补水的方式之一，平均日补水量比例为 37.87%，特别是在长期少雨时期，边界入流比例最大有 69.85%。沟道入流补水占比例很少，四个月日入流量平均只占总量的 5.26%。沟道的泄水功能是模拟区域的主要出流方式。雨季沟道出流的方式与降雨相关，降雨强烈的天数下沟道的排水量也同步加大（图 7-14）。沟道平均日出流比例为 49.79%，高于 26.91% 的日蒸发出流与 15.09% 的边界出流，沟道出流线几乎都处于蒸发出流和边界排水线之上，进一步说明了沟道疏水是主要的出流方式。

对于未切穿泥炭层区域，5 月 17 日～10 月 31 日，小流域的每平方公里的入流总量为 955.56m³，其中降雨总补水量 511.24m³、边界补水量 262.62m³、沟道补水量 31.08m³。每平方公里出流总量为 994.47m³，其中沟道出流量 457.73m³、蒸发出流量 209.04m³、边界出流量 170.07m³。所以对于沟道未切穿泥炭层区域，补水以降雨为主、出流以沟道泄水为主。

C1～C5 是沟道切穿泥炭层模拟区域，依照面积平均化处理后的逐日水量平衡计算如图 7-15。沟道切穿泥炭层后泄水能力加强，达到了日均 56.13%。边界入流量增加，边界平均日入流量比例达 50.38%。对于切穿泥炭层区域，5 月 17 日～10 月 31 日，每平方公里的入流总量为 1113.28m³，其中降雨总补水量 510.43m³、边界补水量 418.41m³、沟道补水量 3.06m³。每平方公里的出流总量为 1111.74m³，其中沟道出流量 567.59m³、蒸发出流量 223.21m³、边界出流量 161.02m³。降雨依然是主要的补水来源，沟道的排水能力比沟道未切穿泥炭层更强。

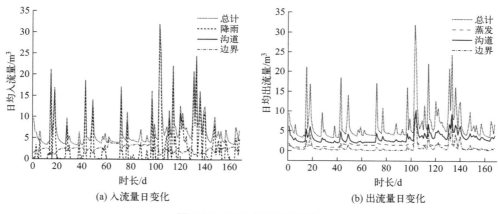

(a) 入流量日变化　　　　　　　　(b) 出流量日变化

图 7-15　逐日水量平衡计算

无沟道对照区域（N1 与 N2）每平方公里的日水量变化情况如图 7-16。5 月 17 日到 10 月 31 日，小流域每平方公里入流总量 1064.41m³，其中降雨总补水量 491.54m³、边界补水量 457.04m³。每平方公里出流总量 1059.30m³，其中边界出流量 671.09m³、蒸发出流量 281.96m³。表明没有沟道时，边界出流成为主要的出流方式。但对于整片小流域，北部边界可出流区域少。无沟道地区坡顶的潜水在重力作用下由坡脚处流入下一片区域，最终还是会在有沟道区域通过沟道排出。

7.2.4　模型误差分析

MODFLOW 模拟系统对 12 个研究区域的地下水水位数值模拟存在一定误差，MODFLOW 模拟与观测地下水位相对残差见表 7-6。因人类活动（放牧）影响，观测孔由最初

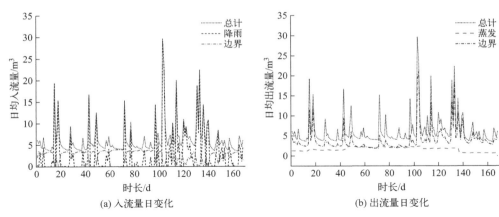

图 7-16　日水量变化情况

的 127 个减少到 79 个，这使得 9 月份的观测数据验证孔数量减少，部分区域残差缺失在所难免。2017 年 5 月 17 日平均残差绝对值为 0.09m，模型运行两个月后平均残差绝对值为 0.07m，模型运行两个月后平均残差绝对值为 0.05m。这说明 MODFLOW 建立的小流域地下水模型具有较高的可靠性，可进行水量平衡分析。

表 7-6　MODFLOW 模拟与观测地下水位相对残差

日期	区域	NC1	NC2	NC3	NC4	NC5	C1	C2	C3	C4	C5	N1	N2	平均
5-17	平均值	0.12	0.18	0.14	0.02	0.02	0.01	0.06	0.25	0.37	0.00	0.04	0.11	0.09
	最大值	0.24	0.76	0.47	0.23	0.07	0.12	0.35	0.75	1.04	0.02	0.31	0.35	0.33
	最小值	0.06	0.00	0.07	0.07	0.00	0.03	0.08	0.19	0.04	0.00	0.02	0.01	0.04
日期	区域	NC1	NC2	NC3	NC4	NC5	C1	C2	C3	C4	C5	N1	N2	平均
7-17	平均值	0.01	0.07	0.29	—	0.00	0.00	0.06	0.08	—	0.01	0.08	0.07	0.07
	最大值	0.07	0.25	0.88	0.06	0.04	0.02	0.31	0.53	0.13	0.02	0.29	0.24	0.26
	最小值	0.01	0.03	0.03	—	0.03	0.00	0.12	0.01	—	0.00	0.00	0.00	0.03
日期	区域	NC1	NC2	NC3	NC4	NC5	C1	C2	C3	C4	C5	N1	N2	平均
9-17	平均值	0.01	0.32	0.05	0.07	0.07	0.05	—	—	—	—	0.08	0.02	0.05
	最大值	0.02	0.50	0.59	0.22	0.15	0.12	0.13	0.69	0.04	—	0.14	0.17	0.22
	最小值	0.01	0.00	0.06	0.07	0.03	0.00	—	—	—	—	0.01	0.12	0.05

7.2.5　水量平衡分析

对于观测流域而言，入流量包括上游沟道、降雨、边界补水；出流方式包括沟道排水、蒸发、边界渗漏，这 6 个因素是该地区水流运动的主要形式。小流域水量平衡方程如式（7-5）：

$$\Delta S = B_{in} - B_{out} + R_p - E_g + R_{riv} - D_{riv} \tag{7-5}$$

式中，ΔS 为单位储水日变化量；B_{in} 为边界进水量；B_{out} 为边界出水量；R_p 为降雨入渗补给量；E_g 为蒸散损失；R_{riv} 为沟道渗透到含水层水量；D_{riv} 为沟道排泄含水层水量。

采用 MODFLOW 计算 2017 年 5 月 17 日至 10 月 31 日研究区域的逐日水量平衡见表 7-7，共 12 个区域。其中 NC1～NC5 是沟道未切穿泥炭层区域。NC2 区域泄水沟道影响范围小，东侧主支流疏水，降雨入渗后大部分水量流向主支流一侧和坡脚边界，边界出流量占比达 40.57%，沟道泄水量相对减少，占比只有 25.03%。NC4 有三条沟道且横纵成网分布，沟道泄水量最大，占比达到 79.08%。NC5 在东南山地主支流入流位置，局部坡降达到 0.045 远高于流域平均坡降 0.022，沟道对小流域形成补给，NC5 区域沟道补给水量占比达 17.95%，远大于其他区域。NC1～NC5 来水量主要是以降雨补给为主，占来水量的 70.33%。而出流方式是以未切穿沟道泄水为主，泄水量占比达 48.50%，潜水蒸发损失的水量占比也有 28.21%。

表 7-7　小流域水量平衡计算（2017 年 5 月 17 日—2017 年 10 月 31 日）

编号	项目	NC(沟道未切穿泥炭层区域)				C(沟道切穿泥炭层区域)			
		入流		出流		入流		出流	
		量/m³	占总量/%	量/m³	占总量/%	量/m³	占总量/%	量/m³	占总量/%
1	边界流入（出）量 B	318.83	15.88	514.58	23.47	225.13	18.98	284.22	23.79
	沟道渗透（排泄）量 R_{riv}	75.58	3.77	1096.36	50.00	26.63	2.25	411.60	34.46
	地下水蒸发蒸腾量 E_g	0.00	0.00	581.85	26.53	0.00	0.00	498.67	41.75
	降水入渗量 R_p	1612.44	80.35	0.00	0.00	934.11	78.77	0.00	0.00
	总量	2006.85	100.00	2192.79	100.00	1185.87	100.00	1194.49	100.00
	含水层变动水量 S	731.54		550.77		259.18		248.34	
2	边界流入（出）量 B	145.42	8.56	735.37	40.57	899.12	50.74	137.62	7.57
	沟道渗透（排泄）量 R_{riv}	43.21	2.54	453.73	25.03	0.00	0.00	1343.38	73.89
	地下水蒸发蒸腾量 E_g	0.00	0.00	623.45	34.40	0.00	0.00	337.13	18.54
	降水入渗量 R_p	1510.07	88.90	0.00	0.00	872.82	49.26	0.00	0.00
	总量	1698.71	100.00	1812.55	100.00	1771.93	100.00	1818.13	100.00
	含水层变动水量 S	683.71		568.27		325.88		273.09	
3	边界流入（出）量 B	530.45	31.16	328.75	18.48	488.06	40.42	316.59	25.37
	沟道渗透（排泄）量 R_{riv}	0.00	0.00	1014.75	57.02	0.00	0.00	612.47	49.08
	地下水蒸发蒸腾量 E_g	0.00	0.00	436.02	24.50	0.00	0.00	318.86	25.55
	降水入渗量 R_p	1171.63	68.84	0.00	0.00	719.50	59.58	0.00	0.00
	总量	1702.08	100.00	1779.53	100.00	1207.56	100.00	1247.92	100.00
	含水层变动水量 S	464.85		384.53		280.37		238.05	
4	边界流入（出）量 B	974.65	64.52	133.08	8.62	152.23	16.84	350.77	37.27
	沟道渗透（排泄）量 R_{riv}	0.05	0.00	1221.04	79.08	0.89	0.10	262.05	27.84
	地下水蒸发蒸腾量 E_g	0.00	0.00	189.95	12.30	0.00	0.00	328.34	34.89
	降水入渗量 R_p	535.95	35.48	0.00	0.00	750.68	83.06	0.00	0.00
	总量	1510.65	100.00	1544.06	100.00	903.80	100.00	941.15	100.00
	含水层变动水量 S	175.60		138.75		303.02		263.95	

编号	项目	NC(沟道未切穿泥炭层区域)				C(沟道切穿泥炭层区域)			
		入流		出流		入流		出流	
		量/m³	占总量/%	量/m³	占总量/%	量/m³	占总量/%	量/m³	占总量/%
5	边界流入(出)量 B	19.40	3.93	126.11	25.32	845.41	66.59	89.81	6.96
	沟道渗透(排泄)量 R_{riv}	88.66	17.95	156.31	31.38	0.00	0.00	1029.38	79.75
	地下水蒸发蒸腾量 E_g	0.00	0.00	215.70	43.30	0.00	0.00	171.59	13.29
	降水入渗量 R_p	385.84	78.12	0.00	0.00	424.25	33.41	0.00	0.00
	总量	493.90	100.00	498.12	100.00	1269.66	100.00	1290.77	100.00
	含水层变动水量 S	93.97		88.19		148.96		127.83	

C1~C5 是切穿泥炭层沟道,都分布在图 7-11(c) 的主流与主支流附近。其中 C1 区域内地下水是正向入流,其余区域则是侧向入流。沟道切穿泥炭层区域的沟道对含水层补给少,沟道渗透量占比仅 0.47%,沟道主要只起疏水作用。降雨同样是 C1~C5 切穿泥炭层区域的主要来水方式,平均占比达 60.82%。而边界入流与边界到沟道距离有关,越靠近沟道边界补水占的比例越大,边界补水占比比未切穿泥炭层沟道大 14.48%。这 5 个区域出流的主要方式是切穿泥炭层沟道排水,排水量占比达 53%,其次同样是蒸发,占比达到 26.8%。

N1、N2 无沟道对照实验区外的沟道较浅,对选取区域的影响有限,利于模拟的准确性。区域内降雨补给量占比达 51.69%。N1 区域与 N2 区域的边界入流量与出流量占比均为约 48% 与 70%,蒸发蒸腾量占比均为 29.76%。在无沟道情况下,地形坡度是主要地形因素。N1 区域的地下水在坡地位置出流后,会进入下一片有沟道区域,最终被沟道排出。

对于整片小流域,模拟时间内含水层变动呈先减少再增加再减少的趋势,这与降雨量的变动一致,说明降雨是小流域水量变动主导因素,平均降雨补给量占比达 60%。地势变化为由南向北的斜坡,平均坡度 0.022m/m,东南部山地局部坡度达 0.045m/m,主支流从此地流入,对小流域形成补给,局部入流量占比最多可达 64.52%。小流域的主要出流方式是沟道排水,平均排水率达 53%,而其次是蒸发,其导致的潜水流失量占比有 26%。

7.2.6　典型沟道排水性能对比

上述模拟计算的 12 个子区域表明,沟道排水是观测小流域的主要出流方式,占平均出流量的 53%。但是沟道的排水还受到沟道形态、沟道影响面积、模拟区域面积等影响。为确切对比两种类型沟道的排水性能,减小模拟面积受人为选择、模拟区域内沟道范围与分布的影响,同时对比两种不同沟道的排水能力。本研究提出沟道排水能力的计算方法如式(7-6):

$$C_d = \frac{D_{riv}}{S_a L_{riv}} \tag{7-6}$$

式中,C_d 为沟道的排水能力,无量纲;D_{riv} 为沟道排水量;S_a 为模拟区域面积;L_{riv} 为模拟区域内沟道的长度。

NC1~NC5 未切穿泥炭层沟道与 C1~C5 切穿泥炭层沟道的排水能力计算结果见表 7-8。表 7-8 表明,切穿泥炭层的排水能力是 0.0189,未切穿泥炭层的排水能力是 0.0075,

切穿泥炭层的排水能力大于未切穿泥炭层，后者只有前者的 39.68%。

表 7-8　两种沟道排水能力计算结果

沟道未切穿泥炭层	名称	NC1	NC2	NC3	NC4	NC5	平均
	排水能力	0.0054	0.0048	0.0099	0.0116	0.0060	0.0075
沟道切穿泥炭层	名称	C1	C2	C3	C4	C5	平均
	排水能力	0.0069	0.0133	0.0176	0.0241	0.0328	0.0189

7.3　泥炭湿地小流域整体地下水模拟

典型泥炭小流域位置泥炭层未切穿沟道（NCT）和切穿沟道（CT）如图 7-17 所示，整体模拟的区域与本书 7.2 节模拟区域相同，集水小流域位于黑河上游的一条小支流中，面积约为 0.151km²。它的西侧和东侧被山坡包围，南侧地势高。流域的主流从西南方向流入北方，由一些大小不等的支流汇聚而成。由于所有河道都是在黑河上游的高地上发育的，因此它们可能在地貌上被视为沟道。流域内的泥炭层厚度为 0~2m，下面是砂质粉砂层，中值粒径在 0.039~0.651mm 变化。在这项研究中，沟道分为两类。在第一类中，沟道切穿泥炭层，使沟道床底低于泥炭层的底部；在第二类中，沟道底部深度小于泥炭层厚度，使得整个沟道位于泥炭层内。本研究中将这两种类型的沟道分别称为 CT［图 7-17 (a)］和 NCT［图 7-17(b)］。根据这个定义，主流和最长的支流是 CT，总长约 1014.4m，平均宽度 1~3m，最深处达 1.5m，而其他是 NCT，总长度为 1458.6m，深度非常浅。

(a) CT　　　　　　　　　　(b) NCT

图 7-17　典型泥炭小流域泥炭层未切穿沟道（NCT）和切穿沟道（CT）

在研究流域测量了 2016 年和 2017 年的地形、泥炭层厚度、地下水位、储水率和渗透系数。使用分别具有 0.85m 和 0.50m 的垂直和水平精度的差分 GPS（Trimble R2），收集了整个流域的 831 个高程点，并使用 Kriging 插值方法将它们转换为平均平面分辨率为 13m。研究区内的泥炭一般在山谷底部深，东部和西部边缘浅，坡度相对较陡。在整个研究区域内测量了 119 个位置的泥炭深度，以获得泥炭厚度的空间变化分布。模拟区域中的两个数据集用于定义模拟的泥炭体积并构建模型结构。使用自制的钻孔装置测量了流域内的地下水位，每个钻孔装置长 110cm，直径 0.02m，并被推入地表以下至少深 1m。在 5 月 17 日、20 日和 23 日，7 月 17 日和 9 月 18 日，分别手动测量分布在流域内的 114 个、103 个、105 个、77 个和 81 个位置的地下水位。5 月 17 日的数据用于模型输入，而其他数据用于模型验证。此外几个自动水记录仪安装在沟渠中并插入泥炭表面下以测量连续的地下水位。其中一些数据用于确定沟道中的日常水位，并沿着 MODFLOW 模拟区域的边界输入动态地下水位。

通过 Price（1992）描述的方法从三个不同位置和不同泥炭深度采集总共 36 个样品来测量泥炭的储水率（S_y）。测量的 S_y 值沿泥炭深度没有显示出太大的变化，并且其在三个位置之间的平均值约 $0.02 \sim 0.05$。使用自制的传感器，按照 Chason 和 Siegel（1986）所述的程序测量渗透系数（K）。该程序不区分水平 K 与垂直 K，是综合 K 值。K 的测量值在 $0.35 \times 10^{-6} \sim 0.89 \times 10^{-6}$ m/s 的范围内变化。通常，泥炭下面的砂质粉砂层具有较低的渗透性。由于砂质淤泥的中值粒径约为 0.039mm，因此 K 的值应介于 $1 \times 10^{-5} \sim 2 \times 10^{-5}$ m/s（Zheng et al.，2002）。鉴于淤泥层中的 K 通常比泥炭层中的 K 低 $100^{-1} \sim 10^{-1}$（Ronkanen，2008），对于砂质淤泥层，设定 $K = 1 \times 10^{-8}$ m/s 是合理的。

分析了整个模拟泥炭区和三个小分区的水平衡计算，其中包括水文部分的净输入和净输出。模拟期间的短期气候变化反映在空气中的净水变化，其定量表示为 P（降水值）和 ET 之间的差异（W_{P-ET}），更具体地表征气候对 ΔS 和地下水流量的影响，整个模拟周期为 124 天，根据降水的时间分布，分为数段降雨和停雨小周期。此外所有这些小周期根据蒸发值进一步分为四类：第一类，日均 ET < 2mm/d；第二类，2mm/d ≤ 日均 ET < 3mm/d；第三类，3mm/d ≤ 日均 ET < 4mm/d；第四类，日均 ET ≥ 4mm/d。随后在这两个不同时期分析了水平衡，以显示 ΔS 在降雨和停雨期的不同反应。在泥炭层及其下方的粉砂层之间的垂直方向和水平方向检测地下水流量。将四个蒸发类中的垂直地下水（VGW）流量相互比较，并将其与整个模拟泥炭区以及三个小分区的两种时期（即降雨和停雨期）的相关地下水位（WT）水平进行统计关联。对 CT 和 NCT 子区域检测水平地下水（HGW）流量，以显示两种不同类型沟道周围不同远近位置对横向地下水流的响应。

7.3.1　储水量变化及其动态变化

在研究期间（2018 年 5 月 17 日—9 月 17 日），主要水源是降水（P），占总输入的 97.42%。这使边界（B）仅提供 2.58% 的水作为地下水流 [图 7-18(a)]。泥炭地的损失水量主要方式是蒸发（ET）（71.62%）。其余出流约 21.03% 以地表径流（R）形式，流出模拟泥炭地区。在模拟的泥炭流域内，沟道排出（G）约 7.35% 的地下水。这些水文路径导致全流域蓄水量增加 487.64m³，占模拟泥炭地内原始蓄水（即 2017 年 5 月 17 日）的约 2.73%。表明降水和蒸发显然是控制储水量变化的两个主要因素。在停雨期，泥炭层的输入水主要来自模拟区外部通过边界（B）和沟渠（G）进入的地下水，分别占 59.43% 和 38.39% [图 7-18(b)]。水的流失几乎全部归因于蒸发。最终结果是储水减少了 2359.47m³，占原始储水的约 13.20%。

根据水平衡计算的 ΔS 值反映了 ΔS 受许多交替的降雨和停雨期的累积影响，储水量每日变化幅度如图 7-19 所示。储水量增加（即 ΔS 为正值）通常与气候变化正相关，表现为 P 和 ET 之间的正差异（W_{P-ET}），P 值大于 ET，ΔS 值越大。类似地，储水量的减少（即 ΔS 为负值）与 W_{P-ET} 的净值相关联，但 ΔS 值的范围通常小于 W_{P-ET} 的范围。降雨期和停雨期的变化主要与正负 ΔS 值有关。

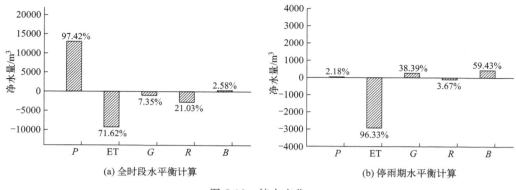

(a) 全时段水平衡计算　　　　　　　　(b) 停雨期水平衡计算

图 7-18　储水变化

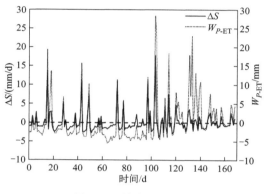

图 7-19　储水变化幅度

对于有降雨的个别小时间周期，四个蒸发类别（蒸发在 2mm/d 以下、2～3mm/d、3～4mm/d、4mm/d 以上）中的平均 ΔS 值在 0.5～1.2mm/d 变化，与类别没有明显的相关性（图 7-19）。虽然 ΔS 平均值为正，但它们的变化幅度较大，因此每个蒸发类中的一些 ΔS 值是负的。此外 ΔS 值的变化在四个蒸发类别中通常都很高，特别是在具有最高蒸发值的第四类。然而，方差分析（ANOVA）测试表明他们的平均值没有统计学差异。不同蒸发条件下单位储水日变化率均值如图 7-20 所示，对于停雨期，四个蒸发类别中的

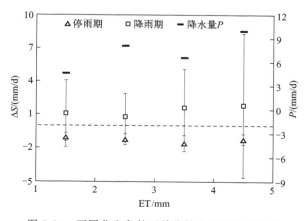

图 7-20　不同蒸发条件下单位储水日变化率均值

所有 ΔS 值及其均值小于零，其中 ΔS 的最大幅度发生在第三类。这些方法在 ANOVA 测试方面具有统计学上的相似性，ΔS 的变化相对较小。降雨和停雨期 ΔS 的平均值及其变化均明显不同。四个等级的 ΔS 值及其统计值均与蒸发值的变化无关。

三个分区（沟道切穿泥炭层区域、沟道未切穿泥炭层区域、无沟道区域）的水平衡计算分析结果为泥炭层水平衡提供了主要水文分析途径 [图 7-21(a)]。降水仍然是三个分区的主要补水输入源，分别占 NG、CT 和 NCT 分区总输水量的 100%、86.36% 和 89.55%。CT 子区域剩余 13.64% 的补水来自边界，而 NCT 子区域的 10.45% 的补水来自沟道。主要的水量流失也来自蒸发，在 NG 和 NCT 区域中分别为 72.54% 和 72.03%，但 CT 分区的蒸发导致水量流失仅占 48.05% [图 7-21(a)]。第二大水量损失来自 NG 表面径流、CT 中的沟道和 NCT 分区的边界，分别占 20.03%、42.32% 和 18.50%。由于 CT 中的水位是原位测量的，因此在降雨期测量的这些值确实主要来自地表径流，因为陆地流动比地下水流动速度快得多。然而，NG 子区域从边界失去了 7.43% 的水，而 CT 子区域通过边界获得了水。

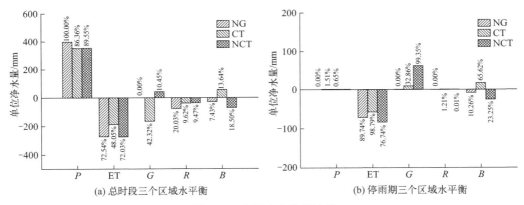

图 7-21　主要水文分析途径

因此不同的子区域具有不同的水文组分分布以达到水平衡。这些差异导致 NG、CT 和 NCT 分区的 ΔS 值不同，分别占原始 ΔS 值的 6.35%、3.17% 和 3.95%。在停雨期，NG 分区根本没有补水，而少量的水从边界（65.62%）和沟道（32.86%）进入 CT 分区，并且更多的水是穿过沟道进入 NCT 分区 [图 7-21(b)]。蒸发是所有三个分区失水的主要途径，但总损失的 10.26% 和 23.25% 是通过 NG 和 NCT 分区的边界。因此停雨期 NG、CT 和 NCT 分区的 ΔS 降低了 78.56mm/d、32.67mm/d 和 47.04mm/d，分别占原始 ΔS 值的 16.37%、6.81% 和 9.80%。

研究期间三个子区域的 ΔS 值时间序列显示出相似的模式，ΔS 值的较高变化与 W_{P-ET} 的正值的变化相关联，各区域储水逐日变动如图 7-22。但三个分区的时间序列存在明显的差异。在 NG 和 NCT 分区中，前 105 天的 ΔS 值变化程度一般高于剩余天数，NG 分区中的 ΔS 峰值在第一个时段大于 NCT 分区中的峰值，在第二个时段则相反。在 CT 子区域中，第一时段中的 ΔS 值的变化程度往往低于第二时段。第一阶段的特征 W_{P-ET} 正值间隔短，因此相对干燥，而第二阶段具有相反的特征，因此相对湿润。在整个期间，所有三个子带的 ΔS 在正负值之间以不同的间隔振荡，表明泥炭层内增加和减少的变化相对频繁，最低负 ΔS 值往往出现在 CT 子区。

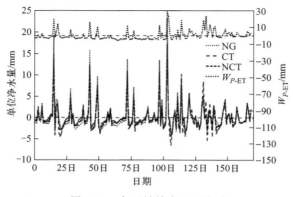

图 7-22   各区域储水逐日变动

对于所有降雨期，四个蒸发类别中的 ΔS 值均为正值（图 7-23），这表明三个分区泥炭地平均获得的水量与蒸发值无关，尽管这些平均值与降水的平均值没有很好的相关性。两个样本差异试验表明：① 在 NG 子区域，两个较高蒸发类别的 ΔS 平均值明显大于两个较低蒸发类别的平均值；② 在 NCT 子区域中，第二个蒸发类别与其他三个蒸发类别在统计上不同。然而，在 CT 子区域中，这四种蒸发类别中的这些方法在统计上是相似的。在三个子区域中，NG 子区域中四个蒸发类别中 ΔS 平均值高于其他两个子区域中的 ΔS 值，而在 CT 子区域的所有蒸发类别中 ΔS 平均值最低（图 7-23）。

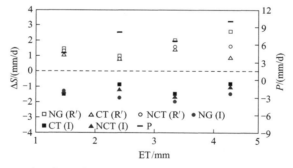

图 7-23   降雨期（R'）与停雨期（I）的单位储水日变化量（ΔS）

除了蒸发值最高的区域，三个分区之间这些方法的差异在其他蒸发区域都非常有限，其中差异具有统计学意义。蒸发类与 ΔS 值的平均值之间没有明显的相关性。降雨期（R'）与停雨期（I）的单位储水量日变化量如图 7-23 所示。仅在第二和第三种蒸发类中，这三个子区域中这些方法的差异具有统计显著性。同样，三个子区域之间的 ΔS 值的差异与四个蒸发类别没有很好的相关性。

7.3.2   垂直地下水流运动

停雨期与降雨期平均地下水位 WT 值和平均垂直地下水 VGW 流量变化如图 7-24 所示，在整个模拟区域，随着蒸发级别的增加，停雨期的平均地下水位（WT）值从泥炭表面下方的 0.14～0.45m 迅速下降，显示出两个变量之间的明显相关性 [图 7-24（a）]。然而，在降雨期，平均 WT 值不随蒸发级别而变化，并且保持在泥炭表面下方 0.13～

0.24m 内［图 7-24(b)］。ANOVA 测试显示它们在统计学上相似。他们在四个蒸发类别上的模式确实非常类似于同一类别中的平均降水。在停雨期，四个蒸发类别中的平均 VGW 流量显示出与无雨期间的平均蒸发值似的趋势［图 7-24(a)］。在最低的第一类蒸发中，VGW 以非常小的速率向泥炭内运动，但它在剩余的较高蒸发类中逐渐反向，向粉砂层运动，并随着蒸发的增加而逐渐增加。

不同的是，在降雨期，四个蒸发类别中的所有 VGW 平均值流向泥炭层内方向［图 7-24(b)］，这与停雨期的情况非常不同。然而，VGW 流量数值与四种蒸发分类中的 WT 值的变动模式类似，表明 WT 值与 VGW 流量之间的一般相关性。尽管如此，这些平均 VGW 流量的变化幅度非常低，介于 $0.009\sim0.013\mathrm{mm/d}$。

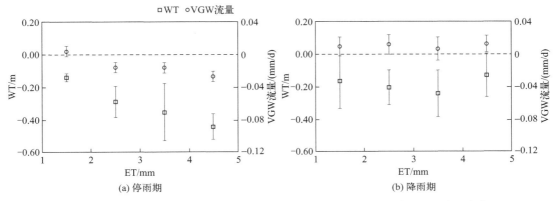

图 7-24　停雨期与降雨期平均地下水位 WT 值和平均垂直地下水 VGW 流量变化

单位垂直地下水运动量与地下水位关系如图 7-25 所示，四组分类情况下的平均 VGW 流量与 WT 值之间存在高度线性相关性。在降雨期，当 WT 水位低于泥炭表面 0.3m 之前，VGW 从砂质粉砂层向上移动到泥炭层，并随 WT 水平增加水量运动减小［图 7-25(b)］。一旦 WT 水平高于该阈值，VGW 流量开始向下移动并且随着 WT 水平增加而增加。在停雨期，该阈值变动到泥炭表面以下约 0.14m，并且 VGW 通常在大部分时间向泥炭层内运动［图 7-25(a)］。在这两种类型的时期中，四个蒸发分类中的数据通常混合在一起，表明类之间没有趋势。

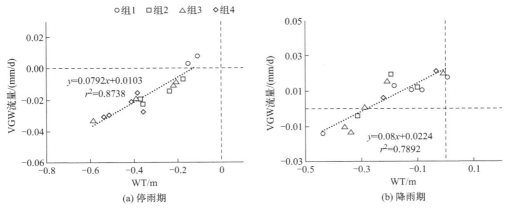

图 7-25　单位垂直地下水运动量与地下水位关系

地下水垂直运动与气候逐日变化如图 7-26 所示，VGW 流量的时间变化通常在第一阶段（0～105 日）和第二阶段（106～153 日）呈现不同的趋势。三个分区的 VGW 流量的模式明显不同，在第一阶段，CT 子区域的 VGW 流量低于其他子区域的 VGW 流量，它们中的大多数都小于零，表明它们从下部粉砂层向上运动到泥炭层，NG 和 NCT 子区域中的 VGW 流量大小相似，但 NG 子区域中的一些流量以较高的速率向上移动；在第二阶段，CT 子区域内的大多数 VGW 仍然向上移动，而其他两个子区域中的所有 VGW 向下移动，在这些流量中，NG 子区域的流量通常较高，所有这些都表现出高度的时间变异性。

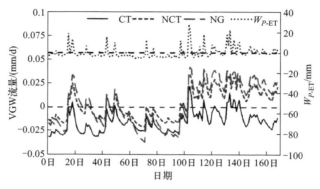

图 7-26　地下水垂直运动与气候逐日变化

不同时间地下水状况如图 7-27 所示。在停雨期，四个蒸发分类中 CT 子区域的 VGW 流量平均值基本保持不变 [图 7-27(a)]，ANOVA 检验差异不显著。这种情况下地下水

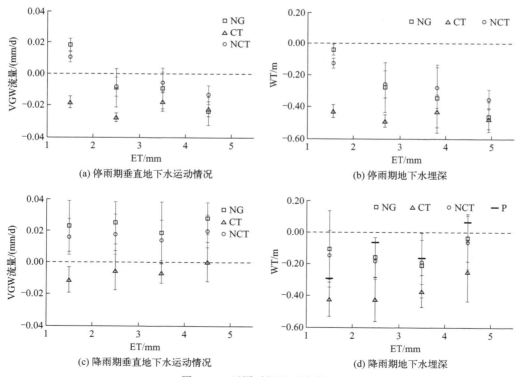

(a) 停雨期垂直地下水运动情况

(b) 停雨期地下水埋深

(c) 降雨期垂直地下水运动情况

(d) 降雨期地下水埋深

图 7-27　不同时间地下水状况

具有相对较高幅度的向上运动。对于 NCT 和 NG 子区域，VGW 流动的方式具有非常相似的模式。在最低的蒸发级别中，它们以相对较低的速率向下移动，而在其他较高的蒸发类别中，它们改变了方向，向上（向泥炭层）移动，但是它们的速率明显低于 CT 子区域的速率。尽管平均蒸发值显示出与 VGW 流量相似的模式，因为蒸发值与 VGW 流量密切相关，但它们的负值表明所有蒸发类别和所有子区域的地下水位均低于地表，范围在 0.05～0.5m［图 7-27(b)］。在降雨期，平均 VGW 流量和 WT 值表现出不同的趋势［图 7-27(c)、(d)］。尽管 CT 子区域的 VGW 流量仍明显不同于其他两个子区域，但随着蒸发类别的增加，它们略有增加［图 7-27(c)］。此外对于所有蒸发相对较高的情况，NCT 和 NG 子区域的 VGW 均向下移动［图 7-27(c)］。WT 值在 CT 子区域中也显示相对较低的地下水位，而 NCT 和 NG 子区域之间的地下水位较高且相似［图 7-27(d)］。

　　垂直地下水运动与地下水位关系如图 7-28 所示，尽管三个分区的 VGW 流量和 WT 值之间存在较强的线性相关性，但它们的线性趋势并不完全相同。在停雨期，NG 和 NCT 子区域内，当 WT 数值低于地表以下约 0.2m 的阈值时，VGW 向上流动，而当 WT 水平大于阈值时，VGW 向下流动［图 7-28(a)、(c)］。然而，在 CT 分区中，WT 远低于阈值，相关的 VGW 总是以相对较高的幅度向上移动［图 7-28(b)］。在降雨期，使 VGW 流量从上到下变化的 WT 水平阈值分别为 NG、CT 和 NCT 子区地表以下 0.4m、0.34m 和 0.26m［图 7-28(d)、(e)、(f)］。在 NG 和 NCT 子区域中，WT 数值会高于地表一段时间 WT 水平在地表以上一段时间，而 CT 子区域其数值则一直低于地表。

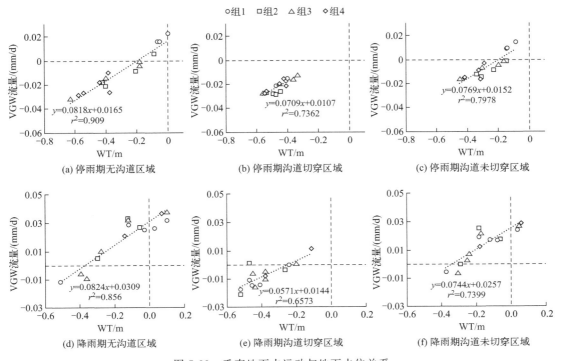

图 7-28　垂直地下水运动与地下水位关系

7.3.3 水平地下水流运动

停雨期与降雨期四个不同蒸发级 HGW 流量变化：在停雨期，四个蒸发级的两种类型的沟道周围的水平地下水（HGW）流量显示出不同的趋势。在距离 CT 很近的地方，最低蒸发级的 HGW 流量以最高的速率进入沟道。随着两侧距沟道距离的增加，高水位水流不断向沟道方向移动，但流速降低。在 NCT 周围，HGW 水流仍在距沟道约 6m 的距离向沟道方向运动，但流速远小于 CT 周围的流速。随着距沟道距离的进一步增大，HGW 逐渐改变其流向，远离沟道。这一横向趋势与 CT 周围明显不同。在第二类和第三类蒸发分类中，HGW 水流通常沿着远离 NCT 方向运动。

此外第二类蒸发的平均值比第三类蒸发的平均值高，因此 HGW 流量变化不大。在 NCT 周围，水流一般在离沟道最近的位置流速较高，而在其他位置流速较低。在最高的蒸发等级中，最靠近 CT 的地方的 HGW 以相对较小的速率从沟道出流。随着与 CT 距离的增大，HGW 流量逐渐减小到零，然后向沟道外微量运动。然而，在距沟道 15m 内的所有模拟位置，NCT 模拟区域的水流都远离沟道运动。在距离沟道最近的位置，流速相对较高，减少了离开沟道的流量。HGW 的空间格局正是受蒸发量的影响，高蒸发情况下，NCT 补给两侧泥炭地，地下水向泥炭层深处运动。

在降雨期，向 CT 运动的横向 HGW 平均流量通常高于向 NCT 运动的水量。在四种蒸发类型中，HGW 平均流量表现出相似的模式：从最近位置的高值开始，迅速下降，直到距离 CT 9m 处，然后以较低的速率进一步下降。HGW 总是流向 CT，即使在最高的蒸发等级。在 NCT 周围，四种不同蒸发等级的平均 HGW 流量的递减模式也相似，因为 HGW 改变了 NCT 沟道约 9m 处的流向。在所有四种蒸发等级中，在最靠近 CT 的位置，HGW 平均流量的变化最大。在 NCT 附近，最近位置的 HGW 流量变化仍然是最大的，但小于同一位置的 CT。

第 8 章

黄河源区高寒湿地修复与保护策略

湿地作为陆地和水域的过渡生态系统，具有其独特的生物物种多样性保存与遗传基因库功能，天然涵养水源、蓄洪防旱、降解污染、净化水质功能，以及固定二氧化碳、调节区域气候功能，防浪促淤与造陆功能，独特景观欣赏与生态旅游功能。湿地是生物物种繁衍和保存的基因库，人类水源、食物和工农业原材料的储备库，是人类聚居、娱乐、科研、宣教和传承文化的重要场所，是人类社会发展和文明进步的重要物质和环境基础之一。长期以来，人们对湿地功能、价值认识不足，对湿地保护、管理和利用的客观规律研究不够，对湿地生态系统进行整体性、综合性、系统性管理和保护一直未取得进展。随着人口的急剧增加，经济社会的快速发展，不合理开发利用、非法侵占或破坏湿地的行为时常发生，使湿地遭到开（围）垦、污染、淤积、资源过度利用、外来物种入侵等破坏或威胁，湿地面积锐减，湿地功能严重受损或丧失。湿地遭受如此严重破坏的重要原因，是对湿地进行系统性保护使其整体性功能持续发挥的制度体系不完善，对湿地生态系统的保护和利用行为尚无有效的规范。

8.1 黄河源区高寒草甸湿地修复与保护策略

青藏高原高寒湿地植被空间覆盖不连续，既具有涵养水分生态功能，又有生产功能，分布有许多不规则的水池，深度 10～30cm，周边被草甸包围（图 8-1）。靠近湖泊、河流等分布的湿地水池面积大于高海拔山前分布的湿地。这些水池是很小的河道，未完全形成。高寒湿地是青藏高原特有的，具有湿地和草甸双重特性。年平均气温 0℃以下、降水量低于 400mm，生长季 4～5 个月，以莎草科和禾本科植物为主的植被群落。较大昼夜温差导致湿地的冻融现象，使得低洼的水池不易干涸。由于湿地中大量水的存在，青藏高原处于低退化风险。由于高寒湿地表面凹凸不平的地形，大量嵩草根形成的致密草皮层，在保护底层土壤退化中，起到主要作用。高原草甸湿地经由地质构造运动形成利于积水的高山谷地，加之高寒环境气候的驱动形成发育而来的，因而具有区别于其他生态系统的独特性——其在维系生物多样性、保持水土、提供水资源、蓄洪防旱、调节径流、降解污染、沉降温室气体、调节气候等方面，有着其他生态系统不可替代的作用。在全球气候变化和人类活动的综合影响下高寒草甸湿地萎缩退化（图 8-2），向高寒草原逆向演替。我国在 1992 年正式加入《关于特别是作为水禽栖息地的国际重要湿地公约》（简称《湿地公约》）后，开始重视高寒草甸湿地的合理开发利用与保护。

图 8-1　高寒草甸湿地

图 8-2　退化的高寒草甸湿地

8.1.1　高寒湿地退化区人工草地建设

选择不同种植年限（2000、2004、2007、2014、2017）人工草地作为调查对象，人工草地牧草混播品种有垂穗披碱草（*Elymus nutans*）、阿洼早熟禾（*Poa araratica*）、中华羊茅（*Festuca sinensis*）混播比例为 2∶1∶1。人工草地建植之前属于高寒湿地外周典型"黑土滩"退化草地，优势种莎草科植物被杂类草取代，原生植被不足 10%，裸露地大面积存在，植被主要由铁棒槌（*Aconitum pendulum*）、蕨麻（*Argentina anserina*）、黄帚橐吾（*Ligularia virgaurea*）、甘肃马先蒿（*Pedicularis kansuensis*）、细叶亚菊（*Ajania tenuifolia*）等组成。人工草地所用草种均由当地草籽繁殖场生产，播种量为 45kg/hm^2，施肥量为 45kg/hm^2（施用磷酸二铵复合肥），农艺措施为深翻→耙平→施肥→撒种→覆土→整压→围栏封育，使用 C-型肉毒素控制高原鼠兔种群数量（Ma，2006；景增春 等，2006）。人工草地生长季完全禁牧，只冬季放牧利用（每年 12 月至次年 4 月）。试验样地地理位置见图 8-3。

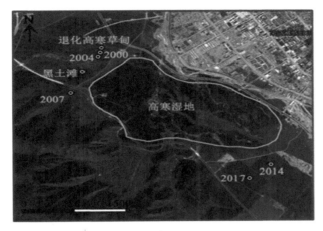

图 8-3　试验样地地理位置（图中 2000、2004、2007、2014、2017
分别代表已建植 18 年、14 年、11 年、4 年、1 年的人工草地）

对不同恢复年限的人工草地植被群落调查发现（表 8-1）：恢复年限较长的 2000 年与 2004 年人工草地盖度最高，分别为 86.08%、87.11%，而恢复 1 年的人工草地总盖度仅有 45.08%。2017 年人工草地植被总盖度分别与其他种植年限人工草地差异显著（$p<0.05$）；2004、2007、2014 年建植的人工草地总盖度之间差异显著（$p<0.05$）；2000、2004 年的人工草地总盖度之间差异不显著（$p>0.05$）。禾本科盖度在 2000 年与 2014 年的人工草地最高，分别为 68.22%、67.75%，彼此之间差异不显著（$p>0.05$）；2017 年显著低于其他年限人工草地，仅为 31.67%（$p<0.05$）。2007 年禾本科植物盖度分别与 2000、2014 年的人工草地禾本科盖度差异显著（$p<0.05$）。不同恢复年限人工草地中莎草科植物很少，2014 年莎草科盖度最高，仅为 11.17%。2017 年人工草地的 Simpson 指数、Shannon-Wiener 指数分别与其他恢复年限人工草地差异显著（$p<0.05$），而不同恢复年限人工草地的 Pielou 均匀度指数相差不大。不同年限人工草地群落结构不同，随着建植年限的增长，植被盖度、多样性处于增加趋势，杂草盖度呈现先增加后减少的趋势，说明人工植被群落逐渐趋于稳定。

表 8-1　不同恢复年限人工草地植被分布特征（平均值±标准差）

不同恢复年限	总盖度/%	禾本科盖度/%	莎草科盖度/%	杂草盖度/%	Simpson 指数	Shannon-Wiener 指数	Pielou 均匀度指数
2000	86.08±6.02[a]	68.22±12.54[a]	10.92±11.13[b]	48.42±18.13[b]	0.78±0.05[a]	1.85±0.13[a]	0.81±0.07[a]
2004	87.11±13.37[a]	55.26±23.38[ab]	7.89±7.77[ac]	70.18±16.63[a]	0.80±0.06[a]	1.98±0.24[a]	0.82±0.08[a]
2007	69.75±11.01[b]	48.43±11.92[b]	4.83±7.35[bc]	61.78±32.02[ab]	0.78±0.10[a]	1.84±0.26[a]	0.78±0.11[a]
2014	80.08±5.00[c]	67.75±12.57[a]	11.17±10.96[a]	55.09±23.52[a]	0.78±0.07[a]	1.79±0.36[a]	0.81±0.08[a]
2017	45.08±13.48[d]	31.67±6.72[c]	0.33±0.88[d]	29.33±16.94[c]	0.74±0.08[b]	1.6±0.30[b]	0.78±0.09[a]

注：不同小写字母表示均值纵向比较差异显著（$p<0.05$）。

通过对退化高寒草甸、不同恢复年限人工草地 0~10cm、10~20cm、20~30cm 土壤含水率的调查发现：退化高寒草甸及不同恢复年限人工草地土壤含水率，随土层的增加逐渐降低，即 0~10cm 土壤含水率最高，20~30cm 最低。对比退化高寒草甸与不同恢复年限人工草地同层土壤含水率发现，就 0~10cm 土壤含水率而言，退化高寒草甸 0~10cm 土壤含水率最高，为 30.27%，2004 年人工草地次之，为 29.07%，而 2007、2017 年人工草地 0~10cm 土壤含水率最低，分别为 20.90%，21.56%，且分别与退化高寒草甸、其他恢复年限人工草地（2000、2004、2014）土壤含水率差异显著（$p<0.05$）；就 10~20cm 土壤含水率而言，其变化趋势与 0~10cm 土壤含水率相似，均为退化高寒草甸以及恢复年限较长（2000、2004 年）的人工草地 10~20cm 土壤含水率较高，而 2007、2017 年人工草地中层土壤含水率最低，且差异显著（$p<0.05$）；2007 年人工草地 20~30cm 土壤含水率最低，仅为 18.38%，且分别与退化高寒草甸及其他不同恢复年限人工草地下层含水率差异显著（$p<0.05$）。人工草地土壤结构发育不完善，持水能力较差，所以高寒草甸不同土层土壤含水率高，但随着建植年限的增加，土壤结构逐渐改善，持水能力增强，土壤含水率逐渐增高。以高寒草甸土壤含水率为对照标准，人工草地建植 14 年（2004 年）后土壤含水率可恢复到高寒草甸水平（表 8-2）。

表 8-2　不同恢复年限人工草地土壤含水率分布特征（平均值±标准差）

土层	退化高寒草甸/%	2000 年/%	2004 年/%	2007 年/%	2014 年/%	2017 年/%
0~10cm	30.27±2.05[Aa]	28.25±6.54[Aa]	29.07±3.04[Aa]	20.90±2.30[Ba]	25.25±3.33[Aa]	21.56±3.41[Bb]
10~20cm	28.33±3.71[Ac]	25.59±5.04[Ab]	25.84±3[Ab]	20.03±2.27[Ba]	25.20±5.26[Ab]	22.89±1.84[Ba]
20~30cm	24.97±4.5[Ab]	24.13±3.59[Ab]	23.33±3.49[Ac]	18.38±1.94[Bb]	22.7±4.59[Ac]	21.38±2.61[Ab]

注：不同大写字母表示均值横向比较差异显著（$p<0.05$），不同小写字母表示均值纵向比较差异显著（$p<0.05$）。

就不同恢复年限人工草地土壤养分（表 8-3）分析发现，在 2000 年和 2014 年全氮含量最高（4.37g/kg），在 2007 年含量最低（3.33g/kg），且 2007 年人工草地表层土壤全氮含量分别与其他不同恢复年限人工草地表层土壤全氮含量差异显著（$p<0.05$），而其他年限之间则差异不大（$p>0.05$）；就全磷养分而言，不同年限人工草地中 2017 年人工草地全磷含量最高，为 1.68g/kg，而 2004 年最低，为 1.2g/kg。对比不同恢复年土壤全钾分布发现，2007 年人工草地全钾含量最高，为 25.34g/kg，而 2017 年最低，为 22.18g/kg，各恢复年限人工草地全钾含量差异很小，2000、2004、2007 年之间差异不显著（$p>0.05$）。铵态氮是供植物直接吸收利用的氮素营养，通过分析不同年限人工草地土壤表层（0~5cm）土壤铵态氮含量发现，随着恢复年限的增长土壤铵态氮含量均降低。分别从 2017 年的 12.20mg/kg 下降到 5.17mg/kg。恢复年限短的人工草地（2007、2014、2017 年）之间铵态氮含量差异不明显（$p>0.05$），但与恢复年限较长的人工草地铵态氮含量差异显著（$p<0.05$）。相同恢复年限土壤速效钾含量分析发现，2004 年人工草地表层土壤速效钾含量最高，为 263.03mg/kg，而 2017 年人工草地速效钾含量最低，仅为 167.69mg/kg，且 2007、2017 年人工草地速效钾含量分别与 2000、2004 年钾含量差异显著

（$p<0.05$）。土壤有机质是衡量土壤肥力的一个重要指标，据不同恢复年限人工草地土壤有机质分析发现，在 2014 年有机质含量最高（78.22g/kg），在 2017 年含量最低（36.19g/kg）。

表 8-3　不同恢复年限人工草地表层土壤养分

养分	2000 年	2004 年	2007 年	2014 年	2017 年
全氮/(g/kg)	4.37±0.56[Aa]	4.09±0.28[Aa]	3.33±0.27[Bb]	4.37±0.22[Ba]	4.19±0.2[Ba]
全磷/(g/kg)	1.36±0.1[Aab]	1.20±0.19[Ab]	1.58±0.13[Bab]	1.55±0.07[Aab]	1.68±0.43[Aa]
全钾/(g/kg)	23.44±1.42[Aa]	23.46±1.41[Aa]	25.34±0.6[Ba]	23.13±1.12[Ab]	22.18±0.55[Ab]
铵态氮/(mg/kg)	5.17±0.95[Bb]	6.39±0.53[Bb]	11.65±0.48[Aa]	10.84±1.29[Aa]	12.20±0.47[Aa]
速效钾/(mg/kg)	244.47±36.83[Aa]	263.03±25.65[Ba]	198.14±39.81[Ab]	218.65±40.79[Aa]	167.69±2.26[Bb]
有机质/(g/kg)	60.91±25.56[Aab]	44.08±9.27[Ab]	50.14±7.04[Ab]	78.22±15.93[Aa]	36.19±4.69[Ab]

注：不同大写字母表示均值纵向比较差异显著（$p<0.05$），不同小写字母表示均值横向比较差异显著（$p<0.05$）。

综上所述，由气候原因造成的湿地退化，湿地恢复是不可逆的。人为放牧活动造成的湿地退化，可通过草地改良等技术恢复，主要是因为土壤水分没有退化，仍然保持较高水平。

8.1.2　高寒草甸湿地保护

黄河源区自然生态系统极其脆弱，在全球气候变化和人类过度开发利用的双重压力下，湿地资源呈现面积减少、生态系统健康状况下降、生态服务功能衰退等趋势，严重威胁着区域湿地生态系统安全和社会经济稳定。黄河源区天然湿地不断丧失、湿地功能不断下降、湿地保护工作依然十分艰巨。湿地土壤水位变化是其各类型生态系统发生演替的主导因子，演替的空间属性包括自然和人为干扰下的恢复，干扰在破坏生态系统稳定性的同时也成为系统演替的外在驱动力。一定程度的人为干扰对植物群落发展有促进作用，但强烈的干扰会使植物群落发生逆向演替，造成植被退化，同时影响土壤的结构和功能。黄河源区高寒湿地植物群落原生植被的优势种以莎草科的嵩草属植物为主，由于自然因素和人为干扰，出现了不同程度的退化，原生植被盖度显著下降，由于土壤含水量的降低，湿地退化演替过程中的植物种类表现为较原生植物更耐干旱，出现了大量的禾本科植物。放牧强度增大使植物群落中杂草的比例增加。多样性指数均表明，黄河源区湿地在退化演替发生过程中，普遍存在群落的物种多样性变高的趋势，原生湿地的群落物种多样性低于退化湿地。从湿地资源质量变化过程来看，正是湿地生态系统原有水分条件的改变导致了湿地生态系统走向退化。

2000 年，国家林业局等 17 部委编发了《中国湿地保护行动计划》，全国共有 173 块湿地被确定为国家重要湿地，其中青海省有 17 处重要湿地被列入，总面积达到了 219.9×10^{4}hm^2。2018 年 10 月，青海省政府办公厅印发《青海省湿地名录管理办法》，对黄河源区重要湿地和一般湿地的认定、管理以及更新规定作了详细说明，加强湿地保护，规范湿地认定及其名录管理工作，建立湿地分级管理体系有了制度保障。黄河源区重要湿地参见表 8-4。

表 8-4　黄河源区重要湿地

湿地名称	保护面积/hm²	湿地面积/hm²	保护方式
扎陵湖	104445.71	69653.45	国际重要湿地
鄂陵湖	127275.93	75744.47	国际重要湿地
玛多湖	79684.53	21140.29	国家公园
岗纳格玛错	25422.96	15626.23	国家公园
隆宝滩	10982.97	3619.91	国家重要湿地
依然错	495618.88	86612.69	国家公园
多尔改错	79168.08	29277.26	国家公园
库赛湖	125915.32	46807.65	国家公园
卓乃湖	118162.68	37928.94	国家公园
冬格措纳湖	48226.83	31571.35	国家湿地公园
泽曲	72303.35	23377.12	国家湿地公园
洮河源	38398.85	1257.45	国家湿地公园
班玛仁拓	11566.07	212.01	国家湿地公园
玛可河	1610.70	716.84	国家湿地公园
黄海湿地	8672.02	5964.72	国家湿地公园

按照党中央、国务院的决策部署，各地区、各部门不断加强湿地保护，为加强湿地保护修复，制定了《中国湿地保护行动计划》、《全国湿地保护工程规划》和《湿地保护管理规定》。在国家有关部委的指导下，林业、农牧和环保部门依据国家实施的相关法律和条例，采取了有效措施。

根据湿地存在的主要威胁和问题，提高人民群众保护湿地的意识；建立湿地动态监测体系和定期调查工作，及时掌握湿地资源和环境动态。

8.1.3　高寒草甸湿地的管理

高寒湿地的保护管理大致经历了湿地初期保护发展阶段（1975—1995 年）、湿地保护强化管理阶段（1996—2005 年）和湿地保护快速发展阶段（2006 年以来）（马广仁 等，2015）。在湿地初期保护发展阶段，湿地保护的概念得到了解和认识，湿地保护和科学研究相对薄弱；在湿地保护强化管理阶段，黄河源区的扎陵湖、鄂陵湖加入《湿地公约》，并重视宣传执法和科普教育，围绕湿地保护的科学研究课题和生态工程增加幅度较大；在湿地保护快速发展阶段，湿地立法和保护进入依法管理，促进高寒湿地保护发展。1975年以来，积极推进湿地保护管理体系建设，不断完善湿地保护修复制度，实施了重要湿地监测评价工作，高寒湿地保护管理工作不断完善。

识别不同类型湿地的退化因素，对不同类型湿地的合理利用和管理产生深刻的影响。

高原地区低地相对高地湿地具有较强退化抵抗力，能够持续放牧利用，退化风险最低。阶地湿地是提供营养最好的牧场，然而，这些湿地最脆弱，它们中的大多数已退化。山前湿地是广泛分布的，但又脆弱的一类湿地。山前湿地退化常常伴随着土壤侵蚀甚至鼠类暴发。如果没有保护措施的实施，退化湿地会变成贫瘠土地或荒地，没有任何放牧价值。河谷和河漫滩湿地是最具有生产力的，应该被最大容量放牧利用，但需要控制在可持续发展的水平上。高山、河流、湖泊湿地不是最广泛、最有价值的牧场，特别是高山湿地，如果退化，生态环境会迅速恶化。河流湿地，如果分布在大量废弃河道岛屿之上，可以将放牧保持在一个可持续的水平。湖泊湿地应该有一个较低的放牧强度，因为湖泊外围没有充足的牧草。

8.1.4　高寒草甸湿地的恢复

进入 21 世纪以来，黄河源区开展了湿地保护与恢复、湿地生态效益补偿试点，实施了扎陵湖-鄂陵湖国际重要湿地保护与恢复工程，强化了基层湿地保护设施设备，改善了青海省湿地的生态状况，维护了生态安全。湿地保护修复制度文件见表 8-5。

表 8-5　湿地保护修复制度文件

文件名称	出台时间
青海省湿地保护条例	2013.09(2018 年修订)
青海省湿地公园管理办法(试行)	2014.01
三江源国家生态保护综合试验区生态管护员公益岗位设置及管理意见	2015.01
青海省草原湿地生态管护员管理办法	2015.11
关于贯彻落实《湿地保护修复制度方案》的实施意见	2017.06
青海省湿地名录管理办法	2018.09
湿地监测技术规程	2015.02
重要湿地标识规范	2016.06
省级重要湿地认定通则	2016.06
青海省重要湿地占用管理办法(试行)	2022.10

高寒湿地修复应坚持全面保护、生态优先和科学修复的原则。全面保护是湿地生态系统的根本原则，是充分考虑全省湿地生态系统面临的威胁而制定的。当前，黄河源区湿地正面临着严重的威胁，湿地退化乃至消失现象时有发生，特别是那些典型的高寒湿地生态系统及其拥有的生物多样性，是地球经过数十亿年的自然演化而形成的，一旦受到破坏，将极难恢复，其损失将不可估量。生态优先是与"全面保护"紧密相连的。湿地具有多种功能，湿地保护管理工作也涉及多个层面，包括保护、恢复和持续利用等。如此多的功能，很难以现有的人力、财力和物力同时进行维护，而应该根据湿地保护的目标确定一个主要或优先领域，突出重点。无疑，生态保护和生态建设是处于第一位的，是科学恢复、合理利用和持续发展的前提条件，也是湿地保护工作的根本目的，即保持湿地固有的生态状态和功能，对于受损湿地则采取科学措施努力使其恢复到自然或近自然的状态，进而更好地发挥其在国民经济社会发展中的突出作用。科学修复是保护和管理湿地的重要手段，

是基于全省湿地生态系统受损或者面临威胁的前提下采取的科学对策。当前,高寒湿地资源依然承受着巨大的人为干扰压力,湿地生态系统受损现象较为普遍。湿地类型复杂,湿地受损原因多样,而可供选择的途径也有很多。因此对于某一类湿地或者某一块湿地,采取何种途径才能最有效地恢复其自然或近自然状态,这是一项科学性很强的工作,需要进行相应的研究和探索。

结合第 4 章的研究内容,在恢复退化的高寒湿地过程中,可通过人工补播适宜高寒湿地环境的草种和施肥来增加土壤营养,来保证人工补播的植被生长和高寒湿地植被恢复。通过播种、施肥、施肥+播种,退化高寒湿地植被盖度、高度和地上植被生物量等呈增加趋势,说明播种和施肥对植物生长有利,而播种+施肥对植物盖度和地上植被生物量增加有利。播种、施肥、施肥+播种使退化的高寒湿地土壤有机碳、全氮含量呈增加趋势。人工植被建植措施增加了土壤有机碳的含量,土壤性质得到改良,是抑制高寒湿地退化的有效措施。人工补播增加了土壤含水量,但低于原高寒湿地土壤含水量。

湿地保护修复仍面临生态恢复缓慢、资源过度利用和规划与标准不完善等问题。湿地保护修复是一项长期、艰巨的任务,需依托国家层面的重大工程,积极引进和吸收国内外湿地保护与恢复的先进理念和科学技术,需要一系列恢复湿地生态功能、维护湿地生态健康的湿地修复技术标准。同时为鼓励湿地修复技术创新和吸引人才,应出台相关奖励办法。

8.2　泥炭湿地修复与保护策略

若尔盖泥炭湿地是"中国西部高原之肾",也是我国五大牧区之一。自 20 世纪 50 年代挖沟排水工程之后,该地区的生态环境问题逐渐显露并恶化,正面临着湿地萎缩、草地退化、河湖减少等生态危机。国家及当地政府从 20 世纪 90 年代便开始实施一系列湿地与草地的保护、生态恢复等对策和措施。

8.2.1　保护区的设立

1994 年若尔盖湿地自然保护区在若尔盖高原东北边缘设立,1998 年经国务院批准晋升为国家级自然保护区。此外还设有日干乔湿地自然保护区、曼泽塘湿地省级自然保护区、喀哈尔乔湿地自然保护区以及部分尕海-则岔自然保护区等多个自然保护区。1975—2015 年卫星影像表明(左丹丹 等,2019),保护区的建立减缓了保护管理范围内景观破碎化趋势,保护区取得一定的保护成效。但保护区外邻近区域的景观破碎程度大于保护区内,这种自然保护区的泄漏效应容易使保护区日益孤立化,使沼泽湿地对环境的干扰更加敏感和脆弱,对湿地生物多样性存在严重的潜在威胁。为此,需要在保护区建成之后,对人类活动(如过度放牧、无序旅游、道路建设等)进行科学性管理,消除保护区孤岛化情况。

2004 年由国家投资 730 万元立项实施了自然保护区一期工程,主要完成了保护区办公综合楼,辖曼、热尔坝、纳勒桥、黑河、唐克 5 个保护站,3 个瞭望塔和保护区标桩、界碑、区碑、指示牌以及草围栏、巡护道路维护等建设内容。2006 年启动实施了国家投资 1261 万元的湿地保护工程建设。完成沿核心区和部分缓冲区设立限制性标志碑 54 块；在草场破坏严重、有荒漠化趋势的核心区建设 3000hm²、27km 保护区边界围栏；综合治理沙化严重土地 430hm²；建成 42 块警示标牌；建成 1650m² 湿地宣教培训中心一座；建成 900m² 保育中心一座；建立水文监测点 4 个、微气象自动观测站 2 个及其配套设备。

8.2.2　湿地的修复

根据 2011 年《若尔盖湿地国家级自然保护区管理评估的情况汇报》，若尔盖湿地的修复有 3 个步骤：一是以扎堵填沟还湿为重点，探索湿地生态系统恢复途径，依托湿地国际环境保护组织和国家林业和草原局政策的倾斜，采取扎栏填沟的方式对二十世纪六七十年代人工开挖沟壑，开展湿地生态系统的恢复，实施了沟壑扎堵建拦坝 608 处，恢复草坪 9975 亩（1 亩＝1/15hm²），涉及沼泽湿地面积 28000 亩。二是开展了对湿地破坏严重、有荒漠化趋势的核心区用水泥桩带铁丝网建设保护围栏 3000hm²，综合治理沙化严重土地 430hm²，治理沙化土地 22 个小班，2011 年在保护区内的哈丘湖和花湖至若尔盖县城一线开展扎堵填沟 300 处，恢复湿地 15000 亩。用高山柳插条＋披碱草网播＋高山柳沙障＋秦艽＋大黄＋围栏的方法在谢马拉也的沙化地开展植被恢复 133hm²。三是以花湖湿地生态恢复试点项目湖泊扩面为突破口，修建一条生态堤长 1740m，高 0.6m，提高花湖水位 30cm，积极探索高原湿地生态修复模式。

8.2.3　保护宣传工作

当地政府每年充分利用"湿地日""爱鸟周""野生动物宣传月"，开展以湿地生态、社会价值、经济价值、有关法律法规及候鸟疫情监测知识等为主要内容的宣传活动。以群众喜闻乐见的方式，积极引导广大社区群众参与到湿地生态环境保护中来，让社会更多地关注若尔盖湿地，让人们更加关爱自己的家园。

一是采取检查与宣传教育相结合的方式提高社区群众的保护意识，对保护区及周边社区开展了定期和不定期地检查巡护，对在保护区内及周边捕捞、捕杀野生动物以及在河道采砂等破坏生态环境的行为进行了整治；二是与保护区内牧民及周边社区签订了草场防火责任书，从而有效地促进泥炭地资源的保护；三是为给黑颈鹤等珍稀动物创造良好的繁殖、栖息环境，与牧户签订了在保护区内每年 3~6 月为禁牧期的协议。

8.2.4　进行国际国内科研合作

当地自然保护管理局与国际国内科研团体密切合作，一是与中国科学院合作共建若尔盖湿地生态研究站，建成了热尔坝工作用房、全自动微气象定位观测设备等基础设施并投入使用；二是与成都生物所合作建立了生态定位站，共同完成了保护区监测样地 100 个，协作开展了湿地甲烷排放等科学研究；三是与国家林业和草原局鸟类环志中心、国际鹤类基金、中国科学院昆明动物研究所合作开展了保护区内黑颈鹤生活习性监测等研究；四是与四川省林业科学院合作开展了若尔盖高寒湿地黑唇鼠兔无公害防治技术示范研究，运用第二代抗凝血剂配方灭治黑唇鼠兔；五是与湿地国际合作开展了 eCBP 中欧合作项目，开展了若尔盖高寒湿地泥炭地生物多样性资源保护和泥炭地恢复技术研究；六是与四川大学合作建立了国家生物学人才野外培养基地，协同开展了若尔盖湿地退化研究。

8.3　河流湿地修复与保护策略

黄河源区是黄河的发源地及重要的环境涵养区，整个区域流域面积为 $13.2\times10^4 km^2$，受到构造运动、流水侵蚀及风沙堆积的影响，区域内水系呈羽状分布，中间水系发育程度高于两边，东南大于西北。黄河源区范围广，不同区域河网特性及水资源的分布特征也不相同。

黄河源头至玛多区间（黄河沿水文站以上）流域面积为 $2.1\times10^4 km^2$，干流长约 270km，大部分地区海拔在 4100~4500m。该区域河谷开阔，水系发育，支流、湖泊众多，玛多县号称"千湖之县"，鄂陵湖、扎陵湖为黄河流域最大的两个外流淡水湖。鄂陵湖最大，水域面积 $610.7km^2$，南北长约 34.5km，东西宽约 34km，平均水深 17.6m，储水量约 $107.6\times10^8 m^3$。黄河从鄂陵湖的西南角注入，从北端流出。入口海拔 4270m，出口海拔 4254m。扎陵湖位于鄂陵湖西侧，是黄河源区第二大淡水湖，水域面积 $526.1km^2$，东西长 37km，南北宽 23km，储水量约 $46.7\times10^8 m^3$，平均水深 8.9m。黄河源区的地表水、地下水最终通过两湖排泄，其水位的变化会影响黄河的径流量，这两大湖泊对黄河源区水文状况具有重要的调节作用。

玛多（黄河沿水文站）—达日（吉迈水文站）区间流域面积为 $2.4\times10^4 km^2$，干流长 325km，两岸支流众多。右岸支流科曲汇入口以上河谷开阔，科曲汇入口以下受阿尼玛卿山与巴颜喀拉山的挟持，河道开始深切，两岸山势较高。

达日（吉迈水文站）—玛曲（玛曲水文站）区间流域面积为 $4.1\times10^4 km^2$，干流长 585km，分布着大面积的高寒草原、高寒草甸草原和沼泽类草原，沼泽地面积约 $4300km^2$，中下游下垫面为含水量丰富的厚泥炭层，是黄河上游的重点产水区。该区间右岸支流贾曲汇入口以上为峡谷段，入汇口以下河谷开阔，地势平坦，水系发达。其中，白河和黑河是黄河上游流量较大、流速较小、水位平稳的两条较大的支流，发源于若尔盖草原沼泽（表8-6）。黑河流域面积为 $7608km^2$，多年平均流量为 $32.6m^3/s$（大水站），其上游支流发育，河网密集，中下游比降较小，地势平坦，沉积物较黏重，排水能力差，因此黑河下游的沼泽率达 30%。白河流域面积为 $5488km^2$，多年平均流量为 $63.1m^3/s$（唐克站）；流域阶地较为发育，中下游有 2~3 级阶地，比降较黑河略大，中下游比降为 0.54‰~0.25‰，沉积物较粗，排水性较好，因此白河的沼泽率为 14%。

表 8-6　黄河源区主要支流

名称	长度/km	流域面积/km²	多年平均流量/(m³/s)
卡日曲	145.2	3157	5.61
约古宗列曲	38.6	242	0.21
扎曲	72	822	1.06
多曲	159.7	6085	11.6

续表

名称	长度/km	流域面积/km²	多年平均流量/(m³/s)
勒那曲	95.3	1678	2.39
邹玛曲	97	1183	1.47
玛曲	310	28000	19.1
白河	270	5488	63.1
黑河	456	7608	32.6

玛曲（玛曲水文站）—唐乃亥（唐乃亥水文站）区间流域面积为 $3.6×10^4 km^2$，干流长 373km，两岸支流众多，汇流集中，流域左岸的阿尼玛卿山分布着大小冰川 40 余条，冰川面积达 $120.57km^2$，是流域天然的固体水库，源于冰川的切木曲河、曲什安河以及西柯曲、东柯曲、大河坝河是这一区间内的几条主要的一级支流。

河流湿地是位于河岸或荒弃河道周围的草地岛屿。河流湿地除了分布有高原环境下的草本植物之外，其他类似于低海拔地区的湿地。河流湿地中优势种为华扁穗，次优势种为青藏薹草。河流湿地由于其丰富的水源，是最不容易退化的，具有最强退化抵抗力。随着人口的增加和经济利益的驱动，黄河源区牲畜总量居高不下，导致草原过度放牧，草原的压力太大，草地严重破坏，导致湿地植被覆盖率下降，湿地面积减少。矿产开采和勘探区域的植被遭到破坏（瑜措珍嘎 等，2013）。这些行动也加剧了黄河流域河流湿地退化过程。

从河流湿地资源质量变化过程来看，正是河流湿地生态系统原有水分条件的改变导致了湿地生态系统走向退化。因此，应提高人民群众保护河流湿地的意识；建立河流湿地动态监测体系和定期调查工作，及时掌握河流湿地资源和环境动态；对退化的河流湿地选用耐寒、耐旱、耐盐碱的草种混播，重新建植植被，并对植被进行围栏保护，在一定时期内禁止放牧、刈割，使植被有一个休养生息的机会，积累足够的贮藏营养物质，逐渐恢复草地生产力，并使牧草有进行结籽或营养繁殖的机会，促进草群自然更新。

第 9 章

结论与建议

9.1 主要结论

① 通过遥感数据提取 1990—2011 年土地利用类型结果表明，不断增强的人类活动导致若尔盖高原的建设用地和荒漠面积发生的变化最为明显，2011 年的面积分别是 1990 年面积的 5.84 倍和 1.35 倍。林地以速率为 $0.66km^2/a$ 不断减少。在暖干化气候、人工沟渠排水疏干和自然水系溯源下切的叠加作用下，泥炭沼泽的湿地面积以 $78.62km^2/a$ 的速率呈持续减少趋势。水体面积波动性变化主要受降雨量变化的影响。植被覆盖度整体先减后增并趋于均一化，2000 年减小的幅度最为剧烈，2000 年以后由于生态保护政策的实施，植被覆盖度则有所回升。1967—2012 年，若尔盖高原的降雨量以 $0.4mm/a$ 的速率呈微弱的减少趋势，气温则表现增加趋势，但气候要素变化幅度尚不能在短时间内改变若尔盖高原土地覆盖。

自然河流过程和人工沟渠排水的叠加作用下，若尔盖高原泥炭沼泽的地表水与地下水流失存在两种最主要的输水模式：a. 以日干乔和哈合目乔为典型代表的大面积封闭式泥炭湿地，其完全由人工沟渠排水；b. 以黑河上游为典型代表的半封闭式泥炭沼泽湿地，其由平行或交织的自然水系和人工沟渠共同排水。这种大规模人工沟渠破坏了湿地的整体性，将湿地内的地表水快速且持续地排走，导致泥炭沼泽脱水容易发生侵蚀、坍塌、裂缝及斑块化，从而显著影响着泥炭沼泽的蓄水量，制约着泥炭沼泽的维持，以至加速泥炭沼泽萎缩。

② 黄河沿、吉迈站、玛曲站和唐乃亥站 1955—1990 年的年径流量和年输沙量呈增加的趋势，这与降水量增加、冰川径流补给和若尔盖湿地开沟排水有关。唐乃亥站 1991—2011 年的年径流和年输沙量都在持续减少，相对 1956—1990 年已经分别减少了 15.9% 和 28.5%，其可能原因是气温升高引起蒸发蒸腾量增加、新建水库蓄水和生产生活的用水量增加。8 个代表性气象站 1953—2011 年的气温呈现持续上升的趋势，上升线性速率为 $0.31\sim0.41℃/10a$，而河南和同德的趋势不一致，其中同德与站点搬迁和仪器故障有关，河南 1975—1979 年气温出现下降趋势，可能受连续几年偏冷气候影响，1979 年后呈上升趋势。降水量呈波动变化特征，增加趋势不明显，玛多、达日和兴海处在略增加趋势，久

治、红原、若尔盖、玛曲和河南均呈减少趋势。黄河源区气温升高具有一致性趋势，但降水量变化没有一致性规律。

③ 根据面积加权，若尔盖高原 ET_c 主要由草地蒸发蒸腾量和湿地蒸发蒸腾量构成。草地蒸发蒸腾量多年平均值为 362.3mm/a，占若尔盖高原年均 ET_c 的 74.28%，湿地蒸发蒸腾量占 23.85%。因此不能以单一湿地类型研究若尔盖地区的蒸发蒸腾量，需着重考虑草地。1967—2012 年若尔盖高原 ET_c 的变化并不明显，呈缓慢增加趋势，多年平均值 488.6mm/a，相对变率为 2.62%。1967—1981 年 ET_c 变化趋势不明显，1981—2005 年 ET_c 呈减小趋势，2006—2011 年 ET_c 呈增加趋势。植被生长期内，7 月份 ET_c 达到最高，多年平均为 3.73mm/d，10 月份最低，为 1.52mm/d。若尔盖 ET_c 变化与植被生长周期关系密切，强蒸发蒸腾作用集中在短暂的夏季（6～9 月），气温低于 0℃ 时（4 月、10 月），蒸发蒸腾量甚小。利用回归方程估计若尔盖高原年 ET_c，精度较高，相对误差低于 0.6%。气温、净辐射和风速是 ET_c 的主要影响因子。经相关性分析，3 个站点年 ET_c 与年均气温相关性达到 0.01 的显著性水平，年 ET_c 与年降水量、相对湿度呈负相关性。1967—2012 年，该地区水文过程中实际蒸发蒸腾量相对于雨水补给量变化较小，但 2010 年之后出现由水分缺失引起的植被退化现象，推测是其他原因导致若尔盖草地、湿地土壤水分减少。

④ 若尔盖高原日干乔大沼泽的大规模人工沟渠排水工程，疏干了泥炭沼泽的积水，加速了沼泽萎缩。2016 年，日干乔大沼泽密集分布着人工沟渠 100 余条，总长 292.77km。人工沟渠呈放射状、平行状、网状和零散状分布，其中，以平行状人工沟渠的宽度最宽、长度最长和水力坡度最小。1980—2012 年日干乔大沼泽的人工沟渠共排水 $16 \times 10^8 m^3$，5—8 月降雨日（每日降水量≥10mm）人工沟渠排水量为 $0.84 \times 10^8 \sim 1.17 \times 10^8 m^3$，平均年排水量为 $0.47 \times 10^8 m^3$，其持续的递减效应导致日干乔大沼泽日渐萎缩，生态功能退化，向较干燥的草原转变，可能对黄河水源涵养功能造成不利影响。

⑤ 若尔盖高原是黄河上游的重要水源地，1981—2011 年整个若尔盖高原向黄河干流的补水量年均为 $(67.08 \pm 14.90) \times 10^3 m^3$，约为黄河玛曲站年径流量的 47.97%，约为唐乃亥站年径流量的 33.92%。但若尔盖高原对黄河的补水量持续以 $0.48 \times 10^8 m^3/a$ 速度下降，其下降的主要原因是降水减少与蒸发增强。径流量减少主要受降水与蒸发的叠加影响，即降水量每减少 1mm 导致黑河与白河的年径流量分别减少 $0.02 \times 10^8 m^3$ 和 $0.05 \times 10^8 m^3$。蒸发量每增加 1mm 导致黑河与白河的年径流量分别减少 $0.12 \times 10^8 m^3$ 和 $0.27 \times 10^8 m^3$。1981—2011 年，若尔盖高原的年均储水量为 $(59.30 \pm 18.69) \times 10^8 m^3$，平均减少速率为 $0.49 \times 10^8 m^3/a$，其基本与对黄河的补水量一致，因此可认为储水量变化决定了若尔盖高原对黄河干流的补水量。若尔盖高原的储水量减少一方面加剧若尔盖沼泽的地下水水位下降，加速湿地萎缩与退化；另一方面使得若尔盖高原能够补给黄河源区的潜在水资源量减少，加剧黄河上游的水资源量短缺情势。

⑥ 若尔盖泥炭湿地的观测区超过 50% 的地下水流入沟道，沟道确实具有局部疏干排水的能力。若尔盖泥炭地的自然沟道不仅排走部分地表水，还在非降雨期疏干沟道两侧的地下水，使其两侧的地下水潜水位降低，从而形成泥炭沼泽疏干带。自然沟道切穿泥炭层相比未切穿泥炭层，其垂直于沟道的水力梯度增大约 79%，即排水能力显著增强。在沟道溯源下切作用下，未切穿沟道逐渐向切穿沟道发展，疏干带在沟道两侧放射式扩张。沟

道的存在及发育，促使若尔盖泥炭沼泽的地下水不断流失。泥炭地的沟道排水能力始终大于小幅度地形坡度影响，即自然沟道的排水功能基本不受局部地形变化影响而改变。这使得在沟道密布的若尔盖高原，自然沟道排水的现象普遍存在，其两侧的疏干带联结成网络，从而大范围地降低若尔盖泥炭湿地的地下水位。

⑦ 基于 MODFLOW 和野外原位监测建立若尔盖典型泥炭湿地小流域的泥炭湿地地下水运动的数值模型，模拟地下水运动过程并计算水量动态平衡变化以及沟道排水能力。降雨是小流域的主要来水方式，降雨变化决定流域水量变化，2017 年 5 月到 10 月平均降雨补给量达 60%，其次是东南部山地沟道补水量 18%，其余为边界补水。2017 年 7 月小流域地下水位比 5 月降低 0.4m，而 8—9 月的雨季相比 7 月，小流域的地下水位升高 0.5m。泥炭地小流域的出流方式主要有沟道泄水与蒸发出流，分别占 53% 和 26%，其余为边界出流。切穿泥炭层沟道的排水能力是未切穿泥炭层沟道的 2.52 倍。沟道与蒸发共同作用导致泥炭湿地的水量在非降雨期快速流失。

⑧ 若尔盖高原 1990—2016 年荒漠化面积变化趋势分为 3 个阶段：1990—2004 年增加；2004—2011 年趋于减少；2011—2016 年再次增加。整体以速率 2.17km²/a 呈上升趋势，主要分布在泥炭沼泽退化边缘、河流湖泊周围以及牧场附近。重度荒漠化主要分布在黄河第一弯的北岸泥炭沼泽边缘处，以及从若尔盖县到黑河黄河交汇处的泥炭沼泽区。若尔盖高原荒漠化的形成与扩张的内因——该区域地质构造均为疏松易破碎或稳定性差的堆积物和沉积物，一旦地表植被破坏裸露便成为沙源并快速转换为荒漠化土地；外因——气候变化和区域排水导致水文条件不足，以及人类活动（过度放牧）、鼠害对地表植被的破坏。最为主要的因素是若尔盖高原的湿地与草地涵养的水量不断流失，导致荒漠化进一步扩张，其中人工沟渠排水是最为快速有效的外力因素。自 1994 年开始的各种沙漠化治理与植被恢复措施，在短期产生了一定的改善作用，但后期效果并不显著甚至出现反弹。对此，应根据不同区域荒漠化产生、扩张规律及机制，采取有针对性的不同围栏禁牧、生态修复或工程治理等措施。

⑨ 依据地貌和流域水文特征，黄河源区高寒湿地分为高山湿地、河谷湿地、山前湿地、阶地湿地、河漫滩湿地、湖泊湿地和河流湿地 7 个类型。山前湿地的优势种为黑褐穗薹草；湖泊湿地和河流湿地的优势种为西伯利亚蓼；河谷湿地、阶地湿地和高山湿地的优势种为西藏嵩草；河漫滩湿地的优势种为薹草。

⑩ 高寒湿地表层（0～30cm）具有较高的土壤有机碳和总氮，土壤有机碳、总氮和碳氮贮量随着退化的加剧呈显著性减少，应重点保护，防止湿地退化导致土壤有机碳释放。土壤有机碳和总氮与土壤含水量密切相关，说明土壤水分是限制高寒湿地土壤有机碳和总氮积累的主导环境因子。此外高寒湿地冻融丘的数量和大小对有机碳、总氮和碳氮贮量有较好的指示作用，因此在加快退化高寒湿地生态恢复时，应重点考虑土壤水分和冻融丘数量和大小的指示性。

⑪ 土壤有机碳、氮、土壤含水量随退化程度的加剧呈减少趋势，高寒湿地剖面（0～200cm）土壤有机碳、氮随土层深度增加大致呈降低趋势，且总含量与退化程度的关系为未退化＞轻度退化＞重度退化，湿地表层（0～30cm）影响其动态变化的主导因素为地上植被，深层（30～200cm）是土壤水分。高寒湿地随着退化程度的加深，土壤有机碳、氮对土壤水分越敏感；微地形与湿地土壤有机碳、氮有着紧密的关系，尤其

对表层的贡献更大。退化程度对土壤的有机碳、氮含量起到举足轻重的作用。微地形是次要因子，它通过改变水的移动，将部分有机碳、氮从高处带到低处，让土壤有机碳含量变得更高。

⑫ 高寒湿地退化后，冻融丘和丘间轻组分有机碳、重组分有机碳、可溶性有机碳、微生物碳随着退化程度的加剧而下降，冻融丘在 $0\sim10cm$ 差异显著（$p<0.05$），对退化较丘间敏感。冻融丘和丘间土壤有机碳与其组分（轻组分有机碳、重组分有机碳、可溶性有机碳、微生物碳）呈显著正相关（$p<0.01$），其组分可作为反映高寒湿地土壤有机碳库的有效指标。高寒湿地土壤重组分有机碳含量为 $32.46\sim160.22g/kg$，占总有机碳的比例为 $94.83\%\sim97.76\%$，是土壤有机碳的最主要组成部分，其含量和占比可作为反映土壤有机碳库变化的关键指标。随着退化程度的加剧，冻融丘和丘间土壤微生物碳占比显著减少（$p<0.05$），土壤 MBC 占 SOC 比例对高寒湿地退化的响应敏感，其含量和占比可作为反映高寒湿地退化的关键指标。土壤含水量与土壤有机碳、轻组分有机碳、重组分有机碳、可溶性有机碳、微生物碳呈正相关，说明土壤水分是限制高寒湿地土壤有机碳及其组分的主导环境因子，在高寒湿地恢复中应加强地表水分的补充。

⑬ 高寒湿地退化改变了土壤微生物在 OTUs 水平上的物种组成，OTUs 种类变化丘间较冻融丘明显，且土壤真菌 OTUs 种类变化显著；冻融丘和丘间细菌微生物多样性指数大于真菌微生物；不同退化高寒湿地土壤优势微生物种类相同，细菌为变形菌门（Proteobacteria）和 *RB41*，真菌为子囊菌门（Ascomycota）和 *Mortierella*，除 *RB41* 外未退化与重度退化间优势微生物丰度有较大差异（$p<0.05$），丘间的优势微生物对不同退化较冻融丘敏感；土壤含水量、有机碳、微生物碳、微生物氮和莎草科的盖度是影响土壤微生物群落结构的主要因素。故高寒湿地退化导致微生物多样性降低，在湿地恢复中应加强湿地冻融丘和莎草科植物的保护以及土壤水分、有机碳和微生物碳氮的补充。

⑭ 气候变暖是高寒湿地退化最重要的原因，研究区微地形的间接作用，同样的气温上升对不同退化程度的湿地影响是不一样的，即微地形的间接作用加速了研究区高寒湿地的退化。高寒湿地的退化过程是湿地旱化的结果，其退化由外到内逐渐萎缩，而高寒草地退化由内到外逐渐扩大，带有随机性。高寒湿地退化是由全球变暖及人为因素的干扰造成的。高寒湿地相对高寒草甸具有更大的稳定性，一般不容易退化，而高寒湿地的退化萎缩实际上是一种逐渐的旱化过程，是由外向内的发生过程，与地势高低和土壤水的供给有直接关系。将 7 种类型湿地的退化抵抗能力分为三类：较强、中等和较弱。较强的是山谷湿地、湖泊湿地和河流湿地，中等的是山前湿地及河漫滩湿地，较弱的是高山湿地和阶地湿地。

⑮ 播种、施肥、施肥＋播种使退化的高寒湿地土壤有机碳、全氮含量呈增加趋势，全钾含量变化不明显，全磷施肥后呈减少趋势。通过综合判断，人工植被建植措施增加了土壤有机碳的含量，土壤性质得到改良，是抑制高寒湿地退化的有效措施。人工补播会对退化高寒湿地土壤含水量产成一定的影响。与对照相比，人工补播增加了土壤含水量，但其差异不显著（$p>0.05$），且低于不同退化程度高寒湿地土壤含水量。因此，退化高寒湿地土壤含水量提升，无法通过植被恢复在短时间内来实现，可考虑采取人工增雨、拦截地表径流和补充土壤水等综合措施恢复。

9.2　主要建议

　　本研究围绕黄河源区高寒湿地水文过程与修复保护开展了较为系统的探讨分析，取得了一定的结果，但也存在一些不足，需要进一步深入研究。一是微地形对不同退化程度高寒湿地影响研究方面，需要重点考虑植被、土壤理化性质和微生物综合影响分析；二是人工补播措施方面，需要重点考虑禾本科植物的播种组合方式；三是退化高寒湿地水分涵养功能提升，无法通过植被恢复在短时间内来实现，需要采取人工增雨＋拦截地表径流＋补充土壤水等综合措施快速恢复退化高寒湿地水分涵养功能。通过建设拦水坝和截流增加草地过水面积，提高高寒湿地的地下水位，达到高寒湿地水分涵养功能快速提升的目的。

参考文献

哀建国，梅盛龙，刘胜龙，2006. 浙江凤阳山自然保护区福建柏群落物种多样性 [J]. 浙江林学院学报，23（1）：
    41-45.

蔡倩倩，2012. 若尔盖高寒嵩草草甸湿地土壤碳储量研究 [D]. 北京：中国林业科学研究院.

曾永年，向南平，冯兆东，等 . 2006. Albedo-NDVI 特征空间及沙漠化遥感监测指数研究 [J]. 地理科学，26（1）：
    75-77.

柴岫，郎惠卿，金树仁，等 . 1965. 若尔盖高原的沼泽 [M]. 北京：科学出版社 .

柴岫 . 1981. 中国泥炭的形成与分布规律的初步探讨 [J]. 地理学报，（3）：237-253.

程俊翔，徐力刚，姜加虎，等 . 2016. 洞庭湖流域径流量对气候变化和人类活动的响应研究 [J]. 农业环境科学学报，
    35（11）：2146-2153.

戴升，唐红玉，严兴起，等 . 2006. 黄河源头地区气候变化对水资源的影响 [J]. 青海气象，3：36-38.

党晶晶，赵成章，董小刚，等 . 2014. 藏嵩草和矮嵩草种群空间分布格局对水分的响应 [J]. 生态学杂志，33（7）：
    1734-1740.

董旭光，邱粲，王静 . 2016. 近 50 年来山东省参考作物蒸散量变化及定量化成因 [J]. 生态环境学报，25（7）：
    1098-1105.

高洁 . 2006. 四川若尔盖湿地退化成因分析与对策研究 [J]. 四川环境，25（4）：48-53.

郭洁，李国平 . 2007. 若尔盖气候变化及其对湿地退化的影响 [J]. 高原气象，26（2）：422-428.

韩晶，胡文革，王艳萍，等 . 2014. 新疆艾比湖湿地博乐河入口处土壤细菌多样性分析 [J]. 微生物学通报，41
    （11）：2244-2253.

郝文芳，梁宗锁，陈存根 . 2005. 黄土丘陵区弃耕地群落演替过程中的物种多样性研究 [J]. 草业科学，22（9）：1-8.

和丽萍，孟广涛，李贵祥，等 . 2016. 金沙江头塘小流域人工林有机碳及其剖面特征 [J]. 长江流域资源与环境，25
    （3）：476-485.

胡金明 . 2000. 中国泥炭资源蕴藏的空间格局分析 [J]. 安徽师范大学学报（自然科学版），23（2）：144-146.

淮虎银，魏万红，张镱锂 . 2005. 青藏铁路温性草原区路域植被自然恢复过程中群落组成和物种多样性变化 [J]. 山地
    学报，23（6）：657-662.

黄蓉，王辉，马维伟，等 . 2014. 尕海洪泛湿地退化过程中土壤理化性质的变化特征 [J]. 水土保持学报，28（5）：
    221-227.

黄媛，方序，褚文珂，等 . 2015. 杭州西溪湿地沉积物细菌的群落结构和多样性 [J]. 海洋与湖沼，46（5）：
    1202-1209.

蒋锦刚，李爱农，边金虎，等 . 2012. 1974—2007 年若尔盖县湿地变化研究 [J]. 湿地科学，10（3）：318-326.

焦晋川，杨万勤，钟信，等 . 2007. 若尔盖湿地退化原因及保护对策 [J]. 四川林业科技，28：99-103.

景增春，王启基，史惠兰，等 . 2006. D 型肉毒杀鼠素防治高原鼠兔灭效试验 [J]. 草业科学，23（3）：89-91.

Lehmkuhl F，刘世建 . 1997. 青藏高原东北部若尔盖盆地荒漠化 [J]. 山地学报，15（2）：119-123.

李斌，董锁成，蒋小波，等 . 2008. 若尔盖湿地草原沙化驱动因素分析 [J]. 水土保持研究，15（3）：112-120.

李斌 . 2008. 若尔盖湿地沙漠化成因分析及对策探讨 [J]. 中国人口·资源与环境，18（2）：145-149.

李飞，刘振恒，贾甜华，等 . 2018. 高寒湿地和草甸退化及恢复对土壤微生物碳代谢功能多样性的影响 [J]. 生态学
    报，38（17）：1-10.

李晋昌，王文丽，胡光印，等 . 2011. 若尔盖高原土地利用变化对生态系统服务价值的影响 [J]. 生态学报，31
    （12）：3451-3459.

李克让，王绍强，曹明奎 . 2003. 中国植被和土壤碳储量 [J]. 中国科学，33（1）：72-80.

李苗苗，吴炳方，颜长珍，等 . 2004. 密云水库上游植被覆盖度的遥感估算 [J]. 资源科学，26（4）：153-158.

李晓英，姚正毅，王宏伟，等 . 2015. 若尔盖盆地沙漠化驱动机制 [J]. 中国沙漠，35（1）：51-59.

李志威，鲁瀚友，胡旭跃 . 2018. 若尔盖高原典型泥炭沼泽地水量平衡计算 [J]. 水科学进展，29（5）：655-666.

李志威，孙萌，游宇驰，等 . 2017. 若尔盖高原实际蒸散量变化规律研究 [J]. 生态环境学报，26（8）：1317-1324.

李志威，王兆印，张晨笛，等 . 2014. 若尔盖沼泽湿地的萎缩机制 [J]. 水科学进展，25（2）：170-180.

林春英，李希来，李红梅，等 . 2019. 不同退化高寒沼泽湿地土壤碳氮和贮量分布特征 [J]. 草地学报，27（4）：
    805-816.

刘峰，高云芳，李秀启，等 . 2020. 我国湿地退化研究概况 [J]. 长江大学学报，17（5）：84-89.

刘红玉，白云芳 . 2006. 若尔盖高原湿地资源变化过程与机制分析 [J]. 自然资源学报，（5）：810-818.

刘蓉，文军，王欣 . 2016. 黄河源区蒸散量时空变化趋势及突变分析 [J]. 气候与环境研究，21（5）：503-511.

刘希胜，李其江，段水强，等 . 2016. 黄河源区径流演变特征及其对降水的响应 [J]. 中国沙漠，36（6）：1721-1730.

刘晓燕，常晓辉 . 2005. 黄河源区径流变化研究综述 [J]. 人民黄河，27（2）：7-8.

鲁瀚友，李志威，胡旭跃，等 . 2019. 若尔盖高原径流量变化与储水量计算 [J]. 水资源与水工程学报，30（6）：
    12-19.

鲁瀚友，李志威，胡旭跃 . 2019. 基于 VMOD 模型的若尔盖泥炭沼泽地下水数值模拟 [J]. 生态与农村环境学报，35
    （4）：442-450.

马广仁，鲍达明，唐小平，等 . 2015. 中国湿地资源（青海卷）[M]. 北京：中国林业出版社 .

马虎生，陈学林，陶冶，等 . 2014. 甘肃省湿地植被分类系统 [J]. 湿地科学，12（5）：574-579.

孟宪民 . 2006. 我国泥炭资源的储量、特征与保护利用对策 [J]. 自然资源学报，（4）：567-574.

潘竟虎，李天宇 . 2010. 基于光谱混合分析和反照率-植被盖度特征空间的土地荒漠化遥感评价 [J]. 自然资源学报，
    25（11）：1960-1969.

蒲朝龙 . 1987. 盐源盆地人工草地的建设与利用 [J]. 中国草原，（06）：32-35.

秦胜金，刘景双，丁洪，等 . 2009. 冻融对沼泽湿地土壤水稳性大团聚体的影响 [J]. 水土保持通报，29（6）：
    115-118.

邱临静，郑芬莉，尹润生，等 . 2011. 降水变化和人类活动对延河流域径流影响的定量评估 [J]. 气象变化研究进展，
    7（5）：357-361.

尚二萍 . 2012. 拉萨河流域湿地生态系统脆弱性研究 [D]. 北京：中国科学院大学 .

沈松平，王军，游丽君，等 . 2005. 若尔盖沼泽湿地遥感动态监测 [J]. 四川地质学报，（2）：119-121.

宋森 . 2015. 我国的高寒湿地 [J]. 大自然，（5）：64-65.

孙广友，张文芬 . 1987. 若尔盖高原黄河古河道及其古地理意义 [J]. 地理科学，7（3）：266-272.

孙广友 . 1992. 论若尔盖高原泥炭赋存成矿规律成矿类型及资源储量 [J]. 自然资源学报，7（4）：334-346.

孙海群，翟德苹，李长慧，等 . 2013. 三江源区不同高寒湿地类型的植被特征分析 [J]. 河南农业科学，（11）：
    124-128.

孙妍 . 2009. 基于 RS 和 GIS 的若尔盖高原湿地景观格局分析 [D]. 长春：东北师范大学 .

唐玉凤 . 2009. 若尔盖高原湿地地表水储量变化研究 [D]. 雅安：四川农业大学 .

涂安国，李英，聂小飞，等 . 2017. 鄱阳湖流域参考作物蒸散量变化特征及其归因分析 [J]. 生态环境学报，26（2）：
    211-218.

汪太明，香宝，孙强，等 . 2012. 交替冻融对松花江流域典型土壤可溶性有机碳的影响 [J]. 土壤通报，43（3）：
    685-698.

王恩姮，赵雨森，陈祥伟 . 2010. 季节性冻融对典型黑土区土壤团聚体特征的影响 [J]. 应用生态学报，21（4）：
    889-894.

王凤珍，周志翔，郑忠明，等 . 2011. 城郊过渡带湖泊湿地生态服务功能价值评估——以武汉市严东湖为例 [J]. 生态
    学报，31（7）：1946-1954.

王根绪，程国栋，沈永平 . 2002. 青藏高原草地土壤有机碳库及其全球意义 [J]. 冰川冻土，24（6）：649-698.

王根绪，李元寿，王一博，等 . 2007. 近 40 年来青藏高原典型高寒湿地系统的动态变化 [J]. 地理学报，62（5）：
    481-491.

王绍强，周成虎 . 1999. 中国陆地土壤有机碳库估算 [J]. 地理研究，18（4）：349-354.

王石英, 张宏, 杜娟. 2008. 青藏高原若尔盖高原近期土地覆被变化 [J]. 山地学报, 26 (4): 496-502.

王忠富, 张兰慧, 王一博, 等. 2016. 黑河上游排露沟流域不同时期草地蒸散发的日变化 [J]. 应用生态学报, 27 (11): 3495-3504.

魏振海, 董治宝, 胡光印, 等. 2010. 近 40 a 来若尔盖盆地沙丘时空变化 [J]. 中国沙漠, 30 (1): 26-32.

毋兆鹏, 王明霞, 赵晓. 2014. 基于荒漠化差值指数 (DDI) 的精河流域荒漠化研究 [J]. 水土保持通报, 34 (4): 188-192.

徐刚, 赵志中, 王燕, 等. 2007. 川北若尔盖高原盆地沙漠化、岩漠化遥感动态监测研究 [J]. 地质通报, 26 (8): 1048-1055.

徐秋芳. 2003. 森林土壤活性有机碳库的研究 [D]. 杭州: 浙江大学, 12-13, 72-79.

徐新良, 刘纪远, 邵全琴, 等. 2008. 30 年来青海三江源生态系统格局和空间结构动态变化 [J]. 地理研究, 27 (4): 829-838.

薛在坡. 2015. 黄河源区玛多县湿地类型与面积变化的研究 [D]. 西宁: 青海大学.

杨福明, 杨宗荣. 1986. 龙日坝泥炭沼泽改造途径的实验研究 [J]. 地理科学, 6 (3): 284-289.

杨桂山, 马荣华, 张路, 等. 2010. 中国湖泊现状及面临的重大问题与保护策略 [J]. 湖泊科学, 22 (6): 799-810.

杨瑜峰, 江灏, 牛富俊, 等. 2007. 青藏高原暖季与冷季气温的时空演变分析 [J]. 高原气象, 26 (3): 486-501.

杨元合, 朴世龙. 2006. 青藏高原草地植被覆盖变化及其与气候因子的关系 [J]. 植物生态学报, 30 (1): 1-8.

尹云鹤, 吴绍洪, 赵东升, 等. 2012. 1981—2010 年气候变化对青藏高原实际蒸散的影响 [J]. 地理学报, 67 (11): 1471-1481.

游宇驰, 李志威, 陈敏建. 2018. 若尔盖高原日干乔大沼泽中人工沟渠分布与其排水量估算 [J]. 湿地科学, 16 (2): 129-136.

游宇驰, 李志威, 黄草, 等. 2017. 1990—2016 年若尔盖高原荒漠化时空变化分析 [J]. 生态环境学报, 26 (10): 1671-1680.

游宇驰, 李志威, 李希来. 2018. 1990—2011 年若尔盖高原土地覆盖变化 [J]. 水利水电科技进展, 38 (2): 62-69.

于欢, 张树清, 孔博, 等. 2010. 面向对象遥感影像分类的最优分割尺度选择研究 [J]. 中国图象图形学报, 15 (2): 352-360.

瑜措珍嘎, 才果. 2013. 黄河源区牧民对草地生态变化的认知及启示——以玛多县为例 [J]. 中国藏学, (1): 126-134.

张存桂. 2013. 青藏高原蒸发皿蒸发量的时空变化对水平衡的影响 [D]. 西宁: 青海师范大学.

张金屯. 2004. 数量生态学 [M]. 北京: 科学出版社.

张盈武. 2012. 保护湿地资源, 维护生物多样性——拯救"地球之肾" [J]. 才知, (1): 190.

赵娜娜, 王贺年, 于一雷, 等. 2018. 基于 Budyko 假设的若尔盖流域径流变化归因分析 [J]. 南水北调与水利科技, 16 (6): 21-26.

朱猛, 马起, 张梦旭, 等. 2018. 祁连山中段草地土壤有机碳分布特征及其影响因素 [J]. 草地学报, 26 (6): 1322-1329.

左丹丹, 罗鹏, 杨浩, 等. 2019. 保护地空间邻近效应和保护成效评估——以若尔盖湿地国家级自然保护区为例 [J]. 应用与环境生物学报, 25 (4): 854-861.

左平, 欧志吉, 姜启吴, 等. 2014. 江苏盐城原生滨海湿地土壤中的微生物群落功能多样性分析 [J]. 南京大学学报: 自然科学版, 50 (5): 715-722

Allen R G, Pereira L S, Raes D, et al. 1998. Crop evapotranspiration: Guidelines for computing crop water requirements [J]. Rome: FAO, 56: 1-15.

Bai J H, Lu Q Q, Wang J J, et al. 2013. Landscape pattern evolution processes of alpine wetlands and their driving factors in the Zoige Plateau of China [J]. Journal of Mountain Sciences, 10 (1): 54-67.

Beckwith C W, Baird A J, Heathwaite A L. 2003. Anisotropy and depth-related heterogeneity of hydraulic conductivity in a bog peat. Ⅱ: Modelling the effects on groundwater flow [J]. Hydrological Processes, 17 (1): 103-113.

Brinson M M. 1988. Strategies for assessing the cumulative effects of wetland alteration on water quality [J].

Environmental Management, 12: 655-662.

Chason D B, Siegel D I. 1986. Hydraulic conductivity and related physical properties of peat, Lost River Peatland, Northern Minnesota [J]. Soil Science, 142 (2): 91-99.

Dong Z B, Hu G Y, Yan C Z, et al. 2010. Aeolian desertification and its causes in the Zoige Plateau of China's Qinghai-Tibetan Plateau [J]. Environmental Earth Science, 59 (8): 1731-1740.

Feng Q S, Shang Z H, Liang T G, et al. 2008. Remote sensing monitoring and dynamic change of marsh wetlands in Maqu County, the first turning area of Yellow River (in Chinese) [J]. Wetland Science, 6 (3): 379-385.

Fisher A S, Podniesinski G S, Leopold D J. 1996. Effects of drainage ditches on vegetation patterns in abandoned agricultural peatlands in central New York [J]. Wetlands, 16 (4): 397-409.

Gao J, Li X L. 2016. Degradation of frigid swampy meadows on the Qinghai-TibetPlateau: Current status andfuture directions of research [J]. Progress in Physical Geography, 1 (17): 1-17.

Gao J. 2011. Sanjiangyuan Wetlands: Introduction and Overview [M] //Chen G, Li X L, Gao J, Brierley G. Wetland Types, Evolution and Their Rehabilitation in the Sanjiangyuan Region. Xining: Qinghai People's Press, 1-8.

Gao Y H, Lan C, Zhang Y X. 2014. Changes in moisture flux over the Tibetan Plateau during 1979—2011 and possible mechanisms [J]. Journal of Climate, 27 (5): 1876-1893.

Holden J, Burt T P. 2003. Hydraulic conductivity in upland blanket peat: Measurement and variability, Hydrological Processes [J]. 17 (6): 1227-1237.

Hou Y Z, Guo G, Long R J. 2009a. Changes of plant community structure and species diversity in degradation process of Shouqu wetland of Yellow River (in Chinese) [J]. Chinese Journal of Applied Ecology, 20 (1): 27-32.

Hou Y, Shang Z H, Ouyang F, et al. 2009b. Analytic hierarchy process on problems and threatening factors of wetland environment in Maqu County, Gansu Province (in Chinese) [J]. Wetland Science, 7 (1): 11-15.

Hu G, Dong Z, Lu J, et al. 2011. Desertification and change of landscape pattern in the source region of Yellow river (in Chinese) [J]. Acta Ecologica Sinica, 31 (14): 3872-3881.

Hu G, Yu L, Dong Z, et al. 2018. Holocene aeolian activity in the Zoige Basin, northeastern Tibetan Plateau, China [J]. Catena, 160: 321-328.

Hu G Y, Dong Z B, Lu J F, et al. 2012. Driving forces of land use and land cover change (LUCC) in the Zoige Wetland, Qinghai-Tibetan Plateau [J]. Sciences in Cold and Arid Regions, 4 (5): 422-430.

Kreyling J, Beierkuhnleina C, Jentschb A. 2010. Effects of soil freeze-thaw cyclesdiffer between experimental plant communities [J]. Basic and Applied Ecology, 11: 65-75.

Li B Q, Yu Z B, Liang Z M, et al. 2014. Effects of climate variations and human activities on runoff in the Zoige alpine wetland in the eastern edge of the Tibetan Plateau [J]. Journal of Hydrologic Engineering, 19 (5): 1026-1035.

Li G Q, Kan A K, Wang X B, et al. 2010. Distribution of degraded wetlands and their influence factors in Qomolangma National Nature Reserve (in Chinese) [J]. Wetland Science, 8 (2): 110-114.

Li X L, Xue Z P, Gao J. 2016. Dynamic changes of plateau wetlands in Madou County, the Yellow River Source Zone of China: 1990-2013 [J]. Wetland, 36: 299-310.

Ma Y S. 2006. Effect of artificial control measure on *Elymus nutans* sown grassland vegetation in "Black-Soil-type" degraded grassland [J]. Chinese Qinghai Journal of Animal and Veterinary Sciences, (2): 1-3.

Miehe G, Miehe S, Bach K, et al. 2011. Plant communities of central Tibetan pastures in the Alpine Steppe/Kobresia pygmaea ecotone [J]. Journal of Arid Environments, 75 (8): 711-723.

O' Brien A L. 1988. Evaluating the cumulative effects of alteration on New England wetlands [J]. Environmental Management, 12: 627-636.

Pang A, Li C, Wang X, et al. 2010. Land use/cover change in response to driving forces of Zoige County, China [J]. Procedia Environmental Sciences, 2 (6): 1074-1082.

Price J S. 1992. Blanket bog in Newfoundland. Part 2. Hydrological processes [J]. Journal of Hydrology, 135 (1-4): 103-119.

Qin G H, Li H X, Zhou Z J, et al. 2015, Hydrologic variations and stochastic modeling of runoff in zoige wetland in the eastern Tibetan Plateau [J]. Advances in Meteorology, (4): 1-6.

Ronkanen A K, Klove B. 2008. Hydraulics and flow modelling of water treatment wetlands constructed on peatlands in Northern Finland [J]. Water Research, 42 (14): 3826-3836.

Sheoran V, Sheoran A S, Poonia P. 2010. Soil reclamation of abandoned mine land by revegetation: A review [J]. International Journal of Soil, Sediment and Water, 3 (2): 1-20.

Siegel D I, Glaser P H. 1987. Groundwater flow in a bog-fen complex, Lost River peatland, northern Minnesota [J]. Journal of Ecology, 75: 743-754.

van Dam R A, Camilleri C, Finlayson C M. 1998. The potential of rapid assessment techniques as early warning indicators of wetland degradation: A review [J]. Environmental Toxicology and Water Quality, 13 (4): 297-312.

Whigham D E, Chitterling C, Palmer B. 1988. Impacts of freshwater wetlands on water quality: A landscape perspective [J]. Environmental Management, 12: 663-671.

Wu P F, Zhang H Z, Cui L W, et al. 2017. Impacts of alpine wetland degradation on the composition, diversity and trophic structure of soil nematodes on the Qinghai-Tibetan Plateau [J]. Nature, 422: 1-12.

Xiao D, Tian B, Tian K, et al. 2010. Landscape patterns and their changes in Sichuan Ruoergai Wetland National Nature Reserve [J]. Acta Ecol Sin, 30: 27-32.

Yan Z, Wu N. 2005. Rangeland privatization and its impacts on the Zoige wetlands on the Eastern Tibetan Plateau [J]. J Mt Sci, 2: 105-115.

Yang G, Peng C, Chen H, et al. 2017. Qinghai-Tibetan Plateau peatland sustainable utilization under anthropogenic disturbances and climate change [J]. Ecosystem Health and Sustainability, 3 (3): e01263.

Yu K F, Lehmkuhl F, Falk D. 2017. Quantifying land degradation in the Zoige Basin, NE Tibetan Plateau using satellite remote sensing data [J]. Journal of Mountain Science, 14 (1): 77-93.

Zhang J, Bao Z M. 2008. Nutrients analysis of sloping field "black soil land" in alpine meadow [J]. Hubei Agricultural Sciences, 47 (7): 788-791 (in Chinese).

Zhang W J, Lu Q F, Song K C, et al. 2014. Remotely sensing the ecological influences of ditches in Zoige Peatland, eastern Tibetan Plateau [J]. International Journal of Remote Sensing, 35 (13): 5186-5197.

Zheng C M, Bennett G D. 2002. Applied contaminant transport modeling [M]. 2ed. New York: John Wiley & Sons.

Zuur A F, Ieno E N, Elphick C S. 2010. A protocol for data exploration to avoid common statistical problems [J]. Methods in Ecology & Evolution, 1 (1): 3-14.

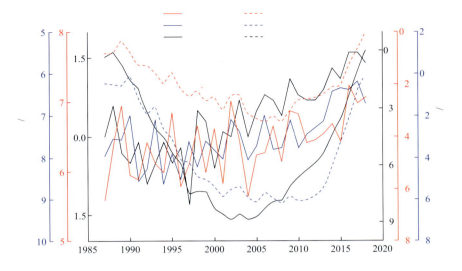

图 4-19　玛沁县 1987—2018 年气温变化

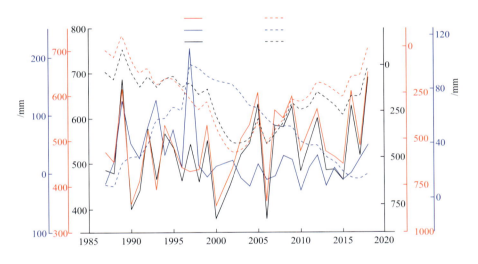

图 4-20　玛沁县 1987—2018 年降水量变化

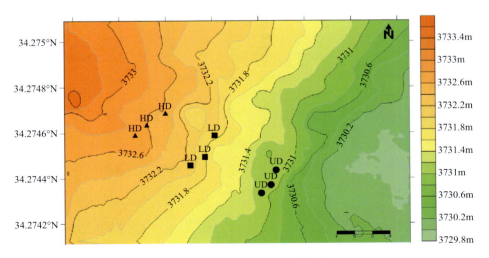

图 4-21　研究区海拔高度等值线

UD—未退化；LD—轻度退化；HD—重度退化

表 5-5　不同类型湿地的解译标志

湿地类型	解译标志	影像显示
河流湿地		具有明显线条性特征,边界明显,影像结构均一,由于河流水体流动,除了对河流深浅略有影响外,水体颜色、色调变异小,为浅蓝色、蓝色,部分为紫色
湖泊湿地		湖泊在遥感图像上几何特征明显,呈自然形态,影像结构均一,为浅蓝色、蓝色或深蓝色调
河漫滩湿地		河漫滩湿地主要分布在河流沿岸及平原上的低洼地,常常呈水浸状,有时与湖泊、河流的水体和陆地无明显界线,常常渐变过渡,呈现蓝色或紫色
高山湿地		蓝色绿色相间,夹杂少许紫色,海拔相对较高
山前湿地		影像特征不明显,浅绿色为主,一般位于山脚下,有一定的坡度
河谷湿地		有明显的地形特征,位于两山之间,呈灰白色或浅蓝色

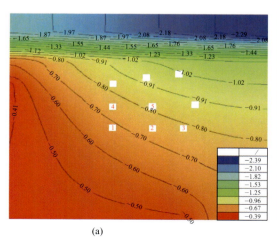
(a)

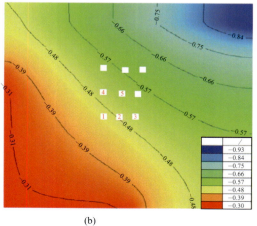
(b)

图 7-4　地下水水头等值线图